"十三五"高等职业教育核心课程规划教材·食品类

食品分析与检验

主　编　刘　鹏　李　达
副主编　李晓阳　侯　婷　路冠茹
参　编　刘　皓　揣玉多　魏　玮
　　　　范兆军　傅　维　张轶斌
　　　　刘　晨　安　娜

西安交通大学出版社
XI'AN JIAOTONG UNIVERSITY PRESS

图书在版编目(CIP)数据

食品分析与检验 / 刘鹏,李达主编. — 西安:西安交通大学出版社,2021.4(2024.2重印)
ISBN 978-7-5693-1116-7

Ⅰ. ①食… Ⅱ. ①刘… ②李… Ⅲ. ①食品分析—教材 ②食品检验—教材 Ⅳ. ①TS207.3

中国版本图书馆 CIP 数据核字(2019)第 028829 号

书　　名	食品分析与检验
主　　编	刘　鹏　李　达
责任编辑	张明玥　李　文
出版发行	西安交通大学出版社 (西安市兴庆南路1号　邮政编码 710048)
网　　址	http://www.xjtupress.com
电　　话	(029)82668804(职教分社) (029)82668357　82667874(市场营销中心) (029)82668315(总编办)
传　　真	(029)82668280
印　　刷	西安日报社印务中心
开　　本	787mm×1092mm　1/16　印张　12　字数　274千字
版次印次	2021年4月第1版　2024年2月第5次印刷
书　　号	ISBN 978-7-5693-1116-7
定　　价	36.00元

如发现印装质量问题,请与本社市场营销中心联系。
订购热线:(029)82665248　(029)82667874

版权所有　侵权必究

目 录

绪论 ··· (1)

情境一 样品的采集、制备和保存 ··· (6)
    任务一 样品的采集 ·· (6)
    任务二 样品的制备 ·· (8)
    任务三 样品的保存 ·· (9)

情境二 样品的预处理 ··· (10)
    任务一 有机物破坏法 ··· (10)
    任务二 溶剂提取法 ·· (11)
    任务三 蒸馏法 ·· (13)
    任务四 色层分离法 ·· (15)
    任务五 化学分离法 ·· (15)
    任务六 浓缩法 ·· (16)

情境三 食品分析的基本要求和结果处理 ·· (17)
    任务一 食品分析的基本要求 ··· (17)
    任务二 分析检验中的误差及数据处理 ··· (21)
    任务三 食品分析检验报告单的填写 ·· (24)

情境四 食品的物理检验 ·· (27)
    任务一 相对密度法 ·· (27)
    任务二 折射率检验法 ··· (31)
    任务三 旋光法 ·· (40)

情境五 食品一般成分的测定 ·· (45)
    任务一 食品水分的测定 ·· (45)
    任务二 食品中灰分的测定 ··· (53)
    任务三 食品酸度的测定 ·· (57)
    任务四 食品中脂类的测定 ··· (59)
    任务五 食品中还原糖的测定 ··· (66)
    任务六 食品中蛋白质和氨基酸的测定 ··· (81)
    任务七 食品中维生素的测定 ··· (87)

情境六　食品添加剂的测定 ……………………………………………… (108)
任务一　甜味剂的测定 ……………………………………………… (108)
任务二　漂白剂的测定 ……………………………………………… (111)
任务三　护色剂的测定 ……………………………………………… (111)
任务四　防腐剂的测定 ……………………………………………… (112)
任务五　合成色素的测定 …………………………………………… (112)

情境七　食品中矿物元素的测定 ………………………………………… (114)
任务一　食品中矿物元素的分类及功能 …………………………… (114)
任务二　食品中钙的测定 …………………………………………… (115)
任务三　食品中铁的测定(邻二氮菲测定法) ……………………… (118)
任务四　食品中锌的测定 …………………………………………… (120)
任务五　食品中铅的测定 …………………………………………… (123)
任务六　食品中总砷及无机砷的测定 ……………………………… (125)
任务七　食品中总汞及有机汞的测定 ……………………………… (128)

情境八　食品中有毒有害物质的测定 …………………………………… (130)
任务一　食品中农药残留的测定 …………………………………… (130)
任务二　食品中兽药残留的测定 …………………………………… (143)
任务三　食品中黄曲霉毒素的测定 ………………………………… (146)

情境九　食品微生物检验 ………………………………………………… (153)
任务一　食品微生物检验概述 ……………………………………… (153)
任务二　菌落总数的测定 …………………………………………… (157)
任务三　大肠菌群的测定 …………………………………………… (164)
任务四　常见致病菌的测定 ………………………………………… (170)

情境十　食品包装材料的检测 …………………………………………… (177)
任务一　食品包装材料分类 ………………………………………… (177)
任务二　食品包装纸的检测 ………………………………………… (178)
任务三　食品包装塑料的检测 ……………………………………… (182)

绪 论

一、食品分析检验的性质和作用

食品分析是研究和评定食品品质及其变化的一门专业性很强的实验科学。

食品分析依据物理、化学、生物化学的一些基本理论和国家食品卫生标准,运用现代科学技术和分析手段,对各类食品(包括原料、辅料、半成品及成品)的主要成分和含量进行检测,以保证生产出质量合格的产品。同时,食品分析作为质量监督和科学研究不可缺少的手段,在食品资源的综合利用、新型保健食品的研制开发、食品加工技术的创新提高、保障人民身体健康等方面都具有十分重要的作用。

二、食品分析检验的内容和范围

食品分析检验主要包括:感官检验、营养成分的检验、食品添加剂的检验及食品中有毒有害物质的检验。

1. 食品的感官检验

食品质量的优劣最直接地表现在它的感官性状上,各种食品都具有各自的感官特征,除了色、香、味是所有食品共有的感官特征外,液态食品还有澄清、透明等感官指标,固体、半固体食品还有软、硬、弹性、韧性、黏、滑、干燥等一切能为人体感官判定和接受的指标。好的食品不但要符合营养和卫生的要求,还要有良好的可接受性。因此,各类食品的质量标准中都有感官指标。感官鉴定是食品质量检验的主要内容之一,在食品分析检验中占有重要的地位。

2. 食品营养成分的检验

食品中含有多种营养成分,如水分、蛋白质、脂肪、碳水化合物、维生素和矿物质等。不同的食品所含营养成分的种类和含量各不相同,在天然食品中,能够同时提供各种营养成分的品种较少,因此人们必须根据人体对营养的要求,进行合理搭配,以获得较全面的营养。因此,必须对各种食品的营养成分进行分析,以评价其营养价值,为选择食品提供参考。此外,在食品工业生产中,对工艺配方的确定、工艺合理性的鉴定、生产过程的控制及成品质量的监测等,都离不开营养成分的分析。所以,营养成分的分析是食品分析检验中的主要内容。

3. 食品添加剂的检验

食品添加剂是指食品在生产、加工或保存过程中,添加到食品中期望达到某种目的的物质。食品添加剂不一定具有营养价值,但加入食品后能起到防止食品腐败变质,增强食品色、香、味的作用,因而在食品加工中的使用十分广泛。食品添加剂多是化学合成的物质,如果使用的品种或数量不当,将会影响食品质量,甚至危害食用者的健康。因此,对食品添加剂的鉴定和检测具有十分重要的意义。

4. 食品中有毒有害物质的检验

食品中有毒有害物质是指食物中原有的或加工、贮藏时由于污染混入的,对人体有急性或慢性危害的物质。就其性质而言,这些有毒有害物质可分为两类:一类是生物性物质,另一类是化学性物质。另外,使用不符合要求的设备和包装材料以及加工不当都会对食品造成污染。这类有毒有害物质主要有以下几类。

(1) 有害元素

由于工业三废、生产设备、包装材料等对食品的污染所造成的,主要有砷、镉、汞、铅、铜、铬、锡、锌及硒等重金属元素。

(2) 农药及兽药

由于不合理地施用农药造成对农作物的污染,再经动植物的富集作用及食物链的传递,最终造成食品中农药的残留超标。另外,兽药(包括兽药添加剂)在畜牧业中的广泛使用,对降低牲畜发病率和死亡率、提高饲料利用率、促进生长和改善农产品品质方面起到了十分显著的作用,已成为现代畜牧业不可缺少的物质基础。但是,由于科学知识的缺乏和经济利益的驱使,畜牧业中滥用兽药和超标使用兽药的现象普遍存在,导致动物性食品中兽药残留超标。

(3) 细菌、霉菌及其毒素

这是由于食品的生产或储藏环节不当而引起的微生物污染,例如危害较大的黄曲霉素。另外,还有动植物中的一些天然毒素,例如贝类毒素、苦杏仁中存在的氰化物等。

(4) 包装材料带来的有害物质

由于使用了质量和材质不符合卫生要求的包装材料,例如聚氯乙烯、多氯联苯、荧光增白剂等有害物质,造成包装材料对食品的污染。

三、食品分析检验的方法

在食品分析检验过程中,由于目的不同,或被测组分和干扰成分的性质以及它们在食品中存在数量的差异,所选择的分析检验方法也各不相同。食品分析检验常用的方法有感官分析法、理化分析法、微生物分析法和酶分析法。具体分类如下。

1. 感官分析法

感官分析法又叫感官检验或感官评定,是通过人体的各种感觉器官(眼、耳、鼻、舌、皮肤)所具有的视觉、听觉、嗅觉、味觉和触觉,结合平时积累的实践经验,并借助一定的器具对食品的色、香、味、形等质量特性和卫生状况作出判定和客观评价的方法。感官检验作为食品检验的重要方法之一,具有简便易行、快速灵敏、不需要特殊器材等特点,特别适用于目前还不能用仪器定量评价的某些食品特性的检验,如水果滋味的检验、食品风味的检验以及烟、酒、茶的气味检验等。

依据所使用的感觉器官的不同,感官检验可分为视觉检验、嗅觉检验、味觉检验、听觉检验和触觉检验五种。

(1) 视觉检验

视觉检验是检验者利用视觉器官,通过观察食品的外观形态、颜色光泽、透明度等来评价食品的品质,如新鲜程度、有无不良改变以及鉴别果蔬成熟度等的方法。

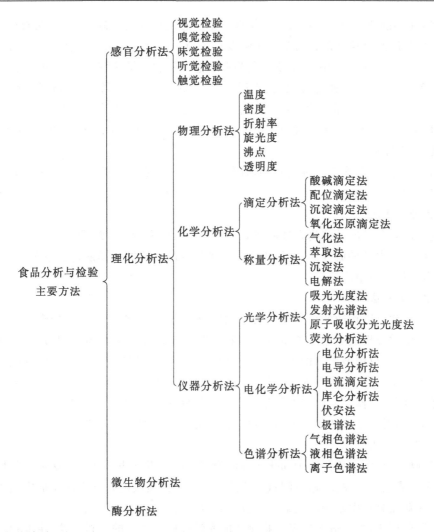

(2)嗅觉检验

嗅觉检验是通过人的嗅觉器官检验食品的气味,进而评价食品质量(纯度、新鲜度或劣变程度)的方法。

(3)味觉检验

味觉检验是利用人的味觉器官(主要是舌尖),通过品尝食品的滋味和风味,从而检验食品品质优劣的方法。味觉检验主要用来评价食品的风味(风味是食品的香气、滋味和口感的综合构成),也是识别某些食品是否酸败、发酵的重要手段。

(4)听觉检验

听觉检验是凭借人体的听觉器官对声音的反应来检验食品品质的方法。听觉检验可以用来评判食品的成熟度、新鲜度、冷冻程度及罐头食品的真空度等。

(5)触觉检验

触觉检验是通过被检食品作用于检验者的触觉器官(手、皮肤)所产生的反应来评价食品品质的一种方法。如根据某些食品的脆性、弹性、干湿、软硬、黏度、凉热等情况,可判断食品品质的优劣。

感官分析法虽然简便、实用且多数情况下不受鉴定地点的限制,但也存在明显缺陷。由于感官分析是以经过培训的评价员的感觉器官作为一种"仪器"来测定食品的质量特性或鉴别产品之间的差异,因此判断的准确性与检验者感觉器官的敏锐程度和实践经验密切相关。同时检验者的主观因素(如健康状况、生活习惯、文化素养、情绪等)以及环境条件(如光线、声响等)都会对鉴定的结果产生一定的影响。另外,感官检验的结果大多数情况下只能用比较性的用词(优、良、中、劣等)表示或用文字表述,很难给出食品品质优劣程度的确切量化数字。

2. 理化分析法

根据测定原理、操作方法等的不同,理化分析法又可分为物理分析法、化学分析法和仪器分析法三类。

(1)物理分析法

通过对被测食品的某些物理性质如温度、密度、折射率、旋光度、沸点、透明度等的测定,可间接得出食品中某种成分的含量,进而判断被检食品的纯度和品质。物理分析法简便、实用,在实际工作中应用广泛。

(2)化学分析法

化学分析法是以物质的化学反应为基础的分析方法,主要包括称量分析法和滴定分析法两大类。化学分析法适用于食品中常量组分的测定,所用仪器设备简单,测定结果较为准确,是食品分析中应用最广泛的方法。同时化学分析法也是其他分析方法的基础。虽然目前有许多高灵敏度、高分辨率的大型仪器应用于食品分析,但仪器分析也经常需要用化学方法处理样品,而且仪器分析测定的结果必须与已知标准进行对照,所用标准往往要用化学分析法进行测定,因此经典的化学分析法仍是食品分析中最重要的方法之一。

(3)仪器分析法

仪器分析法是以物质的物理和化学性质为基础的分析方法。这类方法需要借助特殊的仪器,如光学或电化学仪器,通过测量试样溶液的光学性质或电化学性质从而求出被测组分的含量。在食品分析中常用的仪器分析方法有以下几种。

①光学分析法:光学分析法是根据物质的光学性质所建立的分析方法,主要包括吸光光度法、发射光谱法、原子吸收分光光度法和荧光分析法等。

②电化学分析法:电化学分析法是根据物质的电化学性质所建立的分析方法,主要包括电位分析法、电导分析法、电流滴定法、库仑分析法、伏安法和极谱法等。

③色谱分析法:色谱分析法是一种重要的分离富集方法,可用于多组分混合物的分离和分析,主要包括气相色谱法、液相色谱法以及离子色谱法。

此外,还有许多用于食品分析的专用仪器,如氨基酸自动分析仪、全自动全能牛奶分析仪等。仪器分析法具有简便、快速、灵敏度和准确度较高等优点,是食品分析发展的主要方向。随着科学技术的发展,将有更多的新方法、新技术在食品分析中得到应用,这将使食品分析的自动化程度进一步提高。

3. 微生物分析法

微生物分析法是基于某些微生物的生长需要特定的物质而进行相应组分测定的方法。例如,乳酪乳酸杆菌在特定的培养液中生长繁殖,能产生乳酸,在一定的条件下,产生的乳酸量与维生素 B_2 的加入量呈相应的比例关系。利用这一特性,可在一系列的培养液中加入不同量的维生素 B_2 标准溶液或样品提取液,接入菌种培养一定时间后,用标准氢氧化钠溶液滴定培养液中的乳酸含量,通过绘制标准曲线进行比较,即可得出待检样品中维生素 B2 的含量。微生物分析法测定条件温和,方法选择多,已广泛应用于维生素、抗生素残留量和激素等成分的分析。

4. 酶分析法

酶分析法是利用酶的反应进行物质定性、定量的分析方法。酶是具有专一性催化功能的蛋白质,用酶分析法进行分析的主要优点在于高效和专一,克服了用化学分析法测定时,某些共存成分产生干扰以及结构类似的物质也可发生反应,从而使测定结果发生偏离的缺点。酶分析法测定条件温和,结果准确,已应用于食品中有机酸、糖类和维生素的测定。

四、食品分析检验的发展趋势

近年来,随着食品工业生产的发展和分析技术的进步,食品分析的发展十分迅速,国际上这方面的研究开发工作从未停止,一些学科的先进技术不断渗透到食品分析中来,形成了日益增多的分析方法和分析仪器。许多自动化分析方法已应用于食品分析中,不仅缩短了分析时间,减少了人为的误差,而且大大提高了分析的灵敏度和准确度。

目前,食品检验的发展趋势主要体现在以下几个方面。

1. 新的测定项目和方法不断出现

随着食品工业的繁荣,食品种类的丰富,同时也由于环境污染受到越来越多的重视,人们对食品安全性的研究使得新的测定项目和方法不断出现。如蛋白质和脂肪的测定实现了半自动化;粗纤维的测定方法已用膳食纤维测定法代替;近红外光谱分析法已应用于某些食品中水分、蛋白质、脂肪和纤维素等多种成分的测定;气相色谱法和液相色谱法测定游离糖已经是较可靠的分析方法;高效液相色谱法也可用于氨基酸的测定,其效果甚至优于氨基酸自动分析仪;微量元素检测方法不断出新。

2. 食品分析的仪器化

食品分析已采用仪器分析和自动化分析方法以代替手工操作方法。气相色谱仪、高效液相色谱仪、氨基酸自动分析仪、原子吸收分光光度计以及可进行光谱扫描的紫外-可见分光光度计、荧光分光光度计等在食品分析中得到了越来越多的应用。

3. 食品分析的自动化

随着科学技术的迅猛发展,各种食品检验的方法不断得到完善、更新,在保证检测结果准确度的前提下,食品检验正向着微量、快速、自动化的方向发展。许多高灵敏度、高分辨率的分析仪器越来越多地应用于食品分析,为食品的开发与研究、食品的安全与卫生检验提供了更有力的手段。例如:全自动牛奶分析仪能对牛奶中各组分进行快速自动检测。现代食品检验技术中涉及了各种仪器的检验方法,许多新型、高效的仪器检验技术也在不断地应运而生,电脑的普及应用又将仪器分析方法提高到了一个新的水平。

情境一　样品的采集、制备和保存

样品的采集简称采样(又称取样、抽样等),是为了进行检验而从大量物料中抽取一定量具有代表性的样品。所谓代表性,是指采集的样品必须能代表全部被测物料的平均组成。在实际工作中,要检验的样品常常是大量的,其组成有的比较均匀,有的却很不均匀。检验时所取的分析试样只需几克、几十毫克,甚至更少,而分析结果必须能代表全部物料的平均组成。因此,必须正确地采取具有足够代表性的"平均试样",并将其制备成分析试样。若所采集的样品组成没有代表性,那么后续的分析过程再准确也是无用的,甚至可能导致错误的结论,给生产或科研带来很大的损失。

采样除了需要注意样品的代表性和均匀性外,还应了解样品的来源、批次、运输贮存条件、外观、包装容器等情况,并要调查可能存在的成分逸散及污染情况,均衡地不加选择地从全部批次的各部分按规定数量采样。由于食品的形态、性状各异,所以样品的采集和制备的方法也不尽相同。

任务一　样品的采集

采样是分析工作中非常重要的第一步,一般应由分析人员亲自动手。对原料和辅料应了解来源、数量、品质、包装及运输情况;对成品,应了解批号、生产日期、数量、贮存条件等,再根据其存在状态,选择合适的采样方法。很多产品的样品采集方法及采集数量,在国家标准中均有规定,应按规定方法采样,若无具体规定的,可按下面介绍的方法采样。

1. 均匀的固态样品

粮食、砂糖、面粉及其他固态食品,可按不同批号分别进行采样,对同一批号的产品,采样次数可按下式决定:

$$S = \sqrt{\frac{N}{2}}$$

式中:N ——被检物质数目(件,袋);
　　S ——采样次数。

然后从样品堆放的不同部位,按采样次数确定具体采样袋(件,桶,包)数,用双套回转取样管,插入每一袋的上、中、下三个部位,分别采取部分样品混合在一起作为原始试样。若为堆状的散粒状样品,则应在一堆样品的四周及顶部,也分上、中、下三个部位,用双套回转取样管插入采样,将采得的样品混合在一起作为原始样品。对动态物料的采样,可根据被检物料数量和机械传送速度,定出采样次数、间隔时间和每次应采数量,然后定时在横断面采取样品,最后混合作为原始试样。

2. 液体及半固体样品(植物油、鲜乳、酒类、液体调味品和饮料等)

对储存在大容器(如桶、缸、罐等)内的物料,可参照固体采样法的公式确定采样次数,再从各采样桶用虹吸法分上、中、下三层采出少量样品,混装于一洁净、干燥的大容器中,充分混匀后,取出 0.5~1 L 作为分析样品。若样品是在一大池中,则可在池的四角及中心部位的上、中、下三层进行采样,经混匀后,取出 0.5~1 L 作为分析样品。混匀的方法在数量大时可采用旋转搅拌法,数量小时可采用反复倾倒法。

3. 不均匀的固体样品(肉、鱼、果蔬等)

一般根据检验目的和要求,从不同部位采集小样,如皮、肉、核等需分别采集小样;有时要从具有代表性的各个部位分别采取少量样品(一般取可食部分),混合并经充分捣碎均匀后,取出 0.5 kg 作为分析样品。

4. 小包装食品(罐头、瓶装饮料等)

对分装在小容器里的物料,如罐头、瓶装或听装酒、饮料等,应根据批号,分批连同包装一起采样,同一批号采样件数以批量不同而有所不同。每批的采样则在每批产品的不同部位随机抽取 n 箱,再从 n 箱中各抽取一瓶作为分析试样。一般来说,批量在 1000 箱以下的,取 5 箱左右;批量在 1000~3500 箱的,取 8 箱左右;批量在 3500 箱以上的,取 12 箱左右。将其中一部分用于理化和感官检验,一部分封存作为仲裁样品保存。

以上是无特别规定时的一般抽样方法,如某些产品在标准中有规定的抽样方法,应按规定方法抽样。

(1)啤酒的抽样

瓶装啤酒在装瓶杀菌后,由每批成品中抽取 5 瓶作为试样,为物理及化学分析用。除特殊要求的项目外,取样后静置数分钟,使二氧化碳逸出部分,再准备两个洁净干燥的玻璃杯或搪瓷杯,两杯之间距离 20~30 cm,以细流反复倾倒 50 次(一个反复为一次),以除尽啤酒中所含二氧化碳。静置至泡沫消失,然后置于大锥形瓶中塞以棉塞备用。其温度应保持在 15~20 ℃。啤酒除气操作时的室温应不超过 25 ℃。

(2)罐头食品

①按杀菌锅抽样:低酸性罐头每锅抽样 2 罐。酸性罐头每锅抽样 1 罐。3 kg 大罐每锅抽样 1 罐。一般一个班的产品组成一个检验批次,每批次每个品种取样基数不得少于 3 罐。②按生产的班次抽样:抽样数为生产总量的 1/6000,尾数超过 2000 者增加 1 罐,但每班每个品种不得少于 3 罐。如果某些产品班产量较大,则以 3000 罐为基数,抽样数为基数的 1/6000;超过 3000 罐以上按总量的 1/20000 计,尾数超过 4000 罐者增取 1 罐。个别产品产量过小,同品种同规格可合并班次为一批抽样,但合并班总数不应超过 5000 罐,每个批次抽样数不得少于 3 罐。

(3)饼干抽样

同一班次生产的同一品种、同一规格的产品为一批。一批数量小于 150 件的,抽取 2 件;数量在 151~35000 件的,抽取 8 件;数量大于 35000 件的,抽取 13 件。

(4)方便面抽样

同一班次、同一规格的产品为一批。在成品库,每批随机抽样 5 箱,每箱抽取 4 包(桶)。

采样后应认真填写采样记录单,内容包括:样品名称、规格型号、等级、批号(或生产班次)、采样地点、日期、采样方法、数量、检验目的和项目,生产厂家名称及详细通信地址等内容,最后应签上采样者姓名。

任务二 样品的制备

许多食品的各个部位的组分差异很大,所以采集的样品在检验之前,必须经过制备过程,其目的是保证样品充分均匀,使其中任何部分都能代表被检物料的平均组成。

样品制备的方法有振摇、搅拌、切细、粉碎、研磨或捣碎。所用的工具有绞肉机、磨粉机、高速组织捣碎机、研钵等。

在制备过程中,应防止易挥发性成分的逸散及避免样品组成和理化性质的变化。

不同的食品,其试样制备方法也不一样,大致可分为下几种。

①对于固体食品,如奶粉等,将原始样品混合后,按四分法对角取样至所需样品量,一般为 0.5~1 kg。具体操作如图 1-1 所示。

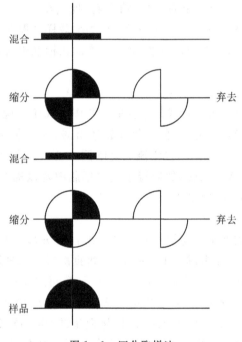

图 1-1 四分取样法

将原始样品置于一大张干净的纸上,或一块干净平整的玻璃板上,用洁净玻璃棒充分搅拌均匀后堆成一圆锥形,将锥顶压平,厚度约为 3 cm 左右,然后等分成四份,弃去对角两份,将剩下两份按上述方法再次混合,重复上述操作至剩余量为所需的样品量为止。

②对于液体或浆状食品,如牛奶、饮料、液体调味品等,可用搅拌器充分搅拌均匀。

③对于含水量较低的食品,如粮食等,可用研钵或磨粉机磨碎,并混合均匀。

④对于含水量较高的肉类、鱼类、禽类等,预先去除头、骨、鳞等非食用部分,洗净、沥干水分,取其可食部分,放入绞肉机中绞匀。

⑤对于含水量更高的水果和蔬菜类,一般先用水洗去泥沙,擦干表面附着的水分,从不同的可食部位切取少量物料,混合后放入高速组织捣碎机充分捣匀(有时加等量蒸馏水)。注意动作要迅速,防止水分蒸发,并尽可能对制备好的样品及时处理分析。

⑥对于蛋类,去壳后用打蛋器打匀。

⑦对于罐头食品,取其可食部分,并取出各种调味料(如辣椒、香辛料等)后,再制备均匀。

任务三 样品的保存

样品采集后应尽快进行分析,否则应密封加塞,进行妥善保存。样品检验后,如对检验结果有怀疑或争议时,需要对样品进行复检。贸易双方在交货时,对某产品的质量是否符合合同中的规定产生分歧时,也必须进行复检。所以对某些样品应当封好保存一段时间。

鉴于食品中富含丰富的营养物质,在合适的温度、湿度条件下,微生物能迅速生长繁殖,导致样品腐败变质;此外,有些食品中还含有易挥发、易氧化及热敏性物质,故在样品的保存过程中,应注意以下几点:

①盛样品的容器,应该是清洁干燥的优质磨口玻璃容器。容器外贴上标签,注明食品名称、来源、采样日期、编号及分析项目等。

②易腐败变质的样品,需进行冷藏、避光保存,但时间也不宜过长。

③对于已腐败变质的样品,应弃去,重新采样分析。

总之,要防止样品在保存过程中受潮、风干、变质,保证样品的外观和化学组成不发生变化,分析结束后的剩余样品,除易腐败变质者不予保留外,其他样品一般应保存一个月,以备复查。

情境二　样品的预处理

由于食品成分复杂,既含有大分子的有机化合物,如蛋白质、糖、脂肪、维生素及因污染引入的有机农药,也含有各种无机元素,如钾、钠、钙和铁等,这些组分往往以复杂的结合态或络合物的形式存在,对其中某个组分的含量进行测定时,常出现共存干扰的问题。此外,有些被测组分在食品中含量极低,如污染物、农药、黄曲霉毒素等,要准确地测出它们的含量,必须在测定前,对样品进行浓缩富集,以达到测定方法的灵敏度。以上这些操作统称为样品预处理,又称样品前处理,是食品检验过程中的一个重要环节,直接关系着检验结果的客观性和准确性。

样品预处理的目的就是要首先使样品变成一种易于检测的形式,排除共存干扰因素,完整地保留被测组分,必要时要浓缩被测组分,以获得满意的分析结果。

样品预处理的基本要求:①试样应分解完全,处理后的溶液不应残留原试样的细屑或粉末;②试样分解过程中不能引入待测组分,也不能使待测组分有所损失;③试样分解时所用试剂及反应产物对后续测定应无干扰。

不同的食品及不同的分析项目,预处理的方法不同。

任务一　有机物破坏法

该方法常用于食品中无机元素或金属离子的测定。

食品中的无机盐或金属离子,常与蛋白质等有机物质结合,成为难溶或难离解的有机金属化合物,欲测定其中的金属离子或无机盐的含量,则需在测定前破坏有机结合体,释放出被测组分。通常可采用高温或高温及强氧化条件,使试样中的有机物质彻底分解,其中碳、氢、氧元素生成二氧化碳和水呈气态逸散,而被测组分则生成简单的无机金属离子化合物留在溶液中。有机物破坏法按操作方法不同又分为干法灰化、湿法消化及微波炉消解法三类。

1. 干法灰化

这是一种用高温灼烧的方式破坏样品中有机物的方法,因而又称为灼烧法。除汞外大多数金属元素和部分非金属元素的测定都可用此方法处理样品。将样品置于坩埚中,先在电炉上小火炭化,除去水分、黑烟后,再置于 500~600 ℃ 的高温炉中灼烧灰化,至残灰为白色或浅灰色为止。取出残灰,冷却后用稀盐酸或稀硝酸溶解过滤,滤液定容后供测定用。

此法优点在于有机物破坏彻底,操作简便,试剂用量少,测定的空白值较小;但缺点是灰化时间长,挥发性元素在高温下挥散损失大,故适用于除汞以外的金属元素的测定。

2. 湿法消化

在强酸性溶液中,在加热的条件下,利用硫酸、硝酸、高氯酸、过氧化氢和高锰酸钾等物质的氧化作用,使有机物分解、氧化呈气态逸出,被测金属则呈离子状态留在溶液中,供测试用,称为湿法消化。本法的优点在于加热温度较干法低,减少了金属挥发逸散的损失,因此应用较广泛。但在消化过程中,会产生大量有害气体,因此操作需在通风柜中进行;此外,在消化初期,会产生大量泡沫易冲出瓶颈,造成损失,故需操作人员随时照管。

近年来,出现了一种新型的样品消化技术,该方法使用高压密封消化罐(又称高压溶样釜或高压密封溶样器),在加压条件下对样品进行湿法破坏。这种消化技术,克服了常压湿法消化的缺点,但高压密封罐的使用寿命有限。

3. 微波炉消解法

微波炉消解法的原理是在频率为 2450 MHz 的微波电磁场作用下,样品与酸的混合物通过吸收微波能量,使介质中的分子间相互摩擦、产生热量。同时,交变的电磁场使介质分子产生极化,由极化分子的快速排列引起张力。由于这两种作用,样品的表面层不断搅动破裂,产生新的表面与酸反应。由于溶液在瞬间吸收辐射能,省去了传统分解方法所用的热传导过程,因而分解快速。特别是将微波消解法和密封增压酸溶解法相结合的方法,使两者的优点得到充分发挥。

微波消解器由微波炉、抽气模式的电源和消化容器三部分组成。微波炉绝不能使用生活中用于加热食品的微波炉。试样分解后的溶液经稀释后,可直接用于原子吸收光谱法或等离子体发射光谱法进行测定。

微波消解法与经典消解法相比具有以下优点:①样品消解时间从几小时减少至几十秒;②由于使用消化试剂量少,因而消化样品有较低的空白值;③由于使用密闭容器,样品交叉污染的机会减少,同时也消除了常规消解时产生大量酸气对实验室环境的污染。另外,密闭容器减少或消除了某些易挥发元素如硒、汞、砷等的消解损失。

因此,微波消解法是一种快速、安全,可以大大提高效率的消解方法。但由于设备昂贵,国内还没有全面推广。

任务二 溶剂提取法

同一溶剂中,不同的物质有不同的溶解度;同一物质在不同的溶剂中溶解度也不同。利用样品中各组分在特定溶剂中溶解度的差异,使其完全或部分分离的方法即为溶剂提取法。常用的无机溶剂有水、稀酸、稀碱;有机溶剂有乙醇、乙醚、氯仿、丙酮、石油醚等。溶剂提取法可用于从样品中提取被测物质或除去干扰物质,在食品分析中常用于维生素、重金属、农药及黄曲霉毒素的测定。

溶剂提取法可用于提取固体、液体及半流体,根据提取对象不同可分为浸取法和萃取法。

1. 浸取法

用适当的溶剂将固体样品中的某种被测组分提取出来称为浸取,也即液-固萃取法。该法应用广泛,如测定固体食品中脂肪含量时用乙醚反复浸取样品中的脂肪,而杂质不溶于乙醚,再使乙醚挥发掉,就可以称出脂肪的质量。

(1)提取剂的选择

提取剂应根据被提取物的性质来选择,对被测组分的溶解度应最大,对杂质的溶解度最小,提取效果遵从相似相溶原则。通常对极性较弱的成分(如有机氯农药)可用极性小的溶剂(如正己烷、石油醚)提取;对极性强的成分(如黄曲霉毒素)可用极性大的溶剂(如甲醇与水的混合液)提取,所选择的溶剂的沸点应适当,太低易挥发,过高又不易浓缩。

(2)提取方法

①振荡浸渍法。将切碎的样品放入选择好的溶剂系统中,浸渍、振荡一定时间使被测组分被溶剂提取。该法操作简单但回收率低。

②捣碎法。将切碎的样品放入捣碎机中,加入溶剂,捣碎一定时间使被测成分被溶剂提取。该法回收率高,但选择性差,干扰杂质溶出较多。

③索氏提取法。将一定量样品放入索氏提取器中,加入溶剂,加热回流一定时间使被测组分被溶剂提取。该法溶剂用量少,提取完全,回收率高,但操作麻烦,需专用索氏提取器。

2. 萃取法

利用适当的溶剂(常为有机溶剂)将液体样品中的被测组分(或杂质)提取出来称为萃取。其原理是被提取的组分在两种互不相溶的溶剂中分配系数不同,从一相转移到另一相中而与其他组分分离。本法操作简单、快速、分离效果好,使用广泛。缺点是萃取剂易燃、有毒性。

(1)萃取剂的选择

萃取剂应对被测组分有最大的溶解度,对杂质有最小的溶解度,且与原溶剂不互溶;两种溶剂易于分层,无泡沫。

(2)萃取方法

萃取常在分液漏斗中进行,一般需萃取4~5次方可分离完全。若萃取剂比水轻,且从水溶液中提取分配系数小或振荡时易乳化的组分时,可采用连续液体萃取器,如图2-1所示。

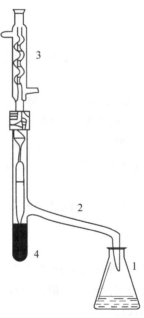

图2-1 连续液体萃取操作示意图
1—三角瓶;2—导管;3—冷凝器;4—欲萃取相

三角瓶内的溶剂经加热产生蒸气后沿导管上升,经冷凝器冷凝后,在中央管的下端聚为小滴,并进入欲萃取相的底部,上升过程中发生萃取作用,随着欲萃取相液面不断上升,上层的萃取液回流到三角瓶中,再次受热气化后的溶剂进入冷凝器又被冷凝返回欲萃取相底部重复萃取……如此反复,最终使被测组分全部萃取至三角瓶内的溶剂中。

在食品分析中常用提取法分离、浓缩样品,浸取法和萃取法既可以单独使用也可联合使用。如测定食品中的黄曲霉毒素 B1,先将固体样品用甲醇-水溶液浸取,黄曲霉毒素 B1 和色素等杂质一起被提取,再用氯仿萃取甲醇-水溶液,色素等杂质不能被氯仿萃取仍留在甲醇-水溶液层,而黄曲霉毒素 B1 被氯仿萃取,以此将黄曲霉毒素 B1 分离。

任务三　蒸馏法

蒸馏法是利用液体混合物中各组分挥发性的差异来进行分离的方法。该方法可将干扰组分蒸馏除去,也可将待测组分蒸馏逸出并收集馏出液进行分析。根据样品组分性质不同,蒸馏方式有常压蒸馏、减压蒸馏、水蒸气蒸馏。

1. 常压蒸馏

当样品组分受热不分解或沸点不太高时,可进行常压蒸馏,如图 2-2 所示。加热方式可根据被蒸馏样品的沸点和性质确定:如果沸点不高于 90 ℃,可用水浴;如果超过 90 ℃,则可改用油浴;如果被蒸馏物不易爆炸或燃烧,可用电炉或酒精灯直接加热,最好垫以石棉网;如果是有机溶剂则要用水浴,并注意防火。

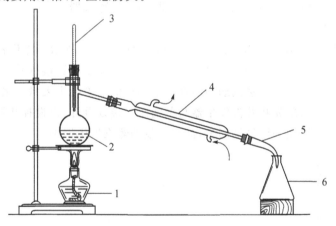

图 2-2　普通蒸馏装置
1—酒精灯;2—蒸馏瓶;3—温度计;4—冷凝管;5—接收管;6—接收瓶

2. 减压蒸馏

如果样品中待蒸馏组分易分解或沸点太高,可采取减压蒸馏。该装置较复杂,如图 2-3 所示。

减压蒸馏时,在蒸馏瓶中加入占其容量 1/3～1/2 的待蒸馏物质,旋紧毛细管上的螺旋夹,打开安全瓶上的活塞,然后开泵抽气,逐渐关闭活塞,调节到所需的真空度。如果装置漏气,需检查各部分塞子和橡皮管的连接是否紧密,必要时可用熔融的固体石蜡或真空泥密封。调节毛细管上的螺旋夹,使液体中有连续平稳的小气泡通过,开启冷凝管,选用合适的热浴加热。加热时,蒸馏瓶的圆球部位至少应有 2/3 浸入浴液中,加热浴液温度比溶液在此真空度下的沸点高 20～30 ℃。

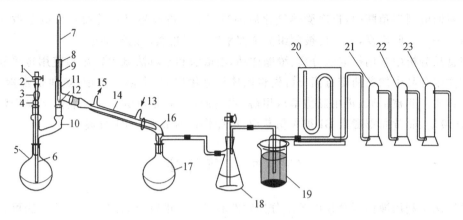

图 2-3 减压蒸馏装置

1—螺旋夹;2—乳胶管;3—单孔塞;4—套管;5—蒸馏瓶;6—毛细管;7—温度计;8—单孔塞;9—套管;10—Y形管;11—蒸馏头;12—水银球;13—进水口;14—直形冷凝管;15—出水口;16—真空接引管;17—接收瓶;18—安全瓶;19—冷井;20—压力计;21—氯化钙塔;22—氢氧化钠塔;23—石蜡块塔

蒸馏完毕后,除去热源,慢慢旋开夹在毛细管上端橡皮管的螺旋夹,并慢慢打开安全瓶上的活塞,平衡内外压力,使测压计的水银柱缓慢地恢复原状(若活塞放开得太快,水银柱很快上升,有冲破测压计的危险),然后关闭抽气泵,最后拆除仪器。

3. 水蒸气蒸馏

水蒸气蒸馏是用水蒸气加热混合液体的方法,如图 2-4 所示。操作初期,蒸汽发生器和蒸馏瓶先不连接,分别加热至沸腾,再用三通管将蒸汽发生器连接好并开始蒸汽蒸馏。这样可以避免因蒸汽发生器产生蒸汽遇到蒸馏瓶中的冷溶液凝结出大量的水增加体积而延长蒸馏时间。蒸馏结束后应先将蒸汽发生器与蒸馏瓶连接处拆开,再撤掉热源,否则会发生回吸现象将接收瓶中蒸馏出的液体抽回去,甚至回吸到蒸汽发生器中。

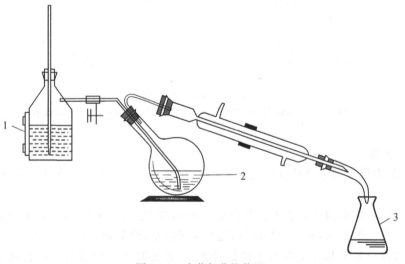

图 2-4 水蒸气蒸馏装置
1—蒸汽发生器;2—蒸馏瓶;3—接收瓶

任务四　色层分离法

色层分离法是将样品中的组分在载体上进行分离的一系列方法,又称色谱分离法,根据分离原理不同分为吸附色谱分离、分配色谱分离和离子交换色谱分离等。该类分离方法效果好,在食品分析中被广泛应用。

1. 吸附色谱分离

该法使用的载体为聚酰胺、硅胶、硅藻土、氧化铝等,吸附剂经活化处理后具有一定的吸附能力。样品中的各组分依其吸附能力不同被载体选择性吸附,使其分离。如食品中色素的测定,将样品溶液中的色素经吸附剂吸附(其他杂质不被吸附),经过过滤、洗涤,再用适当的溶剂解吸,就可得到比较纯净的色素溶液。吸附剂可以直接加入样品中吸附色素,也可将吸附剂装入玻璃管制成吸附柱或涂布成薄层板使用。

2. 分配色谱分离

此法是利用样品中的组分在固定相和流动相中分配系数的不同而进行分离的方法。当溶剂渗透于固定相中并向上渗展时,分配组分就在两相中进行反复分配,进而分离组分。如多糖类样品的纸层析,样品经酸水解处理中和后制成试液,滤纸上点样,用苯酚-1%氨水饱和溶液展开,苯胺邻苯二酸显色,105 ℃加热数分钟,可见不同色斑,如戊醛糖呈红棕色,乙醛糖呈棕褐色,双糖类呈黄棕色等。

3. 离子交换色谱分离

该法是一种利用离子交换剂与溶液中的离子发生交换反应实现分离的方法,根据被交换离子的电荷分为阳离子交换和阴离子交换。该法可用于样品溶液中分离待测离子,也可从样品溶液中分离干扰组分。分离操作可将样液与离子交换剂一起混合振荡或将样液缓慢通过事先制备好的离子交换柱,则被测离子与交换剂上的 H^+ 或 OH^- 发生交换,或是被测离子上柱,或是干扰组分上柱,从而将其分离。

任务五　化学分离法

1. 磺化法和皂化法

磺化法和皂化法是去除油脂的常用方法,可用于食品中农药残留的分析。

(1)磺化法

磺化法以硫酸处理样品提取液,硫酸使其中的脂肪磺化,并与脂肪和色素中的不饱和键起加成作用,生成溶于硫酸和水的强极性化合物,从有机溶剂中分离出来。使用该法进行农药分析时,只适用在强酸介质中稳定的农药,如有机氯农药中的六六六、DDT 回收率在 80%以上。

(2)皂化法

皂化法以热碱氢氧化钾-乙醇溶液与脂肪及其杂质发生皂化反应,将其除去。本法只适用于对碱稳定的农药提取液的净化。

2. 沉淀分离法

沉淀分离法是向样液中加入沉淀剂,利用沉淀反应使被测组分或干扰组分沉淀下来,再经过过滤或离心实现与母液分离。该法是常用的样品净化方法,如饮料中糖精钠的测定,可加碱性硫酸铜将蛋白质等杂质沉淀下来,过滤除去。

3. 掩蔽法

向样液中加入掩蔽剂,使干扰组分改变其存在状态(被掩蔽状态),以清除其对被测组分的干扰称为掩蔽法。掩蔽法有一个最大的好处就是可以免去分离操作,使分析步骤大大简化,因此在食品分析中广泛用于样品的净化。特别是测定食品中的金属元素时,常加入配位掩蔽剂消除共存的干扰离子的影响。

任务六 浓缩法

样品在提取、净化后,往往因样液体积过大,被测组分的浓度太小影响其分析检测,此时需对样液进行浓缩,以提高被测成分的浓度。常用的浓缩方法有常压浓缩和减压浓缩。

1. 常压浓缩

常压浓缩只能用于待测组分为非挥发性样品试液的浓缩,否则会造成待测组分的损失。操作可采用蒸发皿直接蒸发,若溶剂需回收,则可用一般蒸馏装置或旋转蒸发器。优点是操作简单、快速。

2. 减压浓缩

若待测组分为热不稳定或易挥发的物质,其样品净化液的浓缩需采用 K-D 浓缩器。采取水浴加热并抽气减压,以便浓缩在较低的压力下进行,优点是速度快,可减少被测组分的损失。食品中有机磷农药的测定多采用此法浓缩样品净化液。

情境三 食品分析的基本要求和结果处理

定量分析的重要任务是准确测定试样中组分的含量。不准确的分析结果不仅不能指导生产，反而会给生产、科研造成损失，甚至造成生产事故。因此，了解产生误差的原因，正确地使用有效数字，进行合乎科学的数据处理，判断分析结果的可靠性，以获得准确的分析结果是食品检验人员的基本功之一。

在检验分析时，即使选择最准确的分析方法，使用最精密的仪器，由技术最熟练的人员操作，对于同一样品进行多次重复试验，所得的结果也不会完全相同，也不可能得到绝对准确的结果。这表明，误差是客观存在的。因此，定量分析就必须对所测的数据进行归纳、取舍等一系列分析处理。不同的分析任务，对准确度的要求不同，对分析结果的可靠性与精密度要做出合理判断和正确表述。为此，检验人员应该了解检验过程中产生误差的原因及误差出现的规律，并采取相应措施减小误差，使检验结果尽可能客观、真实。

任务一 食品分析的基本要求

1. 检验用水的要求

食品分析检验中绝大多数的分析是对水溶液的分析检测，因此水是最常用的溶剂。在实验室中离不开蒸馏水或特殊用途的纯水，在未特殊注明的情况下，无论配制试剂用水，还是分析检验操作过程中加入的水，均为纯度能满足分析要求的蒸馏水或去离子水。通过蒸馏方法除去水中非挥发性杂质而得到的纯水称为蒸馏水。蒸馏水可用普通的生活用水经蒸发、冷凝制成，也可以用阴阳离子交换处理的方法制得。同是蒸馏所得纯水，其中含有的杂质种类和含量也不同。用玻璃蒸馏所得的水中含有 Na^+ 和 SiO_3^{2-} 等离子；而用铜蒸馏器所制得的纯水则可能含有少量或微量的 Cu^{2+}；离子交换法或电渗析法制得的水，常含有少量微生物和其他有机物质等。特殊项目的检测分析对水的纯度有特殊要求时，一般在检测方法中需注明水的纯度要求和提纯处理的方法。

为保证纯水的质量能符合分析工作的要求，对于所制备的每一批纯水，都必须进行质量检测。一般应达到以下标准：

①用电导仪测定的电导率不大于 530 S/m(25 ℃)。

②酸碱度呈中性或弱酸性，pH＝5.0～7.5(25 ℃)，可用精密 pH 试纸、酸度计测定，也可用如下简易化学方法检验：在 10 ml 水中加入 2～3 滴 1 g/L 甲基红指示剂，摇匀呈黄色不带红色，则说明水的酸度合格，呈中性；或在 10 ml 水中加入 4～5 滴 1 g/L 溴百里酚蓝指示剂，摇匀不呈蓝色，则说明水的酸度合格，呈中性。

③无有机物和微生物污染。检测方法为：在 10 ml 水样中加入 2 滴 0.1 g/L 高锰酸钾溶液，煮沸后仍为粉红色。

④钙、镁等金属离子含量合格。检测方法为：在 10 ml 水样中加入 2 ml 氨-氯化铵缓冲溶液(pH＝10)，2 滴 5 g/L 铬黑T指示剂，摇匀，溶液呈蓝色表示水合格，如呈紫红色则表示

⑤氯离子含量合格。检测方法为：在 10 ml 水样中加入数滴硝酸，再加入 4 滴 10 g/L 的硝酸银溶液，摇匀，溶液中无白色混浊物表示水合格，如有白色混浊物则表示水不合格。

2. 检验用试剂的要求

化学试剂是符合一定质量标准要求纯度较高的化学物质，它是分析工作的物质基础。试剂的纯度对分析检验很重要，它会影响到结果的准确性，试剂的纯度如果达不到分析检验的要求就不能得到准确的分析结果。能否正确选择、使用化学试剂，将直接影响到分析检验的成败、准确度的高低及实验的成本。因此，分析检验人员必须充分了解化学试剂的性质、类别、用途与使用方面的知识。

化学试剂产品已有数千种，而且随着科学技术和生产的发展，新的试剂种类还将不断产生，现在还没有统一的分类标准。根据质量标准及用途的不同，化学试剂可大体分为标准试剂、普通试剂、高纯试剂与专用试剂四类。

（1）标准试剂

标准试剂是用于衡量其他（欲测）物质化学量的标准物质，习惯称为基准试剂（PT），通常由大型试剂厂生产，并严格按照国家标准进行检验。其特点是主体成分含量高，而且准确可靠。

我国规定滴定分析用标准试剂，分为 C 级（第一基准）与 D 级（工作基准）两个级别，主要成分体积分数分为 $100\% \pm 0.02\%$ 和 $100\% \pm 0.05\%$，D 级基准试剂是滴定分析中的标准物质，基准试剂按规定使用浅绿色标签。

（2）普通试剂

普通试剂是实验室广泛使用的通用试剂，其等级按所含杂质的多少来划分，一般可分为四个级别，其规格和适用范围见表 3-1。

表 3-1 普通试剂的规格和适用范围

等级	中文名称	英文符号	应用范围	标签颜色
一级	优级纯（保证试剂）	GR	精密分析、科研用试剂，也可作基准物质	绿色
二级	分析纯（分析试剂）	AR	常用作分析试剂、科研用试剂	红色
三级	化学纯	CP	要求较低的分析用试剂，一般化学实验试剂	蓝色
四级	实验试剂	LR	一般化学实验辅助试剂	棕色或其他颜色

（3）高纯试剂

高纯试剂主体成分含量通常与优级纯试剂相当，但杂质含量很低，而且杂质检测项目比优级纯或基准试剂多 1～2 倍。高纯试剂主要用于微量分析中试样的分解及溶液的制备。

（4）专用试剂

专用试剂是一类具有专门用途的试剂。其主体成分含量高，杂质含量很低。它与高纯试剂的区别是在特定的用途中干扰杂质成分只需控制在不致产生明显干扰的限度以下。专用试剂种类很多，如光谱纯试剂（SP）、色谱纯试剂（GC）、生化试剂（BR）等。

各种标准试剂应按规定，定期标定以保证试剂的浓度和质量。食品分析试验中所用试剂的质量，直接影响分析结果的准确度，因此应根据所做试验的具体情况，如分析方法的灵敏度与选择性、分析对象的含量及对分析结果精确度的要求等，合理选择相应级别的试剂，在既能保证实验正常进行的同时，又可避免不必要的浪费。例如，配制铬酸洗液时，仅需工业重铬酸钾和工业硫酸即可，若用分析纯级的重铬酸钾，必定造成浪费。食品检验要求使用分析纯试剂(AR)。对于滴定分析常用的标准溶液，应采用分析纯试剂配制，再用 D 级基准试剂标定。对于酶试剂应根据其纯度、活力和保存的条件及有效期限正确地选择使用。另外试剂应合理保存，避免污染和变质，一般试剂用硬质玻璃瓶或用聚乙烯瓶存放，需避光试剂应储存于棕色瓶中。

3. 检验用一般器皿的要求

(1)器皿的选用

分析检验时离不开各种器皿，这些器皿应根据检验方法的要求来选用。一般应选用硬质的玻璃器皿，碱液和金属溶液需选聚乙烯瓶储存，遇光不稳定的试剂（如 $AgNO_3$、I_2 等）应选择棕色玻璃瓶避光储存。选用时还应该考虑到容量及容量精度和加热等要求。

(2)器皿的洗涤

检验中所使用的各种器皿必须洁净，否则会造成结果误差，这是微量和容量分析中极为重要的问题。

常用洗涤液的配制：

①肥皂水、洗衣粉水、去污粉水：根据洗涤的情况具体配制。

②王水：3 份盐酸与 1 份硝酸混合。

③盐酸洗液(1+3)：1 份盐酸与 3 份水混合。

④铬酸洗液：称取 50 g 重铬酸钾，加入 170~180 ml 水，加热溶解成饱和溶液，在搅拌时徐徐加入浓硫酸至 500 ml。

⑤碱性酒精洗液：用体积分数为 95% 的乙醇与质量分数为 30% 的氢氧化钠溶液等体积混合。

器皿的洗涤方法：

①新的玻璃器皿：先用自来水冲洗，晾干后用铬酸洗液浸泡，以除去黏附的其他物质，然后用自来水冲洗干净。

②有油污的玻璃器皿：先用碱性酒精洗液洗涤，然后用洗衣粉水或肥皂水洗涤，再用自来水冲洗干净。

③有凡士林油污的器皿：先将凡士林擦去，再用洗衣粉水或肥皂水洗涤，最后用自来水冲洗干净。

④有锈迹、水垢的器皿：用(1+3)盐酸洗液浸泡，再用自来水冲洗干净。

⑤比色皿：先用自来水冲洗，再用稀盐酸洗涤，然后用自来水冲洗干净。

⑥聚乙烯塑料器皿：用稀盐酸洗涤后，再用自来水冲洗干净。

为了保证器皿洗涤后能达到洁净的要求，要用蒸馏水冲洗掉附着的自来水。一般用蒸馏水冲洗 2~3 次。蒸馏水冲洗时应少量多次，以达到节约蒸馏水和洁净器皿的目的。

4. 仪器、设备的要求

(1)玻璃量器的要求

检验中所使用的滴定管、移液管、容量瓶、刻度吸管、比色管等玻璃量器均须按国家有关规定及规程进行校准或检定。玻璃量器和玻璃器皿须经彻底洗净后才能使用。

(2)控温设备的要求

检验中所使用的恒温干燥箱、恒温水浴锅等均须按国家有关规程进行校准或检定。

(3)测量仪器的要求

天平、酸度计、温度计、分光光度计、色谱仪等均应按国家有关规定及规程进行校准或检定。定期送计量管理部门鉴定,以保证仪器的灵敏度和准确度。

各种检测仪器的安装、调试、使用和维护保养要严格按照仪器的使用说明进行。分析天平、分光光度计、酸度计等精密仪器,应安放在防震、防尘、防潮、防腐、防晒以及周围温度变化不大的室内,以保证仪器的正常使用;电源电压要相符;操作时应严格遵守操作规程;仪器使用完毕要切断电源,并将各旋钮恢复到初始位置。

5. 测定结果表示形式

食品分析的结果,有多种表示方法。按照我国现行国家标准的规定,应采用浓度、比例浓度、质量分数、体积分数或质量浓度加以表示。

(1)浓度(即物质的量浓度)

浓度的定义为单位体积溶液中所含溶质的物质的量,单位为 mol/L。

(2)比例浓度

比例浓度即以几种固体试剂的混合质量份数或液体试剂的混合体积份数表示,可记为 (1+1)、(4+2+1)等形式。

(3)质量分数

食品中某组分的质量(m_B)与物质总质量(m)之比,称为 B 的质量分数。其比值可用小数或百分数表示。例如,某食品中含有淀粉的质量分数为 0.8020 或 80.20%。

$$\omega_B = m_B/m$$

(4)体积分数

气体或液体的食品混合物中某组分 B 的体积(V_B)与混合物总体积(V)之比,称为 B 的体积分数。

$$\varphi_B = V_B/V$$

其值可用小数或百分数表示。例如,某天然气中甲烷的体积分数为 0.93 或 93%,医用酒精中乙醇的体积分数为 75%。

(5)质量浓度(ρ_B)

气体或液体的食品混合物中某组分 B 的质量(M_B)与混合物总体积(V)之比,称为 B 的质量浓度。

$$\rho_B = M_B/V$$

其常用单位为克每升(g/L)或毫克每升(mg/L)。例如,乙酸溶液中乙酸的质量浓度为 360 g/L,生活用水中铁含量一般小于 0.3 mg/L。在食品分析中,一些含杂质的标准溶液的含量和辅助溶液的含量也常用质量浓度表示。

如果一种溶液由另一种特定溶液稀释配制,应按照下列惯例表示。"稀释 $V_1 \rightarrow V_2$":即将体积为 V_1 的特定溶液以某种方式稀释,最终混合物总体积为 V_2;"稀释 $V_1 + V_2$":即将体积为 V_1 的特定溶液加到体积为 V_2 的溶液中,如清洗被有颜色的有机物污染的比色皿时,使用盐酸-乙醇(1+2)洗涤液。

5. 实验室安全防护要求

实验室中,经常使用有腐蚀性、有毒、易燃、易爆的各类试剂盒、易破损的玻璃仪器及各种电气设备等。为保证检验人员的人身安全和实验操作的正常进行,食品检验人员应具备安全操作常识,遵循实验室安全守则。检验过程中应严格按照标准中规定的分析步骤进行检验,对实验中的不安全因素(中毒、爆炸、腐蚀、烧伤等)应有防护措施。

任务二 分析检验中的误差及数据处理

1. 分析检验中的误差

1)准确度和精确度

(1)准确度

分析结果的准确度是指测得值与真实值或标准值之间相符合的程度,通常用误差的大小来表示。

$$绝对误差 = 测得值 - 真实值$$

显然,绝对误差越小,测定结果越准确。但绝对误差不能反映误差在真实值中所占的比例。例如,用分析天平称量两个样品的质量各为 4.7550 g 和 0.4775 g,假定这两个样品的真实质量分别为 4.7551 和 0.4776 g,则两者称量的绝对误差都是 -0.0001 g,而这个绝对误差在第一个样品质量中所占的比例,仅为第二个样品质量中所占比例的 1/10。也就是说,当被称量的量较大时,称量的准确程度就比较高。因此,用绝对误差在真实值中所占的比例可以更确切地比较测定结果的准确度。这样表示的误差称为相对误差,即

$$相对误差 = 绝对误差/真实值 \times 100\%$$

因为测得值可能大于或小于真实值,所以绝对误差和相对误差都有正、负之分。为了避免与被测组分百分含量相混淆,有时也用千分数(‰)表示相对误差。

(2)精确度

精确度是指在相同条件下,对同一试样进行几次测定(平行测定)所得值互相符合的程度,通常用偏差表示。在食品定量分析中,待测组分的真实值一般是不知道的。这种情况下,衡量测定结果是否准确就有困难。因此,常用测得值的重现性又叫精确度来表示分析结果的可靠程度。

设测定次数为 n,其各次测得值($x_1, x_2, \cdots, x_n$)的算术平均值为 $\bar{x}$,则个别绝对偏差(d_i)是各次测得值(x_i)与他们的平均值之差。

$$d_i = x_i - \bar{x}$$

平均偏差($\bar{d}$)是各次测定的个别绝对偏差的绝对值的算术平均值,即

$$\bar{d} = \frac{\sum_{i=1}^{n} |x_i - \bar{x}|}{n}$$

$$相对平均偏差 = \frac{\bar{d}}{\bar{x}} \times 1000‰$$

食品分析检验常量组分时,分析结果的相对平均偏差一般要求小于 2‰。

在确定标准溶液准确浓度时,常用"极差"表示精确度。"极差"是指一组平行测定值中

最大值与最小值之差。

在食品产品标准中,常常见到关于"允许差"(或称公差)的规定。一般要求某一项指标的平行测定结果之间的绝对偏差不得大于某一数值,这个数值就是"允许差",它实际上是对测定精密度的要求。在规定试验次数的测定中,每次测定结果均应符合允许差要求。若超出允许差范围,应在短时间内增加测定次数,直至测定结果与前面几次(或其中几次)测定结果的差值符合允许差规定,再取其平均值。否则应查找原因,重新按规定进行分析。

2)误差的来源

食品定量分析中的误差,按其来源和性质可分为系统误差和随机误差两类。

由于某种固定的原因产生的分析误差叫作系统误差,其显著特点是朝一个方向偏离。造成系统误差的原因可能是试剂不纯、测量仪器不准、分析方法不妥、操作技术较差等。只要找到产生系统误差的原因,就能设法纠正和克服这种误差。

由于某种难以控制的偶然因素造成的误差叫随机误差或偶然误差。实验环境的温度、湿度和气压的波动、仪器性能微小的变化等都会产生随机误差。

从误差产生的原因来看,只有消除或减小系统误差和随机误差,才能提高分析结果的准确度和精确度。

2. 分析结果的数据处理

食品定量分析需要经过若干测量环节,读取若干次试验数据,再经过一定的运算才能获得最终分析结果。为使记录、运算的数据与测量仪器的精度相适宜,必须注意有效数字的问题。

(1)有效数字

有效数字是指分析仪器实际能测量到的数字。在有效数字中,只有最末一位数字是可疑的。例如在分度值为 0.0001 g 的分析天平上称得一试样质量为 0.0350 g,这样记录是正确的,与该天平所能达到的准确度相符合。这个结果有三位有效数字,它表明该试样质量在 0.0349~0.0351 g 之间。如果把结果记为 0.035 g 是错误的,因为后者表明试样质量为 0.034~0.036 g,显然损失了仪器的精度。可见,数据的位数不仅表示数值的大小,而且反映了测量的准确程度。现将食品定量分析中经常遇到的各类数据举例如下:

试样的质量	3.5032 g	五位有效数字	(用分析天平称量)
溶液的体积	12.36 ml	四位有效数字	(用滴定管量取)
	15.00 ml	四位有效数字	(用移液管量取)
	75 ml	两位有效数字	(用量筒量取)
溶液的浓度	0.5000 mol/L	四位有效数字	
	0.1 mol/L	一位有效数字	
质量分数	10.55%	四位有效数字	
pH 值	4.30	两位有效数字	
解离常数 K_a	1.6×10^{-5}	两位有效数字	

注意,"0"在数字中有几种意义。数字前面的 0 只起定位作用,本身不算有效数字,数字之间的 0 和小数末尾的 0 都是有效数字;以 0 结尾的整数,最好用 10 的幂指数表示,这时前面的系数代表有效数字。由于 pH 值为氢离子浓度的负对数值,所以 pH 值的小数部分才为有效数字。

分析结果应准确记录,并按规定的方法进行处理,用正确的方式表示,才能确保分析结果的最终准确性。对于结果的表述,平行样的测定值报告其算术平均值,一般测定值的有效数字的位数应能满足卫生标准的要求,甚至高于卫生标准的要求。样品测定值的单位,应与卫生标准一致。

(2)数字修约规则

①直接测量值应保留一位可疑值,记录原始数据时也只有最后一位是可疑的。例如,用分析天平称量要称到 $0.000\times g$,普通滴定管读数要读到 $0.0\times ml$,其最末一位有 ± 1 的偏差。

②几个数字相加减时,应以各数字中小数点后位数最少(绝对误差最大)的数字为依据决定结果的有效位数。

③几个数字相乘时,应以各数字中有效数字位数最少(相对误差最大)的数字为依据决定结果的有效位数。若某个数字的第一位有效数字是 8 或 9,则有效数字的位数应多算一位(相对误差接近)。

例如:

$0.015+34.37+4.3225=38.7075 \xrightarrow{\text{修约}} 38.71$

$(15.3\times 0.1232)\div 9.3=0.202683871 \xrightarrow{\text{修约}} 0.203$

④计算中遇到的常数、倍数、系数等,可视为无限多位有效数字。弃去多余的或不正确的数字,应按"四舍六入五取双"原则,即当尾数大于或等于 6 时,进位;尾数小于或等于 4 时,舍去;当尾数恰为 5 而后面数为 0 或者没有数时,若 5 的前一位是奇数则进位,是偶数(包括0)则舍去,若 5 后面还有不是 0 的任何数则进位。注意:数字修约时只能对原始数据进行一次修约到需要的位数,不能逐级修约。

例如:将下列数字修约到两位有效数字:

3.148→3.1

0.736→0.74

75.50→76

8.050→8.0

46.51→47

7.5489→7.5

⑤分析结果的数据应与技术要求量值的有效位数一致。对于高含量组分(大于10%)一般要求以四位有效数字报出结果;对于中等含量的组分(1%~10%)一般要求以三位有效数字报出;对于微量组分(小于 1%)一般只要求以两位有效数字报出结果。测定杂质含量时,若实际测量值低于技术指标一个或者几个数量级,可用"小于"该技术指标来报结果。

⑥在具体实施中,有时先将获得数据值按指定的修约位数多一位或几位报出,而后由其他部门测定。为避免产生连续修约的错误,应按下述步骤进行。

报出数值最右的非零数字为 5 时,应在数值后加"(+)"或"(−)"或不加符号,以分别表明已进行过舍、进或未舍未进。如:16.50(+)表示实际值大于 16.50,经修约舍弃成为 16.50;16.50(−)表示实际值小于 16.50,经修约进一步成为 16.50。

如果判定报出值需要进行修约,当拟舍弃数字的最右一位非零数字为 5 而后面无数字或数字皆为零时,数值后面有(＋)号者进一,数值后面有(－)号者舍去。

例如:将下列数字修约到个位数后进行判定(报出值多留一位到一位小数)。

实测值	报出值	修约值
15.4546	15.5(－)	15
16.5203	16.5(＋)	17
17.5000	17.5(＋)	18
－15.4546	－15.5(－)	－15

任务三　食品分析检验报告单的填写

检验报告是质量检验的最终产物,其反映的信息和数据必须客观公正、准确可靠,填写要清晰完整。检验报告的质量不仅能反映出检测机构的管理水平、技术水平和服务水平,而且还关系到一个产品乃至一个企业的生死存亡。食品质量检验部门通过质量检验、获取准确的检测数据,掌握该食品的质量信息,并通过检验结果报告的形式反映出来。不同的分析任务,对分析结果准确度要求不同,平行测定次数与分析结果报告也不同。

我国在 2005 年发布了实验室检验通用文书,除了规定报告的内容外,对抽样单、抽样原始记录、拒检认定书等文书格式做了统一的规定。

1. 原始记录的填写

检验原始记录是出具检验报告书的依据,是进行科学研究和技术总结的原始资料。为保证食品检验工作的科学性和规范化,检验记录必须做到:记录原始、真实,内容完整、齐全,书写清晰、整洁。

检验原始记录是检验工作运转的媒介,是检验结果的体现。检验原始记录必须如实填写检验日期,检验环境的温度、湿度,检验依据的方法、标准,使用的仪器、设备,检验过程的实测数据、计算公式,检测结果等。最后报值的单位要与标准规定的单位相一致。检验原始记录的填写,必须按照检验流程中的各个实测值如实认真填写,字迹清楚无涂改。如果确有必要更正的,可以用红笔划改,但必须有划改人的签字。填写完整后,由检验员、审核人签字,作为出具检验结果的保证。

2. 分析报告的填写

一份完整的食品检验结果报告由正本和副本组成。提供给服务对象的正本包括检验报告封皮、检验报告首页、检验报告续页三部分;作为归档留存的副本除具有上述三项外,还包括真实完整的检验原始记录、填写详细的产(商)品抽样单、仪器设备使用情况记录等。正确出具食品检验结果报告,要注意以下几点。

(1)检验报告封皮

检验报告封皮包括以下内容:报告编号,产品编号,生产、经销、委托单位名称,检验类别,检验单位名称,检验报告出具日期等。

(2)检验报告首页

被检产品的详细信息以及检验结论一般在首页填写,这是食品检验结果报告的关键内容,也是被检企业最为关心的信息。

被检产品信息包括:产品名称,受检单位、生产单位、经销单位、委托单位名称,检验类别,产品的规格型号、包装、商标、等级,所检样品数量、批次、到样日期等。监督检验的产品要填写抽样地点、抽样基数;委托检验的还要填送样人等。检验报告首页显示的产品信息要与检验报告封皮显示的信息相一致。最为关键也最为重要的信息是检验项目、判断依据以及检验结论,要在检验报告首页醒目位置显示。对食品的检验结果进行判断时,以该产品明示的标准为依据;卫生指标和食品添加剂以国家强制性标准为判断依据;发证检验的食品,以该产品的生产许可证审查细则和产品质量标准为判定依据。检验结论要根据实验检测情况填写共检几项、合格几项、不合格几项。所检项目全部合格,填写所检项目符合标准要求即该产品所检项目合格;所检项目只要有一项不合格即可判定该产品不合格。全项检验填写综合判定该产品符合或不符合标准要求,发证检验填写该产品符合或不符合发证条件。

(3)检验报告续页

检验结论的综合判定,来源于各检验项目的单项判定。在检验报告续页中,对每一个检验项目,逐一列出标准规定值和实际检验值,在相比较的基础上,判定该产品的单项合格与否。需要注意的是检验结果的单位和标准规定的单位应当一致。在对实测值与标准值进行比较时,实际检测值若非临界值,一般采用修约值比较法,结果报值与标准规定的小数位数保持一致,修约时遵循四舍六入五取双的数据修约规则。实际检测值若为临界值,一般采用全数值修约法。例:标准规定值≤0.05,实际检出值为 0.054,用修约值比较法修约为 0.05,应判定为合格,但与实际情况不符。若用全数值修约法约为 0.05(+),判定为不合格,与实际情况相符,判定客观真实。又例:标准规定值为 5.0±0.5,实际检出值 4.46,用修约值比较法修约为 4.5。应判定为合格,与实际情况不符。若用全数值约法修约为 4.5(-),判定为不合格,与实际情况相符,判定客观真实。检验结果为 0 时,填未检出,检验结果小于最低检出限时,填小于最低检出限,而不填真实检出值。如:肉制品中亚硝酸盐含量的最低检出限为 1.0 mg/kg,实际检出值为 0.6 mg/kg,则填报<1.0 mg/kg,而不填 0.6 mg/kg。

(4)产(商)品抽样单

监督抽查、统一监督检查、定期监督检查、日常监督检查是质量监督部门进行产品质量监督检查的几种方式,对监督检查的产品进行检验是质量检验的另一种形式。抽查的产品要填写详细的抽样单,并由双方签字盖章后附在检验报告副本中一并归档。检验报告的信息要与抽样单上的原始信息相一致。

(5)仪器设备使用情况记录

检验项目不同,使用的仪器设备也不相同。检验报告副本中要附有所用仪器设备的使用记录。其内容包括:设备的名称、设备的规格型号、检验日期、检验有效期、环境温度、环境湿度、设备使用日期等,以确保设备的检验能力满足检验工作的需求。

(6)检验原始记录

同原始记录的填写。

结果报告是实验室检验工作的最终产品,也是实验室工作质量的最终体现,结果报告的准确性和可靠性,直接关系到客户的切身利益,也关系到实验室的形象和信誉,在检验结束后,实验室应及时出具检验数据和结果,并注意以下几点:

①依据的正确性,即按照相关技术规范或标准的要求和规定的程序。

②报告的及时性。按规定时限向客户提交结果报告。

③报告的准确性,即对报告的质量要求,应当准确、清晰、客观、真实、易于理解。

④对使用计量单位的要求,应当使用法定计量单位。

⑤严格按 GB 3101—1993 附录 B 标准或 GB 8170—2008 标准进行数据处理,结果报告值与标准中规定的小数位保持一致。

⑥必要时进行测量不确定度的评定。

总之,食品检验结果报告必须做到数据准确可靠,内容清晰完整,格式规范,客观真实地反映被检产品的质量状况,才能获得服务对象的认可,发挥其应有的作用。

情境四　食品的物理检验

食品的物理检验法有两种类型。第一种类型是某些食品的一些物理常数，如密度、相对密度、折射率及旋光度等，与食品的组成成分及其含量之间存在着一定的数学关系。因此，可以通过物理常数的测定来间接地检测食品的组成成分及其含量。

第二种类型是某些食品的一些物理量，是该食品的质量指标的重要组成部分。如罐头的真空度；固体饮料的颗粒度、比体积；面包的比体积；冰激凌的膨胀率；液体的透明度、浊度及黏度等。这一类的物理量可直接测定。

任务一　相对密度法

1. 密度与相对密度

密度是指物质在一定温度下单位体积的质量，以符号 ρ 表示，其单位为 g/cm^3。因为物质都具有热胀冷缩的性质（水在 4 ℃以下是反常的），所以，密度值随温度的改变而改变，故密度应标出测定时物质的温度，如 ρ_t。而相对密度是指物质的密度与参考物质的密度之比，以 $d_{t_2}^{t_1}$ 表示，无量纲，其中 t_1 表示物质的温度，t_2 表示参考物质的温度。

密度和相对密度之间有如下关系：

$$d_{t_2}^{t_1} = \frac{t_1 \text{温度下物质的密度}}{t_2 \text{温度下参考物质的密度}}$$

一般参考物质为水，因为水在 4 ℃时的密度为 $1.000\ g/cm^3$，所以物质在 t_1 温度下的密度 ρ_{t_1} 和物质在同一温度下对 4 ℃水的相对密度 $d_4^{t_1}$ 在数值上相等，两者在数值上可以通用。故工业上为方便起见，常用 $d_4^{t_1}$ 表示，即物质在 t_1 温度时的密度与 4 ℃水的密度之比来表示物质的相对密度，其数值与物质在 t_1 温度时的密度 ρ_{t_1} 相等。

当用密度瓶或密度天平测定液体的相对密度时，以测定溶液对同温度水的相对密度比较方便，通常测定液体在 20 ℃时对水在 20 ℃时的相对密度，以 d_{20}^{20} 表示。因为水在 4 ℃时的密度比水在 20 ℃时的密度大，故对同一溶液来说，$d_{20}^{20} > d_4^{20}$。d_{20}^{20} 和 d_4^{20} 之间可以用下式换算：

$$d_4^{20} = d_{20}^{20} \times 0.998230$$

式中：0.998230——水在 20 ℃时的密度，g/cm^3。

同理：若要将 $d_{t_2}^{t_1}$ 换算为 $d_4^{t_1}$，可按下式进行：

$$d_4^{t_1} = d_{t_2}^{t_1} \rho_{t_2}$$

式中：ρ_{t_2}——温度 t_2 时水的密度，g/cm^3。

表 4-1 列出了不同温度下水的密度。

表 4-1 水的密度与温度的关系

$t/℃$	密度/(g/cm³)	$t/℃$	密度/(g/cm³)	$t/℃$	密度/(g/cm³)
0	0.999 868	11	0.999 623	22	0.997 797
1	0.999 927	12	0.999 525	23	0.997 565
2	0.999 968	13	0.999 404	24	0.997 323
3	0.999 992	14	0.999 271	25	0.997 071
4	1.000 000	15	0.999 126	26	0.996 810
5	0.999 992	16	0.998 970	27	0.996 539
6	0.999 968	17	0.998 801	28	0.996 259
7	0.999 929	18	0.998 622	29	0.995 971
8	0.999 876	19	0.998 432	30	0.995 673
9	0.999 808	20	0.998 230	31	0.995 367
10	0.999 727	21	0.998 019	32	0.995 052

2. 测定相对密度的意义

相对密度是物质重要的物理常数,各种液态食品都具有一定的相对密度,当其组成成分及其浓度改变时,其相对密度往往也随之改变,故通过测定液态食品的相对密度,可以检验食品的纯度、浓度及判断食品的质量。

液态食品当其水分被完全蒸发干燥至恒量时,所得到的剩余物称为干物质或固形物。液态食品的相对密度与其固形物含量具有一定的数学关系,故测定液态食品相对密度即可求出其固形物含量。

如脂肪的相对密度与其脂肪酸的组成有密切关系。不饱和脂肪酸含量越高,脂肪酸不饱和程度越高,脂肪的相对密度就越高;游离脂肪酸含量越高,相对密度就越低;酸败的油脂相对密度将升高。牛乳的相对密度与脂肪含量、总乳固体含量有关,脱脂乳的相对密度比新鲜乳高,掺水乳相对密度较低,故测定牛乳的相对密度可检查牛乳是否脱脂,是否掺水。从蔗糖溶液的相对密度可以直接读出蔗糖的质量百分浓度。从酒精溶液的相对密度可直接读出酒精的体积百分浓度。总之,相对密度的测定是食品检验中常用、简便的一种检测方法。

3. 液态食品相对密度的测定方法

测定液态食品相对密度的方法有密度瓶法、密度计法、液体相对密度天平法。

(1)密度瓶法

①原理。在 20 ℃时分别测定充满同一密度瓶的水及试样的质量即可计算出相对密度,由水的质量可确定密度瓶的容积即试样的体积,根据试样的质量及体积即可计算密度。

②仪器。附温度计的密度瓶,如图 4-1 所示。

③操作方法。取洁净、干燥精密称量的密度瓶,装满样品后,置 20 ℃水浴中浸 0.5 h,使内容物的温度达到 20 ℃,盖上瓶盖,并用细滤纸条吸去侧管上的样品,盖好小帽后取出,用滤纸将密度瓶外擦干,置天平室内 0.5 h,称量。再将样品倾出,洗净密度瓶,装满水,以下按上述自"置 20 ℃水浴中浸 0.5 h"起依法操作。密度瓶内不能有气泡,室内温度不能超过 20 ℃,否则不能使用此法。

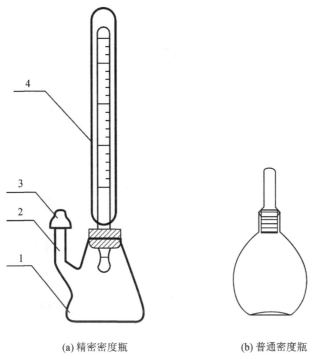

(a) 精密密度瓶　　　　(b) 普通密度瓶

图 4-1　密度瓶

1—密度瓶；2—侧管；3—侧管上小帽；4—附温度计的瓶盖

④结果计算

$$X = \frac{m_2 - m_0}{m_1 - m_0}$$

式中：X ——样品的相对密度；

m_0 ——密度瓶的质量，g；

m_1 ——密度瓶和水的质量，g；

m_2 ——密度瓶和样品的质量，g。

(2) 液体相对密度天平法

①仪器。韦氏密度天平：如图 4-2 所示。

由支架、横梁、浮锤、玻璃筒、砝码及游码等组成。横梁的右端等分为 10 个刻度，浮锤在空气中的质量准确为 15 g，内附温度计，温度计上有一道红线或一道较粗的黑线用来表示在此温度浮锤能准确排开 5 g 水。玻璃筒用来盛样品。砝码的质量与浮锤相同，用来在空气中调节密度天平的零点。游码本身质量为 5、0.5、0.05、0.005 g，放置在密度天平横梁上时，表示质量的比例为 0.1、0.01、0.001、0.0001。如比例为 0.1 的游码放在横梁刻度 8 处即表示 0.8，比例为 0.01 的游码放在刻度 9 处表示 0.09，余类推。

②操作方法。测定时将支架置于平面桌上，横梁架于刀口处，挂钩处挂上砝码，调节至适宜高度，旋转调零旋钮，使两指针吻合。然后取下砝码，挂上浮锤，在玻璃筒内加水至 4/5 处，使浮锤沉于玻璃筒内，调节水温至 20 ℃（即浮锤内温度计指示温度），将比例为 0.1 的游码挂在横梁的刻度处，再调节调零旋钮使两指针吻合，然后将浮锤取出擦干，加欲测样品于干净筒中，使浮锤浸入至刚才相同的深度，保持样品温度在 20 ℃，试放四种游码，至横梁上两指

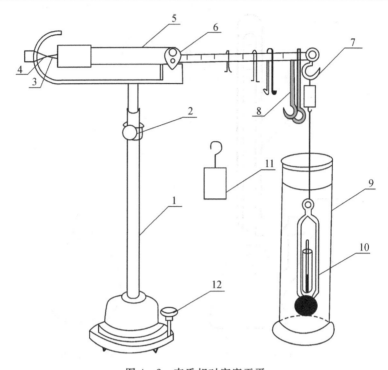

图 4-2 韦氏相对密度天平
1—支架;2—调节器;3,4—指针;5—横梁;6—刀口;7—挂钩;8—游码;9—玻璃筒;
10—浮锤;11—砝码;12—调零旋钮

针吻合,游码所表示的总质量,即为 20 ℃时的液体质量。浮锤放入圆筒内时,切勿碰及圆筒四周及底部。

实训 白酒酒精度的测定

1. 目的与要求

熟悉密度、相对密度的概念,掌握密度瓶法测定白酒酒精度的方法。

2. 原理

以蒸馏法去除样品中的不挥发性物质,用密度瓶法测出试样(酒精水溶液)20 ℃时的密度,查表求得在 20 ℃时乙醇含量(体积分数),即为酒精度。

3. 试剂和材料

市售白酒。

4. 仪器和设备

全玻璃蒸馏瓶:500 ml;恒温水浴:控温精度±0.1 ℃。

附温度计密度瓶:25 ml 或 50 ml。

5. 分析步骤

(1)试样液的制备

用一干燥、洁净的 100 ml 容量瓶,准确量取样品(液温 20 ℃)100 ml 于 500 ml 蒸馏瓶中。用 50 ml 水分三次冲洗容量瓶,洗液并入蒸馏瓶中,加几颗沸石或玻璃珠。连接蛇形冷却管,以取样用的容量瓶作接收器(外加冰浴),开启冷却水(冷却水温度宜低于 15 ℃),缓慢加热蒸馏(沸腾后的蒸馏时间应控制在 30～40 min 内)。收集馏出液,当接近刻度时,取下容量瓶,盖塞。于 20 ℃ 水浴中保温 30 min,再补加水至刻度,混匀,备用。

(2)试样酒精度的测定

将密度瓶洗净,反复烘干、称重,直至恒重(m_0)。

取下带温度计的瓶塞,将煮沸冷却至 15 ℃ 的水注满已恒重的密度瓶中,插上带温度计的瓶塞(瓶中不得有气泡),立即浸入 20±0.1 ℃ 恒温水浴中。待内容物温度达 20 ℃,并保持 20 min 不变后,用滤纸快速吸去溢出侧管的液体,立即盖好侧管上的小罩。取出密度瓶,用滤纸擦干瓶外壁上的水,立即称重(m_1)。将水倒出,先用无水乙醇,再用乙醚冲洗密度瓶,吹干(或于烘箱中烘干)。用试样液反复冲洗密度瓶 3～5 次,然后装满。重复上述操作,称重(m_2)。

6. 分析结果表述

(1)计算公式

$$d_{20}^{20} = \frac{m_2 - m_0}{m_1 - m_0}$$

式中:d_{20}^{20}——试样液(20 ℃)的相对密度;

m_2——密度瓶和试样液的质量,g;

m_0——密度瓶的质量,g;

m_1——密度瓶和水的质量,g。

根据试样的相对密度,查表求得 20 ℃ 时样品的酒精度。所得结果保留一位小数。

(2)允许差

在重复性条件下获得的两次独立测定结果的绝对差值,不应超过平均值的 0.5%。

任务二 折射率检验法

通过测量物质的折射率来鉴别物质的组成,确定物质的纯度、浓度及判断物质的品质的分析方法称为折射率检验法。

1. 光的折射与折射率

光线从一种介质射到另一种介质时,除了一部分光线反射回第一种介质外,另一部分进入第二种介质中并改变它的传播方向,这种现象叫光的折射,见图 4-3。

发生折射时,入射角正弦与折射角正弦之比恒等于光在两种介质中的速度之比,即:

$$\frac{\sin i}{\sin r} = \frac{v_1}{v_2}$$

式中:i——入射角;

r——折射角;

v_1——光在第一种介质中的传播速度;

v_2——光在第二种介质中的传播速度。

光在真空中的速度 c 和在介质中的速度 v 之比叫作介质的绝对折射率(简称折射率、折光率、折射指数)。真空的绝对折射率为 1,实际上是难以测定的,空气的绝对折射率是

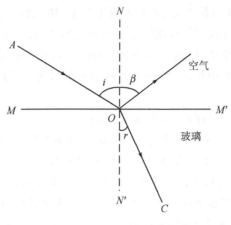

图 4-3 光的折射

1.000294，约等于 1，故在实际应用上可将光线从空气中射入某物质的折射率称为绝对折射率。

折射率以 n 表示：

$$n = \frac{c}{v}$$

显然 $n_1 = \frac{c}{v_1}, n_2 = \frac{c}{v_2}$

故 $\frac{\sin i}{\sin r} = \frac{n_1}{n_2}$

式中：n_1 —— 第一种介质的绝对折射率；

n_2 —— 第二种介质的绝对折射率。

折射率是物质的特征常数之一，与入射角大小无关，它的大小取决于入射光的波长、介质的温度和溶质的浓度。一般在折射率 n 的右下角注明波长，右上角注明温度，若使用钠黄光，样液温度为 20 ℃，测得的折射率用 n_D^{20} 表示。

2. 折射率测定的意义

折射率是物质的一种物理性质，它是食品生产中常用的工艺控制指标，通过测定液态食品的折射率，可以鉴别食品的组成、确定食品的浓度、判断食品的纯净程度及品质。

如蔗糖溶液的折射率随浓度增大而升高，通过测定折射率可以确定糖液的浓度及饮料、糖水罐头等食品的糖度，还可以测定以糖为主要成分的果汁、蜂蜜等食品的可溶性固形物的含量。

每种脂肪酸均有其特定的折射率。含碳原子数目相同时，不饱和脂肪酸的折射率比饱和脂肪酸的折射率大得多；不饱和脂肪酸相对分子质量越大，折射率也越大；酸度高的油脂折射率低。因此测定折射率可以鉴别油脂的组成和品质。

正常情况下，某些液态食品的折射率有一定的范围，如正常牛乳乳清的折射率在 1.34199～1.34275 之间，当这些液态食品因掺杂、浓度改变等原因而引起食品的品质发生变化时，折射率通常也会发生变化。所以测定折射率可以初步判断某些食品品质是否正常。

3. 常见折射仪的使用方法

折射仪是利用临界角原理测定物质折射率的仪器，其种类很多，食品工业中最常用的是阿贝折射仪和手持式折射计。

(1)阿贝折射仪

①校正:阿贝折射仪经校正后才能作测定用。校正的方法是:从仪器盒中取出仪器,置于清洁干净的台面上,在棱镜上装好温度计,与超级恒温水浴相连,通入 20 ℃或 25 ℃的恒温水。当水浴恒温后,打开锁,开启下面棱镜,使其镜面处于水平位置,滴入 1~2 滴丙酮于镜面上,合上棱镜,促使难挥发的污物逸去,再打开棱镜,用丝巾或擦镜纸轻轻擦拭镜面(注意:不能用滤纸)。待镜面干后,校正标尺刻度。操作时严禁手触及光学零件。标准试样校对读数,对折射棱镜的抛光面加 1~2 滴溴代奈,再贴在标准试样的抛光面。当读数视场指示于标准试样之值时,观察目镜内明暗分界线是否在"×"中间。若有偏差则用螺丝刀微量旋转小孔内的螺钉,移动物镜偏摆,使分界线像位移至"×"中心。

②使用方法:

加样:松开锁钮,开启辅助棱镜,使其磨砂的斜面处于水平位置,用滴定管加少量丙酮清洗镜面,促使难挥发的污物逸走,用滴定管时注意勿使管尖碰撞镜面。必要时可用擦镜纸轻轻吸干镜面,但切勿用滤纸。待镜面干燥后,滴加数滴试样于辅助棱镜的毛镜面上,闭合辅助棱镜,旋紧旋钮。若试样易挥发,则可在两棱镜接近闭合时从加液小槽中加入,然后闭合两棱镜,旋紧旋钮。

对光:转动手柄,使刻度盘标尺上的示值为最小,调节反射镜,使入射光进入棱镜组,同时从测量目镜中观察,使视场最亮。调节目镜,使视场准丝最清晰。

粗调:转动手柄,使刻度盘标尺上的示值逐渐增大,直至观察到视场中出现彩色光带或黑白临界线为止。

消色散:转动消色散手柄,使视场内呈现一个清晰的明暗临界线。

精调:转动手柄,使临界线正好处在 X 形准丝交点上,若此时又呈微色散,必须重调消色散手柄,使临界线明暗清晰。调节过程在目镜上半部看到的图像颜色变化如图 4-4 所示。

 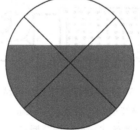 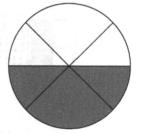

未调节右边旋钮前在右边目镜看到的图像此时颜色是散的　　调节右边旋钮直到出现有明显的分界线为止　　调节左边旋钮使分界线经过交叉点为止并在左边目镜中读数

图 4-4　目镜上半部的图像

读数:为保护刻度盘的清洁,现在的折光仪一般都将刻度盘装在罩内,读数时先打开罩壳上方的小窗,使光线射入,然后从读数目镜中读出标尺上相应的示值。由于眼睛在判断临界线是否处于准丝交点上时,容易疲劳,为减少偶然误差,应转动手柄,重复测定三次,三个读数相差不能大于 0.0002,然后取其平均值。试样的成分对折射率的影响是极其灵敏的,由于污物或试样中易挥发组分的蒸发,致使试样组分发生微小的改变,会导致读数不准,因此检测一个试样须应重复取三次样,测定这三个样品的数据,再取其平均值,如图 4-5 所示。

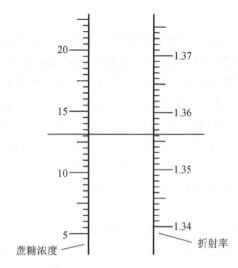

实验测得折射率为:1.356+0.001×1/5=1.3562

图4-5 目镜下半部的图像

(2)手持式折射计

使用于生产现场的折光仪是手持式折射计,也称糖镜、手持式糖度计。手持式折射计主要用于测定透光溶液的浓度与折光率。这种仪器结构简单,携带方便,使用简洁,精度也较高。

①仪器结构:图4-6是最常见的一种手持式折射计的外形结构。

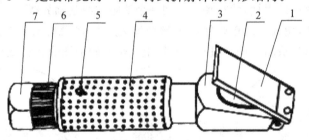

图4-6 手持式折射计的外形结构

1—盖板;2—检测棱镜;3—棱镜座;4—望远镜筒和外套;
5—调节螺丝;6—视度调节圈;7—目镜

②手持式折射计的使用方法:打开手持式折射计盖板,用干净的纱布或卷纸小心擦干棱镜玻璃面。在棱镜玻璃面上滴2滴蒸馏水,盖上盖板。

将折射计置于水平状态,从目镜观察,检查视野中明暗交界线是否处在刻度的零线上。若与零线不重合,则旋动刻度调节螺丝,使分界线面刚好落在零线上。

打开盖板,用纱布或卷纸将水擦干,然后如上法在棱镜玻璃面上滴2滴样品,进行观测,读取视野中明暗交界线上的刻度,重复三次,如图4-7所示。

1.打开保护盖

2. 在棱镜上滴1~2滴样品液

3. 盖上保护盖，水平对着光源，透过接目镜，读数

图 4-7　手持式折射计的操作流程

手持式折射计视场上有两排刻度，一排是折射率，另一排是伯利糖度数（Bx），如图 4-8 所示。测定可溶性固形物含量，通常采用其中的 Bx 列刻度，该量度每一刻度相当于 20 摄氏度时 1% 的蔗糖浓度（质量分数）。浓度以蔗糖的质量分数（Bx）表示。

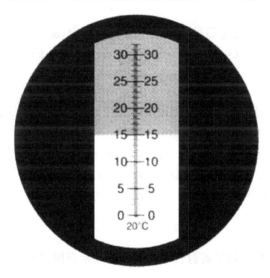

图 4-8　手持式折射计的读数

实训　油脂折射率的测定

1. 目的与要求

理解阿贝折射仪测定油脂折射率的原理；掌握阿贝折射仪的使用方法。

2. 原理

（1）折射现象和折射率

当一束光从一种各向同性的介质 m 进入另一种各向同性的介质 M 时，不仅光速会发生改变，如果传播方向不垂直于界面，还会发生折射现象，如图 4-9 所示。

光速在真空中的速度（$v_{真空}$）与某一介质中的速度（$v_{介质}$）之比定义为该介质的折射率，它等于入射角 α 与折射角 β 的正弦之比，即：

$$n_\lambda^t = \frac{v_{真空}}{v_{介质}} = \frac{\sin\alpha}{\sin\beta}$$

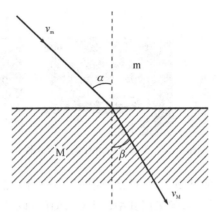

图 4-9 光在不同介质中的折射

在测定折射率时,一般光线都是从空气中射入介质中,除精密工作以外,通常都是以空气作为真空标准状态,故常以空气中测得的折射率作为该介质的折射率,即:

$$n_\lambda^t = \frac{v_{空气}}{v_{介质}} = \frac{\sin\alpha}{\sin\beta}$$

物质的折射率随入射光的波长 λ、测定时的温度 t 及物质的结构等因素而变化,所以,在测定折射率时必须注明所用的光线和温度。

当 λ、t 一定时,物质的折射率是一个常数。例如 $n_D^{20} = 1.3611$ 表示入射光为钠光 D 线($\lambda = 589.3$ nm),温度为 20 ℃时,介质的折射率为 1.3611。

由于光在任何介质中的速度均小于它在真空中的速度,因此,所有介质的折射率都大于 1,即入射角大于折射角。

(2)仪器结构

图 4-10 是一种典型的阿贝折射仪的外形及结构示意图,图 4-11 是它的实物图(辅助棱镜呈开启状态)。

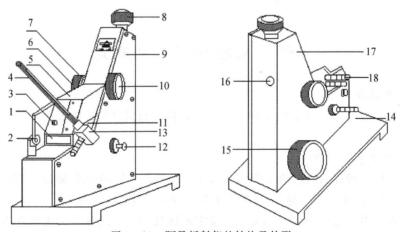

图 4-10 阿贝折射仪的结构及外形

1—反射镜;2—转轴;3—遮光板;4—温度计;5—进光棱镜座;6—色散调节手轮;
7—色散值刻度圈;8—目镜;9—盖板;10—手轮;11—折射棱镜座;12—照明刻度盘聚光镜;
13—温度计座;14—底座;15—折射率刻度调节手轮;16—小孔;17—壳体;18—恒温器接头

图 4-11 阿贝折射仪的实物图

其核心部件是由两块直角棱镜组成的棱镜组,下面是一块可以开闭的辅助棱镜,其斜面是磨砂的,液体试样夹在辅助棱镜与测量棱镜之间,展开成一薄层。光由光源经反射镜反射至辅助棱镜时,在磨砂的斜面发生漫反射,因此从液体试样层进入测量棱镜的光线各个方向都有,从测量棱镜的直角边上方可观察到临界折射现象。转动棱镜组转轴的手柄,调节棱镜组的角度,使临界线正好落在测量目镜视野的 X 形准丝交点上。由于刻度盘与棱镜组的转轴是同轴的,因此与试样折射率相对应的临界角位置能通过刻度盘反映出来。刻度盘上的示值有两行,一行是在以日光为光源的条件下将 Z_i 值和碘酸钾值直接换算成相当于钠光 D 线的折射率(从 1.3000 至 1.7000);另一行为 0~95%,它是工业上用折射仪测量固体物质在水中浓度的标准。通常由于测量蔗糖溶液的浓度。

为使用方便,阿贝折射仪光源采用日光而不用单色光。日光通过棱镜时由于其不同波长的光的折射率不同,因而产生色散,使临界线模糊。为此在测量目镜的镜筒下面设计了一套消色散棱镜(Amici 棱镜),旋转消色散手柄,就可以使色散现象消除。

3. 试剂和材料

无水乙醚,95% 乙醇,油炸油和非油炸油,蒸馏水。

4. 仪器和设备

阿贝折射仪,小烧杯,玻璃棒(圆头),擦镜纸,脱脂棉。

5. 分析步骤

(1)仪器的安装

将折射仪置于靠窗的桌子或白炽灯前。但勿使仪器置于直射的日光中,以避免液体试样迅速蒸发。用橡皮管将测量棱镜和辅助棱镜上保温夹套的进水口与超级恒温槽串联起来,恒温温度以折射仪上的温度计读数为准,一般选用 20±0.1 ℃ 或 25±0.1 ℃。

(2)加样

松开旋钮,开启辅助棱镜,使其磨砂的斜面处于水平位置,用滴定管加少量丙酮清洗镜面,促使难挥发的污物逸走,用滴定管时注意勿使管尖接触镜面。必要时可用擦镜纸轻轻吸干镜面,但切勿用滤纸。待镜面干燥后,滴加数滴试样于辅助棱镜的毛镜面上,闭合辅助棱镜,旋紧旋钮。若试样易挥发,则可在两棱镜接近闭合时从加液小槽中加入,然后闭合两棱镜,旋紧旋钮。

(3)对光

转动手柄,使刻度盘标尺上的示值为最小,调节反射镜,使入射光进入棱镜组,同时从测量目镜中观察,使视场最亮。调节目镜,使视场准丝最清晰。

(4)粗调

转动手柄,使刻度盘标尺上的示值逐渐增大,直至观察到视场中出现彩色光带或黑白临界线为止。

(5)消色散

转动消色散手柄,使视场内呈现一个清晰的明暗临界线。

(6)精调

转动左边手柄,使临界线正好处在 X 形准丝交点上,若此时又呈微色散,必须重调消色散手柄,使临界线明暗清晰。(调节过程在右边目镜看到的图像颜色变化如图 4-12 所示)。

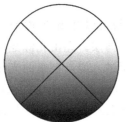 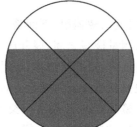 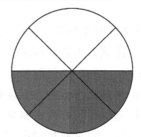

未调节右边旋钮前在右边目镜看到的图像此时颜色是散的　　调节右边旋钮直到出现有明显的分界线为止　　调节左边旋钮使分界线经过交叉点为止并在左边目镜中读数

图 4-12　右边目镜中的图像

(7)读数

为保持刻度盘的清洁,现在的折射仪一般都将刻度盘装在罩壳内,读数时先打开罩壳上方的小窗,使光线射入,然后从读数目镜中读出标尺上相应的示值。由于眼睛在判断临界线是否处于准丝交点上时,容易疲劳,为减少偶然误差,应转动手柄,重复测定三次,三个读数相差不能大于 0.0002,然后取其平均值。试样的成分对折射率的影响是极其灵敏的,由于污物或试样中易挥发组分的蒸发,会使试样组分发生微小的改变,导致读数不准,因此检测一个试样应重复取三次样,测定这三个样品的数据,再取其平均值,如图 4-13 所示。

(8)仪器校正

折射仪刻度盘上的标尺的零点有时会发生移动,须加以校正。校正的方法是用一种已知折射率的标准液体,一般是用纯水,按上述方法进行测定,将平均值与标准值比较,其差值即为校正值。在精密的测定工作中,须在所测范围内用几种不同折射率的标准液体进行校正,并画成校正曲线。以供测试时对照校核。

情境四　食品的物理检验　　39

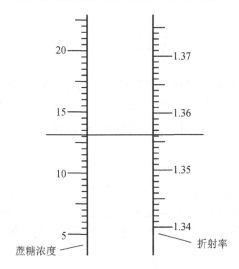

实验测得折射率为:1.356+0.001×1/5=1.3562

图 4-13　折射率读数结果

(9)注意事项

在测定油脂时,被测油脂不能有固体物,严防划坏棱镜表面,因此,必须用铝质筛网过滤后方可测定。

折射仪不能暴露在强烈阳光下。不用时应放回原配木箱内,置于阴凉干燥处。

使用时一定要注意保护棱镜组,绝对禁止与玻璃管尖端等硬物接触;擦拭时必须用镜头纸轻轻擦拭。

不得测定有腐蚀性的液体样品。

6. 数据处理及分析

在 26.4 ℃时,测得纯水的折射率是 1.33248,查表对应温度下纯水的折射率为 1.33236,需要校准。经校准后,测得的折射率如表 4-2 所示:

表 4-2　油脂折射率

样品	测定时温度/℃	测得的折射率	均值
大豆油	26.4	1.4715	1.4715
	25.8	1.4715	
	25.6	1.4716	
油炸油	25.3	1.4729	1.4730
	24.8	1.1730	
	24.5	1.4731	

而大豆油在 20 ℃时,折射率对应的国家标准为:1.4720~1.4770,可推测两个样品的折射率在国家规定的质量范围之内。

任务三　旋光法

旋光仪是测定物质旋光度的仪器。应用旋光仪测定旋光性物质的旋光度以确定其含量的分析方法叫旋光法。在食品分析检验中,旋光仪可应用于抗生素、农用激素、微生物农药及农产品淀粉含量等的成分分析,维生素、葡萄糖等的药物分析,食用糖、味精、酱油等生产过程的控制及成品检查。

1. 偏振光

光是一种电磁波,是横波。对于可见光(波长范围 390~760 nm)来说,当它沿直线方向传播时,电磁波的振动方向恰好和光的前进方向垂直。光的"振动面"就是指由电磁波的振动方向和前进方向构成的平面。自然光(如太阳光)的振动面是不定的,如图 4-14 所示。

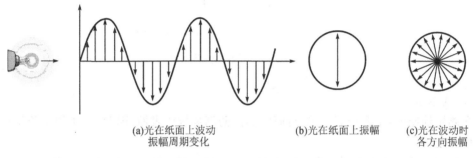

(a)光在纸面上波动振幅周期变化　　(b)光在纸面上振幅　　(c)光在波动时各方向振幅

图 4-14　自然光的波动

图 4-14(a)表示普通光在纸面上波动振幅的周期性变化;(b)表示在光前进的方向正视光源,在纸面上振幅变化范围(↑↓表示);(c)表示光在前进方向的各截面上各方向的振幅变化情况。

一束普通光通过尼科尔(Nicol)棱镜或其他偏振片,只有在与棱镜晶轴平行的平面上振动的光能透过,透过的光叫平面偏振光,简称偏振光,如图 4-15 所示。

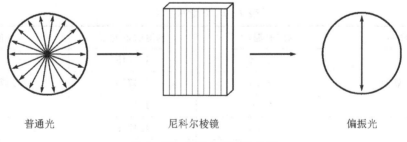

普通光　　　　　尼科尔棱镜　　　　　偏振光

图 4-15　尼科尔棱镜的作用

2. 光学活性物质、旋光度与比旋光度

有一类化合物,特别是一些天然有机物或某些结晶体,由于它们的分子结构和晶体结构的特殊性,当有偏振光通过时,可使偏振光的平面向某方向(向左或向右)旋转一定的角度。这种能使偏振光的振动面发生偏转的化合物叫作旋光性物质(或称光学活性物质)。旋光性物质所具有的这种能力叫作"旋光性"。

偏振光通过旋光性物质或其溶液时,其振动平面所旋转的角度叫作该物质溶液的旋光度,以 α 表示。旋光度的大小与光源的波长、温度、旋光性物质的种类、溶液的浓度及液层的厚度有关。利用这种性质,可以对旋光性物质进行定性和定量分析。对于特定的光学活性物质,在光源波长和温度一定的情况下,其旋光度 α 与溶液的浓度 c 和液层的厚度 L 成正比,K 为旋光系数。即:

$$\alpha = KcL$$

当旋光性物质的浓度为 1 g/ml,液层厚度为 1 dm 时所测得的旋光度称为比旋光度,以 $[\alpha]_\lambda^t$ 表示。由上式可知:

$$[\alpha]_\lambda^t = K \times 1 \times 1 = K$$

即:$[\alpha]_\lambda^t = \dfrac{\alpha}{Lc}$ 或 $c = \dfrac{\alpha}{[\alpha]_\lambda^t \cdot L}$

式中:$[\alpha]_\lambda^t$ ——比旋光度,°;

　　　t ——测定时的温度,℃;

　　　λ ——光源的光波长,nm;

　　　α ——标尺盘转动角度的读数(即旋光度);

　　　L ——旋光管的长度,dm;

　　　c ——旋光性物质的浓度,g/ml。

比旋光度与光的波长及测得温度有关。通常规定用钠光 D 线(波长 589.3 nm)在 20 ℃ 时测定,在此条件下,比旋光度用 $[\alpha]_D^{20}$ 表示。主要糖类的比旋光度见表 4-3。

因在一定条件下比旋光度 $[\alpha]_\lambda^t$ 是已知的,L 为一定,故测得了旋光度 α 就可以计算出旋光质溶液中的浓度 c。

表 4-3 糖类的比旋光度

糖类	$[\alpha]_D^{20}$	糖类	$[\alpha]_D^{20}$
葡萄糖	+52.5°	乳糖	+53.5°
果糖	-92.5°	麦芽糖	+138.5°
转化糖	-20.0°	糊精	+194.8°
蔗糖	+66.5°	淀粉	+196.4°

3. 旋光仪的原理

最简单的旋光仪由两个尼科尔棱镜组成,一个用于产生偏振光,称为起偏镜;另一个用于检验偏振光振动平面被旋光性物质旋转的角度,称为检偏镜。当起偏镜与检偏镜光轴互相垂直时,即通过起偏镜产生的偏振光的振动平面与检偏镜光轴互相垂直时,偏振光无法通过,故视野最暗,此状态为仪器的零点。若在零点情况下,在起偏镜和检偏镜之间放入旋光性物质,则偏振光部分或全部地通过检偏镜,结果视野明亮。此时若将检偏镜旋转一角度使视野最暗,则所旋转角度即为该旋光物质的旋光度。其原理如图 4-16 所示。

实际中,为了提高测量的准确度,在旋光仪中设计了一种三分视场的装置,即在起偏镜后的中部装一狭长的石英片,其宽度约为视场的 1/3。测定时,由光源发出的光经过起偏镜后就变成偏振光,再通过石英片时,由于石英具有旋光性,从石英中通过的那一部分偏振光

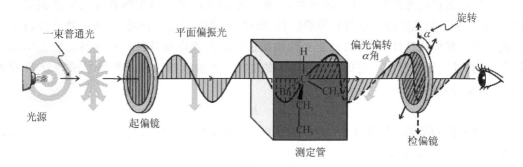

图 4-16 旋光仪的原理

被旋转了一定角度,通过调节检偏镜,此时出现三分视场,即视场中三个区内明暗程度不相等,如图 4-17(a)或(c)所示。只有当检偏镜旋转至某一角度时,三分视场消失,出现零度视场,即视场中三个区内的明暗程度相等,如图 4-17(b)所示,此角度的读数即为零点。当测定管中装入旋光性物质后,该物质将使从起偏镜和石英片射出的偏振光的偏振面均旋转一定角度 α,此时零点视场消失,又出现三分视场,那么只有将检偏镜也旋转 α 角度,才能使三分视场消失,这个 α 角度即为被测物质的旋光度。旋光度的测量范围为 $\pm 180°$,精度为 $0.05°$。

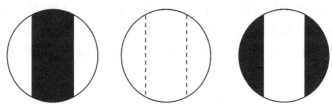

(a) 大于(或小于)零度的视场　　(b) 零度视场　　(c) 小于(或大于)零度的视场

图 4-17 三分视场变化示意图

4. 旋光仪的结构

WXG-4 型旋光仪的外形及基本构造如图 4-18 所示。

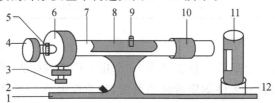

图 4-18 旋光仪的结构

1—底座;2—电源开关;3—刻度盘手轮;4—放大镜座;5—视度调节螺旋;6—刻度盘游标;
7—镜筒;8—镜筒盖;9—镜筒盖手柄;10—镜筒盖连接圈;11—灯罩;12—灯座

5. 旋光仪的使用

(1)接通电源

接通电源后,开启开关,预热约 15 min,使钠光灯(20 W)发光正常后可开始工作。

(2)零位校正

测定前未放旋光管或放进充满蒸馏水的旋光管时,观察零度视场亮度是否一致,如不一致,说明有零位误差,应在测定时加减此偏差值;或者旋松刻度盘盖背面的四个螺丝,轻微转动进行校正。一般校正范围不得大于 0.5°。

(3)装样

选取长度适宜的旋光管,旋光度大的物质选用短管(1 dm,2 dm),注入待测液后,垫好橡皮圈,旋上螺帽,擦干旋光管两端的残液,以免影响清晰度,同时,螺帽旋得不要太紧,但不能漏水,注意不要产生气泡。

(4)旋光值的测定

转动刻度盘和检偏镜,当视界中的亮度一致时,才能从刻度盘上读数。刻度盘上的旋转方向为顺时针时,读数为"+"值,是右旋物质;刻度盘的旋转方向为逆时针时,读数为"-"值,是左旋物质。

(5)双游标的读数

按下式:

$$\alpha = \frac{A+B}{2}$$

式中: α——旋光度计算值;

A,B——从两个游标窗上分别读取的数值。

当 $A=B$ 时,说明仪器没有偏心差。

(6)旋光度与温度的关系

大多数物质采用 $\lambda=589.3$ nm 的钠光进行测定。当温度升高 1 ℃时,旋光度约减少 0.3%,所以,测定时最好能在 20±2 ℃的条件下进行。

(7)注意事项

WXG-4 型旋光仪连续使用不能超过 2 h,如需长时间测定,应在中间关闭仪器 15 min,并给予降温条件使钠光灯冷却,以免钠光灯亮度降低,寿命减短。

旋光管用完后,一定要倾倒出被测液,并清洗干净,吹干。镜片要防止发霉,清洁时用柔软布擦净,不能用手直接触摸。旋光管上的橡皮垫要涂滑石粉。

镜面要注意防污,用二甲苯擦净后放入布套内保存,仪器要在干燥、通风及防尘的条件下存放。

实训 味精纯度的测定

1. 目的与要求

学习掌握旋光法的基本技术;了解旋光仪的基本结构并掌握正确的使用方法;学习用旋光法测定味精纯度。

2. 原理

谷氨酸钠分子中含有一个不对称碳原子,具有光学活性,能使偏振光面旋转一定角度,所以可用旋光仪测定其旋光度,再根据旋光度换算成谷氨酸钠的含量。

3. 试剂和材料

盐酸。

4. 仪器和设备

旋光仪(精度±0.01°,备有钠光灯)。

5. 操作步骤

称取试样 10 g(精确至 0.0001 g),加少量水溶解并移入 100 ml 容量瓶中,加盐酸(1∶1)20 ml,混匀,待冷却至 20 ℃,定容并摇匀。于 20 ℃,用标准旋光物质校正仪器,将上述试液置于旋光管中(不得有气泡),观测其旋光度,同时记录旋光管中试样溶液的温度。

6. 分析结果的表述

(1)计算公式

$$X = \frac{\frac{\alpha}{Lc}}{25.16 + 0.047(20-t)} \times 100\%$$

式中： X ——样品中谷氨酸钠的含量,%;

α ——实测试样液的旋光度,°;

L ——旋光管的长度(液层厚度),dm;

c ——1 ml 试液中含谷氨酸钠的浓度,g/ml;

25.16 ——谷氨酸钠的比旋光度$[\alpha]_D^{20}$,°;

0.047 ——温度校正系数；

t ——测定时试样液的温度,℃。

计算结果保留至小数点后第一位。

(2)允许差

同一样品测定结果,相对平均偏差不得超过 0.3%。

情境五　食品一般成分的测定

任务一　食品水分的测定

1. 概述

水是维持动植物和人类生存必不可少的物质之一。食品中水分含量的测定是食品分析的重要项目之一，水分测定对于计算生产中的物料平衡，实现工艺控制与监督等方面，都具有很重要的意义。

水是食品的重要组成成分。各种食品中水分的含量差别很大。例如，鲜果为70%~90%，鲜菜为80%~97%，鱼类为67%~81%，鲜蛋为67%~74%，乳类为87%~89%，即使是干态食品也含有少量水分，如面粉为12%~14%、饼干为2.5%~4.5%。

控制食品水分含量对于保持食品的感官性质，维持食品中其他组分的平衡关系，保证食品的稳定性，都起着重要的作用。例如，新鲜面包的水分含量若低于28%~30%，其外观形态就会干瘪，失去光泽；水果糖的水分含量一般在3%左右，过低则会出现反砂甚至返潮现象。乳粉的水分含量在2.5%~3%，可控制微生物生长繁殖，延长保质期。

食品中水分的存在形式，可以按照其物理、化学性质，定性地分为结合水分和非结合水分两大类。前者一般指结晶水和吸附水，在测定过程中此类水分较难从物料中逸出，后者包括润湿水分、渗透水分和毛细管水分，相对而言，这类水分易于从物料中分离。

食品中水分测定的方法有很多，通常可分为两大类：直接法和间接法。

直接法是利用水分本身的物理、化学性质来测定水分的方法。如干燥法、蒸馏法和卡尔·费歇尔滴定法，间接法是利用食品的相对密度、折射率、电导率、介电常数等物理性质测定水分的方法。直接法的准确度高于间接法，这里主要介绍常用的几种直接测定法。

2. 干燥法

干燥法是将样品在一定条件下加热干燥，使其水分蒸发，以样品在蒸发前后的失重来计算水分含量的测定方法。加热干燥法是适合于大多数食品测定的常用方法。按加热方式和设备的不同，可分为常压加热干燥法、减压加热干燥法、微波加热干燥法等。

1)常压加热干燥法

该法适用于在95~105 ℃范围内不含或含有极微量挥发性成分，而且对热稳定的各种食品。

(1)原理

食品中的水分受热以后，产生的蒸汽压高于空气在电热干燥箱中的分压，使食品中的水分蒸发出来。同时，不断加热和排走水蒸气，达到完全干燥的目的。食品干燥的速度取决于这个压差的大小。

(2)仪器

①扁形铝制称量皿或玻璃制称量瓶：内径60~70 mm，高35 mm以下。

②电热恒温干燥箱。

(3)试剂

①6 mol/L 盐酸：量取 100 ml 盐酸，加水稀释至 200 ml。

②6 mol/L 氢氧化钠溶液：称取 24 g 氢氧化钠，加水溶解并稀释至 100 ml。

③海砂：取用水洗去泥土的海砂或河砂，先用 6 mol/L 盐酸浸泡 0.5 h，用水洗至中性，再用 6 mol/L 氢氧化钠溶液煮沸浸泡 0.5 h，用水洗至中性，经 105 ℃ 干燥备用。

(4)操作方法

①干燥条件：

温度：100～135 ℃，多用 100±5 ℃。

时间：以干燥至恒重为准。105 ℃ 烘箱法，一般干燥时间为 4～5 h；130 ℃ 烘箱法，干燥时间 1 h。

②样品质量：样品干燥后的残留物一般控制在 2～4 g。

称样大致范围：固体、半固体样品，2～10 g；液体样品，10～20 g。

③样品制备：

固体样品。先磨碎、过筛。谷类样品过 18 目筛，其他食品过 30～40 目筛。

糖浆等浓稠样品。为防止物理栅的出现，一般要加水稀释，或加入干燥助剂（如石英砂、海砂等）。糖浆稀释后的固形物质量分数应控制在 20%～30%，海砂量约为样品质量的 1～2 倍。

液体样品。先在水浴上浓缩，然后用烘箱干燥。

面包等水分含量大于 16% 的谷类食品一般采用两步干燥法，即样品称重后，切成 2～3 mm 薄片，风干 15～20 h 后再次称量，然后磨碎、过筛，再用烘箱干燥至恒重。

果蔬类样品。可切成薄片或长条，按上述方法进行两步干燥，或用 50～60 ℃ 低温烘 3～4 h，再升温至 95～105 ℃，继续干燥至恒重。

④样品测定：

105 ℃ 烘箱法。固体样品：取洁净铝制或玻璃制的扁形称量瓶，置于 95～105 ℃ 干燥箱中，瓶盖斜支于瓶边，加热 0.5～1 h，取出盖好，置干燥器内冷却 0.5 h，称量，并重复干燥至恒重。称取 2～10 g 切碎或磨细的样品，放入此称量瓶中，样品厚度约为 5 mm。加盖，精密称量后，置 95～105 ℃ 干燥箱中，瓶盖斜支于瓶边，干燥 2～4 h 后，盖好取出，放入干燥器内冷却 0.5 h 后称量。然后再放入 95～105 ℃ 干燥箱中干燥 1 h 左右，取出，放入干燥器内冷却 0.5 h 后再称量。至前后两次质量差不超过 2 mg，即为恒重。

半固体或液体样品：取洁净的蒸发皿，内加 10 g 海砂及一根小玻璃棒，置于 95～105 ℃ 干燥箱中，干燥 0.5～1 h 后取出，放入干燥器内冷却 0.5 h 后称量，并重复干燥至恒重。然后精密称取 5～10 g 样品，置于蒸发皿中，用小玻璃棒搅匀放在沸水浴上蒸干，并随时搅拌，擦去皿底的水滴，置 95～105 ℃ 干燥箱中干燥 4 h 后盖好取出，放入干燥器内冷却 0.5 h 后称量。以下按上段中自"然后再放入 95～105 ℃ 干燥箱中干燥 1 h 左右"起依法操作。

130 ℃烘箱法。将烘箱预热至 105~140 ℃,将试样放入烘箱内,关好箱门,使温度在 10 min 内回升至 130 ℃,在 130±2 ℃下干燥 1 h。

(5)计算

$$X = \frac{m_1 - m_2}{m_1 - m_0} \times 100$$

式中:X ——样品中水分的含量,%;

m_1 ——称量瓶(或蒸发皿加海砂、玻璃棒)和样品的质量,g;

m_2 ——称量瓶(或蒸发皿加海砂、玻璃棒)和样品干燥后的质量,g;

m_0 ——称量瓶(或蒸发皿加海砂、玻璃棒)的质量,g。

两步干燥法按下式计算水分含量:

$$X = \frac{(m_3 - m_4) + m_4 Z}{m_4} \times 100$$

式中:X ——样品中水分的含量,%;

m_3 ——新鲜样品的质量,g;

m_4 ——风干样品的质量,g;

Z ——风干样品的水分含量,%。

(6)说明及注意事项

①水分测定的称量恒重是指前后两次称量的质量差不超过 2 mg。

②物理栅是食品表面收缩和封闭的一种特殊现象。在烘干过程中,有时样品内部的水分还来不及转移至表面,表面便形成一层干燥薄膜,以至于大部分水分留在食品内不能排出。例如在测量干燥糖浆、富含糖分的水果、富含糖分和淀粉的蔬菜等样品时,如不加以处理,样品表面极易结成干膜,妨碍水分从食品内部扩散到表层。

③糖类,特别是果糖,对热不稳定,当温度超过 70 ℃时会发生氧化分解。因此对含果糖比较高的样品,如蜂蜜、果酱、水果及其制品等,宜采用减压干燥法。

④含有较多氨基酸、蛋白质及羰基化合物的样品,长时间加热会发生羰氨反应析出水分。因此,对于此类样品,宜采用其他方法测定水分。

⑤加入海砂(或河砂)可使样品分散、水分容易除去。如无海砂,可用玻璃碎末代替或使用石英砂。

⑥本法不适用于胶体或半胶体状态的食品。

⑦称量器具有玻璃称量瓶和铝质称量皿两种,前者适用于各种食品,后者导热性能好、质量轻,常用于减压干燥法。但铝质称量皿不耐酸碱,使用时应根据测定样品加以选择。称量皿的规格选择以样品置于其中,平铺开后厚度不超过称量皿高度的 1/3 为宜。

2)减压干燥法

(1)原理

在一定温度及压力下,将样品烘干至恒重,以烘干失重求得样品中的水分含量。本法适用于测定在 100 ℃左右易挥发、分解、变质的样品,如味精、糖类、蜂蜜、果酱和高脂食品等。

(2)仪器

真空干燥箱,干燥瓶,安全瓶。

(3)操作方法

①干燥条件：

温度：40~100 ℃，受热易变化的食品加热温度为 60~70 ℃（有时需要更低）。

压强：0.7~13.3 kPa。一般食品的具体操作条件见表 5-1。

表 5-1 减压加热干燥法操作条件

温度/℃	压强/kPa	食品种类
98~100	3.33	谷类制品、蛋及蛋制品、淀粉、豆类
	13.33	种子类、肉类、鱼贝类、奶粉、炼乳、干酪
70	6.67	糕点、面包、蜂蜜、酱油、饮料、豆瓣酱
	13.33	蔬菜、水果、果酱类、海藻类

②样品测定。称取样品，放入真空干燥箱内，将干燥箱连接气泵，抽出干燥箱内空气至所需压力（一般为 300~400 mmHg），并同时加热至所需温度（50~60 ℃）。关闭气泵上的活塞，停止抽气，使干燥箱内保持一定的温度和压力，经一定时间后，打开活塞，使空气经干燥装置缓缓通入至干燥箱内，待压力恢复正常后再打开。取出称量瓶，放入干燥器中 0.5 h 后称量，并重复以上操作至恒重。

(4)计算

同常压加热干燥法。

(5)说明及注意事项

减压干燥箱（或称真空干燥箱）内的真空是由于箱内气体被抽吸所造成的，一般用压强或真空度来表征真空程度的高低，采用真空表（计）测量。真空度和压强的物理意义是不同的，气体的压强越低，表示真空度越高；反之，压强越高，真空度就越低。

真空干燥箱常用的测量仪表为弹簧管式真空表，它测定的实际上是环境大气压与真空干燥箱中气体压强的差值。被测系统的绝对压强与外界大气压和读数之间的关系为：

$$绝对压强 = 外界大气压 - 读数$$

国际单位制中规定压强的单位是帕斯卡（Pa），但在实际工作中经常使用的单位是托（Torr）或汞柱高度（mmHg），它们之间的关系为：1 Torr = 1 mmHg = 133.3 Pa。

减压干燥法能加快水分的去除，且操作强度较低，大大减少了样品氧化或分解的影响，可得到较准确的结果。

3. 蒸馏法

(1)原理

使用水分测定装置将食品中的水分与甲苯或二甲苯共同蒸出，收集馏出液于接收管内，由于密度不同，馏出液在接收管中分层。根据馏出液中水的体积计算含量。本法适用于测定含较多挥发性物质的食品，如干果、油脂、香料等。特别是香料，蒸馏法是唯一公认的水分测定法。

蒸馏法操作简便，结果准确，样品在化学惰性气雾的保护下进行蒸馏，食品的组成及化学变化小，因此应用十分广泛。

(2)仪器

水分测定蒸馏装置如图 5-1 所示。

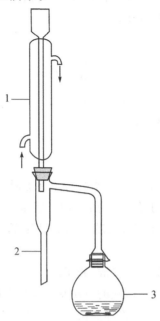

图 5-1 水分测定蒸馏装置
1—冷凝管；2—接收管；3—蒸馏瓶

(3)试剂

①试剂选择。蒸馏法中可使用的有机溶剂种类很多，表 5-2 中列出了部分可用于水分测定的有机溶剂，使用时，应根据测定样品的性质和要求加以选用，最常用的有机溶剂是苯、甲苯和二甲苯。

表 5-2 水与溶剂的共沸混合物

有机溶剂	沸点/℃	共沸混合物		20℃时在水中的溶解度/g·(100 g)$^{-1}$
		沸点/℃	水分/%	
苯	80.1	69.3	8.8	0.05
甲苯	110.7	84.1	19.6	0.05
二甲苯	139	92	35.8	0.04
四氯化碳	76.8	66	4.1	0.01

②试剂处理。使用前将 2~3 ml 水加到 150 ml 有机溶剂里，按水分测定方法操作，蒸馏除去水分，残留溶剂备用。

(4)操作方法

称取适量样品(估计含水 2~5 ml)，放入 250 ml 锥形瓶中，加入新蒸馏的甲苯(或二甲苯)75 ml，连接冷凝管与水分接收管，从冷凝管顶端注入甲苯，装满水分接收管。

加热慢慢蒸馏，使每秒钟得馏出液两滴，待大部分水分蒸出后，加速蒸馏到约每秒钟 4

滴,当水分全部蒸出后,接收管内的水分体积不再增加时,从冷凝管顶端加入甲苯冲洗。如冷凝管壁附有水滴,可用附有小橡皮头的铜丝擦下,再蒸馏片刻至接收管上部及冷凝管壁无水滴附着为止,读取接收管水层的容积。

(5)计算

$$X = \frac{V}{m} \times 100$$

式中:X——样品中水分的含量,ml/100 g;

V——接收管内水的体积,ml;

m——样品的质量,g。

(6)说明及注意事项

①蒸馏法是利用所加入的有机溶剂与水分形成共沸混合物而降低沸点。样品性质是选择溶剂的重要依据,对热不稳定的样品,一般不用二甲苯。对于一些含有糖分,可分解释放出水分的样品,如某些脱水蔬菜(洋葱、大蒜)等,宜选用低沸点的苯作溶剂,但蒸馏时间将延长。

②馏出液若为乳浊液,可添加少量戊醇、异丁醇。

③对富含糖分或蛋白质的样品,适宜的方法是将样品分散涂布于硅藻土上;对热不稳定的食品,除选用低沸点的溶剂外,也可将样品涂布于硅藻土上。

4. 卡尔·费歇尔滴定法

卡尔·费歇尔滴定法是以甲醇为介质以卡氏液为滴定液进行样品水分测量的一种方法,广泛应用于食品分析领域,尤其适用于遇热易被破坏的样品。

该方法测定水分含量的用途广泛、结果准确可靠、重复性好,能够最大限度地保证分析结果的准确性。而且该方法滴定时间短,一般情况下测定一个样品仅需 2～5 分钟,适应现代化生产中快速检测的要求。因而卡尔·费歇尔滴定法现在已成为国际上通用的经典水分测定法。

(1)基本原理

卡尔·费歇尔滴定法是一种非水溶液中的氧化还原滴定法,其滴定的基本原理是碘氧化二氧化硫时需要一定量的水参与反应,化学反应方程式如下:

$C_5H_5N \cdot I_2 + C_5H_5N \cdot SO_2 + C_5H_5N + H_2O + CH_3OH \rightarrow 2C_5H_5H \cdot HI + C_5H_6N[SO_4CH_3]$

卡尔·费歇尔试剂中含有分子碘而呈深褐色,当含有水的试剂或样品加入后,由于化学反应,生成甲基硫酸化合物($RNSO_4R$)而使溶液变成黄色,由此可用目测法判断终点,即由浅黄色变成橙色。

但是目测法误差较大而且在测定有颜色的物质时会遇到麻烦。国家标准大都规定用"永停法"来判定卡尔·费歇尔反应的终点,其原理为:在反应溶液中插入双铂电极,在两电极之间加上一固定的电压,若溶剂中有水存在,则溶液中不会有电对存在,溶液不导电,当反应到达终点时,溶液中存在 I_2 和 I^- 电对,即:

$$2I^- = I_2 + 2e$$

因此,溶液的导电性会突然增大,在设有外加电压的双铂电极之间的电流值突然增大,并且稳定在事先设定的一个阈值上面,即可判断到了滴定终点,机器便会自动停止滴定,从而通过消耗 KF 试剂的体积计算出样品的含水量。

（2）试剂

①水：实验用水应符合三级水规格。

②4A 分子筛：在 500±50 ℃的高温炉中灼烧 2 h，于干燥器（不得放干燥剂）中冷却至室温。

③甲醇：分析纯。如水的质量分数大于 0.05%，用 4A 分子筛脱水，按每毫升溶剂 0.1 g 分子筛的比例加入，放置 24 h 以上。

④乙二醇甲醚：分析纯。如水的质量分数大于 0.05%，用 4A 分子筛脱水，按每毫升溶剂 0.1 g 分子筛的比例加入，放置 24 h 以上。

⑤碘：分析纯。于硫酸干燥器中干燥 48 h 以上。

⑥吡啶：分析纯。如水的质量分数大于 0.05%，用 4A 分子筛脱水，按每毫升溶剂 0.1 g 分子筛的比例加入，放置 24 h 以上。

⑦二氧化硫：用硫酸分解亚硫酸钠制得或由二氧化硫钢瓶直接取得。

二氧化硫制备及吸收装置如图 5-2。

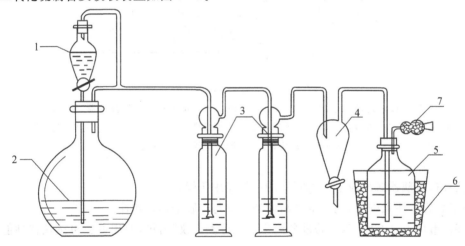

图 5-2 二氧化硫制备及吸收装置示意图
1—浓硫酸；2—亚硫酸钠饱和溶液；3—浓硫酸洗瓶；4—分离器；
5—盛有碘、吡啶、甲醇或乙二醇甲醚溶液的吸收瓶；6—冰水浴；7—干燥管

⑧卡尔·费歇尔试剂：量取 670 ml 甲醇（或乙二醇甲醚），于 1000 ml 干燥的磨口棕色瓶中；加入 85 g 碘，盖紧瓶塞，振摇至碘全部溶解；加入 270 ml 吡啶，摇匀，于冷水浴中冷却；缓慢通入二氧化硫，使增加的质量约为 65 g；盖紧瓶塞，摇匀，于暗处放置 24 h 以上。使用前标定卡尔·费歇尔试剂。

含有活泼羰基的样品水分测定应使用乙二醇甲醚配制的卡尔·费歇尔试剂。

目前市场上有其他配方的卡尔·费歇尔试剂出售，其中也包括不含吡啶的卡尔·费歇尔试剂，使用者可依据样品性质选用。但应注意，选用后的测定结构应与按本方法配制的卡尔·费歇尔试剂测定结果一致，如不一致，应以按本方法配制的卡尔·费歇尔试剂测定结果为准。

(3)滴定装置

滴定装置见图5-3。

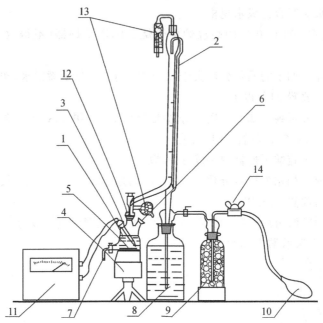

图5-3 滴定装置示意图

1—反应瓶;2—自动滴定管,分度值为0.05ml;3—铂电极;4—电磁搅拌器;5—搅拌子;
6—进样口;7—废液排放口;8—试剂贮瓶;9—干燥塔;10—压力球;11—终点电测装置;
12—磨口接头;13—硅胶干燥管;14—螺旋夹

安装前,玻璃器皿均应于约130℃的电烘箱中干燥。

滴定装置应注意密封,凡与空气相通处均应与硅胶干燥管相连。

目前,市场上已有"卡尔·费歇尔滴定法水分测定仪"出售,使用者也可按仪器性能进行使用。

(4)操作步骤

①终点的确定:永停法确定终点,其原理为:在浸入溶液中的两铂电极间加一电压,若溶液中有水存在,则阴极极化,两电极之间无电流通过。滴定至终点时,溶液中同时有碘及碘化物存在,阴极去极化,溶液导电,电流突然增加至一最大值,并稳定1 min以上,此时即为终点。

目测法确定终点,其原理为:滴定至终点时,因有过量碘存在,溶液由浅黄色变为棕黄色。

②卡尔·费歇尔试剂滴定度的标定:用水标定卡尔·费歇尔试剂滴定度:于反应瓶中加入一定体积的甲醇(浸没铂电极),在搅拌下用卡尔·费歇尔试剂滴定至终点。加入0.01 g水,精确至0.0001 g,用卡尔·费歇尔试剂滴定至终点,并记录卡尔·费歇尔试剂的用量(V)。

卡尔·费歇尔试剂的滴定度T_1,数值以单位"g/ml"表示,按下式计算:

$$T_1 = \frac{m}{V}$$

式中：m——加入水的质量，g；

V——滴定 0.01 g 水所用卡尔·费歇尔试剂体积，ml。

用水标准溶液标定卡尔·费歇尔试剂滴定度：称取 0.2 g 水，精确至 0.0001 g，置于 100 ml 容量瓶中，用甲醇稀释至刻度，摇匀，临用前制备。

于反应瓶中加入一定体积的甲醇（浸没铂电极），在搅拌下用卡尔·费歇尔试剂滴定至终点。再加入 5.0 ml 甲醇（应与制备水标准溶液所用的甲醇是同一瓶），用卡尔·费歇尔试剂滴定至终点，并记录卡尔·费歇尔试剂的用量（V_1），此为水标准溶液的溶剂空白。加入 5 ml 水标准溶液，用卡尔·费歇尔试剂滴定至终点，并记录卡尔·费歇尔试剂的用量（V_2）。

卡尔·费歇尔试剂的滴定度 T_2，数值以"g/ml"表示，按下式计算：

$$T_2 = \frac{5.0 \times c}{V_2 - V_1}$$

式中：5.0——加入水标准溶液体积的数值，ml；

c——水标准溶液浓度的准确数值，g/ml；

V_1——滴定溶剂空白时卡尔·费歇尔试剂体积的数值，ml；

V_2——滴定水标准溶液时卡尔·费歇尔试剂体积的数值，ml。

③样品中水分的测定：于反应瓶中加入一定体积的甲醇或产品标准中规定的溶剂（浸没铂电极），在搅拌下用卡尔·费歇尔试剂滴定至终点。迅速加入产品标准中规定量的样品，用卡尔·费歇尔试剂滴定至终点。

样品中水的质量分数 ω，数值以"%"表示，按下式计算：

$$\omega = \frac{V_1 \times T}{m} \times 100 \quad \text{或} \quad \omega = \frac{V_1 \times T}{V_2 \times \rho} \times 100$$

式中：V_1——滴定样品时卡尔·费歇尔试剂体积的数值，ml；

T——卡尔·费歇尔试剂的滴定度的准确数值，g/ml；

m——样品质量的数值，g；

V_2——液体样品体积的数值，ml；

P——液体样品的密度，g/ml。

任务二　食品中灰分的测定

1. 概述

食品的组成成分非常复杂，除了大分子的有机物质外，还含有许多无机物质，当在高温灼烧灰化时将发生一系列的变化，其中的有机成分经燃烧、分解而挥发逸散，无机成分则留在残灰中。食品经灼烧后的残留物就叫作灰分。所以，灰分是食品中无机成分总量的标志。

不同的食品组成成分不同，要求的灼烧条件、残留物亦不同。灰分中的无机成分与食品中原有的无机成分并不完全相同。因为食品在灼烧时，一些易挥发的元素，如氯、碘、铅等会挥发散失，磷、硫以含氧酸的形式挥发散失，使无机成分减少。而食品中的有机组分，如碳，则可能在一系列的变化中形成新的无机物——碳酸盐，这样又使无机成分增加了。因此，灰分并不能准确地表示食品中原有的无机成分的总量。严格说来,应该把灼烧后的残留物叫作粗灰分。

灰分的测定内容包括:总灰分、水溶性灰分、水不溶性灰分和酸不溶性灰分。

对于有些食品,总灰分是一项重要的指标。例如,生产面粉时,其加工精度可由灰分含量来表示,面粉的加工精度越高,灰分含量越低。富强粉灰分含量为0.3%~0.5%,标准粉为0.6%~0.9%,全麦粉为1.2%~2.0%。生产果胶、明胶之类的胶质品时,灰分是这些制品胶冻性能的标志。

水溶性灰分反映的是可溶性的钾、钠、钙、镁等的含量。例如,果酱、果冻等制品中的灰分含量;水不溶性灰分反映的是污染泥沙和铁、铝等金属的氧化物及碱土金属的碱式磷酸盐的含量。酸不溶性灰分反映的是污染泥沙和食品组织中存在的微量硅的含量。

测定灰分具有十分重要的意义。不同的食品,因原料、加工方法不同,测定灰分的条件不同,其灰分的含量也不相同,但当这些条件确定以后,某些食品中灰分的含量常在一定范围内,若超过正常范围,则说明食品生产中使用了不符合卫生标准要求的原料或食品添加剂,或在食品的加工、贮存过程中受到了污染。灰分是某些食品重要的控制指标,也是食品常规检验的项目之一。

2. 总灰分的测定

(1)原理

总灰分采取简便、快速的干灰化法测定。即先将样品的水分去掉,然后在尽可能低的温度下将样品小心地加热炭化和灼烧,除尽有机物,称取残留的无机物,即可求出总灰分的含量。本方法适用于各类食品中灰分含量的测定。

(2)仪器

高温电炉(马弗炉)。

坩埚:测定食品中的灰分含量时,通常采用瓷坩埚(30 ml),它能耐1200 ℃的高温,理化性质稳定且价格低廉,但它的抗碱能力较差。

(3)操作条件的选择

①灼烧温度。一般为500~600 ℃,多数样品以525±25 ℃为宜。温度过高易造成无机物的损失。对于不同类型的食品,灰化温度大致如下:

水果及其制品、肉及肉制品、糖及糖制品、蔬菜制品	≤525 ℃
谷类食品、乳制品(奶油除外,奶油≤500 ℃)	≤550 ℃
鱼、海产品、酒类	≤550 ℃

②灼烧时间。以样品灰化完全为度,即重复灼烧至灰分呈白色或灰白色并达到恒重(前后两次称量相差不超过0.5 mg)为止,一般需2~5 h。例外的是对于谷类饲料和茎秆饲料,其灰化温度和时间规定为:600 ℃灼烧2 h。

(4)加速灰化的方法

有时样品经高温长时间灼烧后,灰分中仍有炭粒遗留,其原因是钾、钠的硅酸盐或磷酸盐熔融包裹在炭粒表面,隔绝了炭粒与氧气的接触。遇到这种情况,可将坩埚取出,冷却后加入少量水溶解盐膜,使被包住的炭粒重新游离出来后,小心蒸去水分,干燥后再进行灼烧。也可添加惰性不溶物,如氧化镁、碳酸钙等,使炭粒不被覆盖。但加入量应做空白试验从灰分中扣除。

加入碳酸铵、双氧水、乙醇、硝酸等可加速炭化。这类物质在灼烧后完全消失,不会增加灰分含量。在样品中加入碳酸铵可起疏松作用。

(5)操作方法

①样品的预处理:

样品的质量:以灰分量 10~100 mg 来决定试样的采取量。通常奶粉、大豆粉、调味粉、鱼类及海产品等取 1~2 g;谷类食品、肉及肉制品、糕点、牛乳取 3~5 g;蔬菜及其制品、糖及糖制品、淀粉及其制品、奶油、蜂蜜等取 5~10 g;水果及其制品取 20 g;油脂取 50 g。

样品的处理:谷物、豆类等含水量较少的固体试样,粉碎均匀备用;液体样品须先在沸水浴上蒸干;果蔬等含水分较多的样品则采用先低温(60~70 ℃)后高温(95~105 ℃)的方法烘干,或采用测定水分后的残留物做样品;高脂肪样品可先提取脂肪后再进行分析。

②测定:取大小适宜的瓷坩埚置高温炉中,在 600 ℃ 下灼烧 0.5 h,冷却至 200 ℃ 以下,取出,放入干燥器中冷至室温,精密称量,并重复灼烧至恒重。

加入 2~3 g 固体样品或 5~10 g 液体样品后,精密称重。

液体样品须先在沸水浴上蒸干。固体或蒸干后的样品,先以小火加热使样品充分炭化至无烟,然后置于高温炉中,在 550~600 ℃ 灼烧至无炭粒,即灰化完全。冷却至 200 ℃ 以下后取出放入干燥器中冷却至室温,称量。重复灼烧至前后两次称量相差不超过 0.5 mg 为恒重。

(6)计算

$$X_1 = \frac{m_1 - m_0}{m_2 - m_0} \times 100$$

式中:X_1——样品中灰分的含量,%;

m_1——坩埚和灰分的质量,g;

m_0——坩埚的质量,g;

m_2——坩埚和样品的质量,g。

(7)特殊的灰化方法

对于含硫、磷、氯等酸性元素较多的样品,例如种子类及其加工品,为了防止高温下这些元素的散失,灰化时必须添加一定量的镁盐或钙盐作为固定剂,使酸性元素与加入的碱性金属元素形成高熔点的盐类固定下来。同时做空白试验,以校正测定结果。

例如,元素磷在高温灼烧时可能以含氧酸的形式挥发散失,与硫酸盐共存时损失更多。对于含磷较高的种子类样品,可先加入一定量的硝酸镁或醋酸镁乙醇溶液后再进行灰化,这时即使温度高达 800 ℃,也不会引起磷的损失。

因硝醋酸镁容易导致爆炸,因此通常使用醋酸镁乙醇溶液。如测定面粉、面包等样品时,于 3~5 g 样品中加入 5 ml 醋酸镁乙醇溶液,蒸干后,再进行炭化和灼烧。

醋酸镁乙醇溶液的配制方法:称取 4.054 g 醋酸镁(四水),溶于 50 ml 水中,用乙醇稀释至 1 L。

若要测定食品中的氟,在处理样品时加入氢氧化钠和硝酸镁可防止氟的挥发损失。

对于需要测定总砷的样品,通常加入氧化镁和硝酸镁作为助灰化剂,使砷转化为焦砷酸镁,以固定砷的高价氧化物。

(8) 说明及注意事项

①炭化时,应避免样品明火燃烧而导致微粒喷出。只有在炭化完全,即不冒烟后才能放入高温电炉中。灼烧空坩埚与灼烧样品的条件应尽量一致,以消除系统误差。

②对于含糖分、淀粉、蛋白质较高的样品,为防止其发泡溢出,炭化前可加数滴植物油。

③灼烧温度不能超过 600 ℃,否则会造成钾、钠、氯等易挥发成分的损失。

④反复灼烧至恒重是判断灰化是否完成最可靠的方法。因为有些样品即使灰化完全,残灰也不一定是白色或灰白色,例如铁含量较高的食品,残灰呈褐色;锰、铜含量高的食品,残灰呈蓝绿色;有时即使灰的表面呈白色或灰白色,但内部仍有炭粒存留。

⑤新坩埚在使用前须在盐酸溶液(1+4)中煮沸 1~2 h,然后用自来水和蒸馏水分别冲洗干净并烘干。用过的旧坩埚经初步清洗后,可用废盐酸浸泡 20 min 左右,再用水冲洗干净。

⑥新坩埚及盖使用前要编号,用质量分数为 1% 的氯化铁溶液与等量的蓝黑墨水混合,编写号码,灼烧后会留下不易脱落的红色氧化铁痕迹。

3. 水溶性灰分与水不溶性灰分的测定

在总灰分中加水约 25 ml,盖上表面皿,加热至近沸。用无灰滤纸过滤,以 25 ml 热水洗涤,将滤纸和残渣置于原坩埚中,按上述方法再进行干燥、炭化、灼烧、冷却、称量。以下式计算水溶性灰分与水不溶性灰分含量:

$$X_2 = \frac{m_3 - m_0}{m_2 - m_0} \times 100$$

水溶性灰分(%) = 总灰分(%) − 水不溶性灰分(%)

式中:X_2——样品中水不溶性灰分的质量分数,%;

m_3——坩埚和水不溶性灰分的质量,g;

m_0——坩埚的质量,g;

m_2——坩埚和样品的质量,g。

4. 酸溶性灰分与酸不溶性灰分的测定

在水不溶性灰分(或测定总灰分的残留物)中,加入盐酸(1+9)25 ml,盖上表面皿,小火加热煮沸 5 min。用无灰滤纸过滤,用热水洗涤至滤液无反应为止。将残留物和滤纸一同放入原坩埚中进行干燥、炭化、灼烧、冷却、称量。

$$X_3 = \frac{m_4 - m_0}{m_2 - m_0} \times 100$$

酸溶性灰分(%) = 总灰分(%) − 酸不溶性灰分(%)

式中:X_3——样品中酸不溶性灰分的质量分数,%;

m_4——坩埚和酸不溶性灰分的质量,g;

m_0——坩埚的质量,g;

m_2——坩埚和样品的质量,g。

说明:检查滤液有无氯离子,可取几滴滤液于试管中,用硝酸酸化,加 1~2 滴硝酸银试剂,如无白色沉淀析出,表明已洗涤干净。

任务三　食品酸度的测定

1. 概述

食品中的酸类物质包括无机酸、有机酸、酸式盐以及某些酸性有机化合物（如单宁等）。这些酸有的是食品中本身固有的，如果蔬中含有的苹果酸、柠檬酸、酒石酸、醋酸、草酸，鱼肉中含有的乳酸等；有的是外加的，如配制型饮料中加入的柠檬酸；有的是因发酵而产生的，如酸奶中的乳酸。

食品中存在的酸类物质对食品的色、香、味、成熟度、稳定性和质量都有影响。例如，水果加工过程中降低介质的 pH 值可以抑制水果的酶促褐变，从而保持水果的本色。果蔬中的有机酸主要是苹果酸、柠檬酸、酒石酸等，通常称为果酸，它们使食品具有浓郁的水果香味，而且还可以改变水果制品的味感，刺激食欲，促进消化，并有一定的营养价值，在维持人体的酸碱平衡方面起着显著作用。根据果蔬中酸度和糖的相对含量的比值可以判断果蔬的成熟度，如柑橘、番茄等随着成熟度的增加其糖酸比增大，口感变好。

食品中存在的酸类物质不仅可以用来判断食品的成熟度，还可以判断食品的新鲜程度以及是否腐败。例如，水果发酵制品（如酒）中的挥发酸的含量是判断其质量好坏的一个重要指标，当醋酸含量在 0.1% 以上时说明已腐败；番茄制品、啤酒等乳酸含量高时，说明这些制品已由乳酸菌引起腐败；水果制品中含有游离的半乳糖醛酸时，说明已受到污染开始霉烂。新鲜的油脂常常是中性的，随着脂肪酶水解作用的进行，油脂中游离脂肪酸的含量不断增加，其新鲜程度也随之下降。油脂中游离脂肪酸含量的多少，是其品质好坏和精炼程度的重要指标之一。

食品中的酸类物质还具有一定的防腐作用。当 pH<2.5 时，一般除霉菌外，大部分微生物的生长都受到抑制，将醋酸的浓度控制在 6% 时，可有效地抑制腐败菌的生长。所以，食品中酸度的测定具有重要的意义。

食品中的酸类物质构成了食品的酸度，在食品生产过程中通过酸度的控制和检测来保证食品的品质。酸度可分为总酸度、有效酸度和挥发酸度。总酸度是指食品中所有酸性物质的总量，包括离解的和未离解的酸的总和，常用标准碱溶液进行滴定，并以样品中主要代表酸的百分含量来表示，故总酸又称可滴定酸度。有效酸度是指样品中呈游离状态的氢离子的浓度（准确地说应该是活度），常用 pH 表示，用 pH 计（酸度计）测定。挥发酸是指易挥发的有机酸，如醋酸、甲酸及丁酸等，可通过蒸馏法分离，再用标准碱溶液进行滴定。

2. 总酸度的测定

酸度是指溶液中 H^+ 的浓度，准确地说是指 H^+ 的活度，常用 pH 值表示。可用酸度计测量。

总酸度是指食品中所有酸性成分的总量，通常用所含主要酸的质量分数来表示，其大小可用滴定法来确定。

(1) 原理

食品中的有机酸，以酚酞为指示剂，用氢氧化钠标准溶液滴定至终点，根据标准溶液的消耗量即可求出样品中的酸含量。本法可用于所有食品。

(2) 试剂

①0.1 mol/L 氢氧化钠标准溶液。

②10 g/L 酚酞指示剂。

(3) 操作方法

①样品处理：

固体样品：若是果蔬及其制品，需去皮、去柄、去核后，切成块状，置于组织捣碎机中捣碎并混匀。取适量样品（视其总酸含量而定），用 150 ml 无二氧化碳蒸馏水（果蔬干品须加入 8～9 倍无二氧化碳蒸馏水），将其移入 250 ml 容量瓶中，在 75～80 ℃的水浴上加热 0.5 h（果脯类在沸水浴上加热 1 h），冷却定容，干燥过滤，弃去初滤液 25 ml，收集滤液备用。

含二氧化碳的饮料、酒类：将样品置于 40 ℃水浴上加热 30 min，以除去二氧化碳，冷却后备用。

不含二氧化碳的饮料、酒类或调味品：混匀样品，直接取样，必要时加适量的水稀释（若样品浑浊，则须过滤）。

速溶咖啡样品：取 10 g 经粉碎并通过 40 目筛的样品，置于锥形瓶中，加入 75 ml 80％的乙醇，加塞放置 16 h，并不时摇动，过滤。

固体饮料：称取 5～10 g 样品于研钵中，加少量无二氧化碳蒸馏水，研磨成糊状，用无二氧化碳蒸馏水移入 250 ml 容量瓶中定容，充分摇匀，过滤。

②样品测定：

固体样品：称取捣碎并混合均匀的样品 20～25 g 于小烧杯中，用 150 ml 刚煮沸并冷却的蒸馏水分数次将样品转入 250 ml 容量瓶中。充分振摇后加水至刻度，摇匀后用干燥滤纸过滤。准确吸取 50 ml 滤液于锥形瓶中，加入酚酞指示剂 2～3 滴，用氢氧化钠标准溶液滴定至终点。

液体样品：准确吸取样品 50 ml（必要时可减量或加水稀释）于 250 ml 容量瓶中，以下步骤同固体样品。

(4) 计算

$$X = \frac{VcKF}{m} \times 100$$

式中：X——样品中总酸的质量分数，%；

V——滴定消耗氢氧化钠标准溶液体积，ml；

c——氢氧化钠标准溶液的浓度，mol/L；

F——稀释倍数，按上述操作，$F=5$；

m——样品质量（或体积），g(ml)；

K——折算系数。苹果酸 0.067，酒石酸 0.075，乙酸 0.060，草酸 0.045，乳酸 0.090，柠檬酸 0.064，一水合柠檬酸 0.070。

(5) 说明及注意事项

若样液颜色过深或浑浊，终点不易判断时，可采用电位滴定法；对于酱油类深色样品也可制备成脱色酱油测定：取样品 25 ml 置于 100 ml 容量瓶中，加水至刻度。用此稀释液加活性炭脱色，加热到 50～60 ℃微温过滤。取此滤液 10 ml 于三角瓶中，加水 50 ml 测定，计算时换算为原样品量。

3. 挥发酸的测定

挥发酸是指食品中易挥发的有机酸，主要是指乙酸和微量甲酸、丁酸等，由果蔬中的糖发酵产生,主要原因是加工或贮存不当。

测定挥发酸含量的方法有两种:直接法和间接法。测定时可根据具体情况选用。直接法是通过蒸馏或萃取等方法将挥发酸分离出来,然后用标准碱滴定。间接法则是先将挥发酸蒸馏除去,滴定残留的不挥发酸,然后从总酸度中减去不挥发酸,即可求得挥发酸含量。

总挥发酸包括游离态和结合态两部分。游离态挥发酸可用水蒸气蒸馏得到,而结合态挥发酸的蒸馏比较困难,测定时,可加入磷酸使结合态挥发酸析出后再行蒸馏。以直接测定法为例。

(1)原理

用水蒸气蒸馏样品时,加入磷酸,使总挥发酸与水蒸气一同自溶液中蒸馏出来。用氢氧化钠标准溶液滴定馏出液,即可得出挥发酸的含量。

(2)仪器

水蒸气蒸馏装置。

(3)试剂

①10 g/L 酚酞指示剂。

②0.01 mol/L 氢氧化钠标准溶液。

③磷酸溶液:称取 10 g 磷酸,用无二氧化碳的蒸馏水溶解并稀释至 100 ml。

(4)操作方法

准确称取混合均匀的样品 2~3 g,用 50 ml 新煮沸并已冷却的蒸馏水将样品洗入250 ml圆底烧瓶中,加入磷酸 1 ml。连接好冷凝管及水蒸气蒸馏装置。加热蒸馏,至馏出液达 300 ml 时为止,在同样条件下做一空白试验。

加热蒸馏液至 60~65 ℃,以酚酞为指示剂,用 0.01 mol/L 的氢氧化钠标准溶液滴定至终点。

(5)计算

$$X = \frac{c(V_1 - V_0) \times 0.06}{m} \times 100$$

式中: X ——样品中挥发酸的质量分数,%;

c ——氢氧化钠标准溶液的浓度,mol/L;

V_1 ——样品溶液消耗氢氧化钠标准溶液的体积,ml;

V_0 ——空白溶液消耗氢氧化钠标准溶液的体积,ml;

m ——样品质量,g;

0.06 ——换算为乙酸的系数。

(6)说明及注意事项

①蒸汽发生器内的水在蒸馏前须预先煮沸。

②整个蒸馏过程中要维持烧瓶内液面一定。

任务四 食品中脂类的测定

1. 概述

食品中的脂类主要包括脂肪(甘油三酸酯)以及一些类脂,如脂肪酸、磷脂、糖脂、甾醇、脂溶性维生素、蜡等。大多数动物性食品和某些植物性食品(如种子、果实、果仁)含有天然脂肪和脂类化合物。脂肪是食品中重要的营养成分之一,是一种富含热量的营养素,每克脂肪在体内可提供的热量比碳水化合物和蛋白质要多1倍以上,它还可为人体提供必需的脂肪酸、亚油酸和脂溶性维生素,是脂溶性维生素的含有者和传递者,脂肪与蛋白质结合生成的脂蛋白,在调节人体生理机能和完成体内生化反应方面起着十分重要的作用。

在食品生产加工过程中,原料、半成品、成品中脂类的含量直接影响到产品的外观、风味、口感、组织结构、品质等。蔬菜本身的脂肪含量较低,在生产蔬菜罐头时,添加适量的脂肪可改善其产品的风味。对于面包之类的焙烤食品,脂肪含量特别是卵磷脂等组分,对于面包芯的柔软度、面包的体积及其结构都有直接影响。因此,食品中脂肪含量是一项重要的控制指标。测定食品中脂肪含量,不仅可以用来评价食品的品质,衡量食品的营养价值,而且对实现生产过程的质量管理、工艺监督等方面有着重要的意义。

食品中脂肪的存在形式有游离态的,如动物性脂肪和植物性油脂;也有结合态的,如天然存在的磷脂、糖脂、脂蛋白及某些加工食品(如焙烤食品、麦乳精等)中的脂肪,与蛋白质或碳水化合物等形成结合态。对于大多数食品来说,游离态的脂肪是主要的,结合态的脂肪含量较少。

脂类不溶于水,易溶于有机溶剂。测定脂类大多采用低沸点有机溶剂萃取的方法。常用的溶剂有:无水乙醚、石油醚、氯仿和甲醇的混合溶剂等。其中乙醚沸点低,溶解脂肪的能力比石油醚强。现有的食品脂肪含量的标准分析方法都是采用乙醚作为提取剂。但乙醚易燃,可饱和2%的水分。含水乙醚会同时抽出糖分等非脂成分,所以,实际使用时必须采用无水乙醚作提取剂,被测样品也必须事先烘干。石油醚具有较高的沸点(沸程为35~45℃),吸收水分比乙醚少,没有乙醚易燃,用它作提取剂时,允许样品含有微量的水分。它没有胶溶现象,不会夹带胶态的淀粉、蛋白质等物质。石油醚抽出物比较接近真实的脂类。这两种溶剂只能直接提取游离的脂肪,对于结合态的脂类,必须预先用酸或碱破坏脂类和非脂的结合后才能提取。因二者各有特点,故常常混合使用。氯仿-甲醇是另一种有效的溶剂,它对脂蛋白、磷脂的提取效率较高,特别适用于水产品、家禽、蛋制品等食品中脂肪的提取。

不同种类的食品,由于其脂肪的含量及存在形式不同,因此测定脂肪的方法也就不同。常用的测脂方法有:索氏抽提法、酸水解法、罗紫-哥特里法、巴布科克氏法和盖勃氏法、氯仿-甲醇提取法等。过去普遍采用索氏抽提法,该法至今仍被认为是测定多种食品脂类含量的具有代表性的方法,但对某些样品其测定结果往往偏低。酸水解法能对包括结合脂在内的全部脂类进行测定。罗紫-哥特里法、巴布科克氏法和盖勃氏法主要用于乳及乳制品中的脂类的测定。

2. 索氏抽提法

本法可用于各类食品中脂肪含量的测定,特别适用于脂肪含量较高而结合态脂类含量少、易烘干磨细、不易潮解结块的样品。此法对大多数样品测定结果准确,是一种经典分析方法,但操作费时,而且溶剂消耗量大。

(1)原理

利用脂肪能溶于有机溶剂的性质,在索氏抽提器中将样品用无水乙醚或石油醚等溶剂反复萃取,提取样品中的脂肪后,蒸去溶剂所得的物质即为脂肪或粗脂肪。因为提取物中除脂肪外,还含色素及挥发油、蜡、树脂等物,所以索氏抽提法所测得的脂肪为游离态脂肪。

(2)仪器

①索氏抽提器,如图 5-4 所示。

②电热鼓风干燥箱。

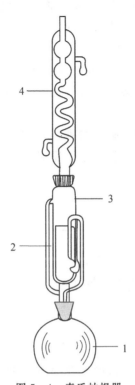

图 5-4 索氏抽提器
1—接收瓶;2—滤纸筒;3—抽提管;4—冷凝器

(3)试剂

①无水乙醚(不含过氧化物)或石油醚(沸程 35~45 ℃)。

②纯海砂:取用水洗去泥土的海砂或河砂,先用盐酸(1+1)煮沸 0.5 h,用水洗至中性,再用氢氧化钠溶液(240 g/L)煮沸 0.5 h,用水洗至中性,经 100±5 ℃ 干燥备用。

③滤纸筒。

(4)测定方法

①滤纸筒的准备:取 20 cm×8 cm 的滤纸一张,卷在光滑的圆形木棒上,木棒直径比索氏抽提器中滤纸筒的直径小 1~1.5 mm,将一端约 3 cm 纸边折入,用手捏紧,形成袋底,取出圆木棒,在纸筒底部衬一块脱脂棉,用木棒压紧,纸筒外面用脱脂线捆好,100~105 ℃ 烘干至恒重。

②样品处理:

固体样品:精确称取于 100~105 ℃ 烘干并磨细的样品 2~5 g(可取测定水分后的试样),必要时拌以海砂,装入滤纸筒内。

液体或半固体样品:精确称取 5~10 g 样品于蒸发皿中,加入海砂约 20 g,于沸水浴上蒸干后,再于 100±5 ℃ 烘干,磨细,全部移入滤纸筒内,蒸发皿及附有样品的玻璃用蘸有乙醚的脱脂棉擦净,将棉花一同放入滤纸筒内。

③索氏抽提器的清洗：将索氏抽提器各部位充分洗涤并用蒸馏水清洗后烘干。脂肪烧瓶在 103±2 ℃的烘箱内干燥至恒重（前后两次称量差不超过 2 mg）。

④测定：将滤纸筒放入索氏抽提器的抽提筒内，连接已干燥至恒重的脂肪烧瓶，由抽提器冷凝管上端加入乙醚或石油醚至瓶内容积的 2/3 处，通入冷凝水，将底瓶浸没在水浴中加热，用一小团脱脂棉轻轻塞入冷凝管上口。

水浴温度应控制在提取液每 6~8 min 回流一次，提取时间视试样中粗脂肪含量而定：一般样品提取 6~12 h，坚果样品提取约 16 h。提取结束时，用毛玻璃板接取一滴提取液，如无油斑则表明提取完毕。

取下脂肪烧瓶，回收乙醚或石油醚，待烧瓶内乙醚仅剩下 1~2 ml 时，在水浴上驱尽残留的溶剂，于 95~105 ℃下干燥 2 h 后，置于干燥器中冷却至室温，称量。继续干燥 30 min 后冷却称量，反复干燥至恒重。

(5) 计算

$$X = \frac{m_1 - m_0}{m} \times 100$$

式中：X —— 样品中粗脂肪的质量分数，%；

m_1 —— 恒重后脂肪和脂肪烧瓶的质量，g；

m_0 —— 脂肪烧瓶的质量，g；

m —— 样品的质量，g。

(6) 说明及注意事项

①索氏抽提器是利用溶剂回流和虹吸原理，使固体物质每一次都被纯的溶剂所萃取，而固体物质中的可溶物则富集于脂肪烧瓶中。

②乙醚是易燃、易爆物质，实验室要注意通风并且不能有火源。挥发乙醚时不能直火加热，应采用水浴。

③样品滤纸筒高度不能超过虹吸管，否则会因上部脂肪不能提取进而造成误差。

④样品和醚浸出物在烘箱中干燥时，时间不能过长，以防止极不饱和的脂肪酸受热氧化而增加质量。一般在真空干燥箱中于 70~75 ℃干燥 1 h；普通干燥箱中于 95~105 ℃干燥 1~2 h，冷却称量后，再于同样温度下干燥 0.5 h，如此反复干燥至恒重。

⑤脂肪烧瓶在烘箱中干燥时，瓶口侧放，以利空气流通，并且先不要关上烘箱门，于 90 ℃以下鼓风干燥 10~20 min，驱尽残余溶剂后再将烘箱门关紧，升至所需温度。

⑥对于糖类、碳水化合物含量较高的样品，可先用冷水处理以除去糖分，干燥后再提取脂肪。

⑦乙醚若放置时间过长，会产生过氧化物。过氧化物不稳定，当蒸馏或干燥时会发生爆炸，故使用前应严格检查，并除去过氧化物。

检查方法：取 5 ml 乙醚于试管中，加 100 g/L 碘化钾溶液 1 ml，充分振摇 1 min。静置分层。若有过氧化物则会放出游离碘，水层呈黄色，则该乙醚需处理后使用。

去除过氧化物的方法：将乙醚倒入蒸馏瓶中，加一段无锈铁丝或铝丝，重新蒸馏收集乙醚。

⑧反复加热可能会因脂类氧化而增重，质量增加时，以增重前的质量作为恒重。

3. 罗紫-哥特里法

本法也称碱性乙醚法,适用于乳、乳制品及冰激凌中脂肪含量的测定,是乳及乳制品脂类测定的国际标准方法。采用湿法提取,重量法定量。

(1)原理

利用氨液使乳中酪蛋白钙盐变成可溶解的铵盐,加入乙醇使溶解于氨水的蛋白质沉淀析出,然后用乙醚提取试样中的脂肪。

(2)仪器

抽脂瓶:内径 2~2.5 cm,容积 80 ml 或 100 ml,如图 5-5 所示,或采用 100 ml 具塞刻度量筒;也可使用分液漏斗。

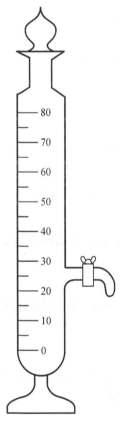

图 5-5 抽脂瓶

(3)试剂

①氨水。

②乙醇。

③乙醚,无过氧化物。

④石油醚,沸程 35~45 ℃。

(4)操作方法

准确称取 1~1.2 g 样品,加 10 ml 水溶解(液体样品直接吸取 10 ml),置于抽脂瓶中,加入浓氨水 1.25 ml,盖好后充分混匀,置 60 ℃ 水浴中加热 5 min,振摇 2 min。

加入乙醇 10 ml，充分混合，于冷水中冷却后，加入 25 ml 乙醚，用塞子塞好后振摇 0.5 min。再加入 25 ml 石油醚，振摇 0.5 min，小心开塞，放出气体。

静置 30 min，待上层液澄清后，读取醚层总体积，放出醚层至一已恒重的烧瓶中，记录放出的体积。蒸馏回收乙醚后，烧瓶放在水浴上驱尽残留的溶剂，置 102±2 ℃干燥箱中干燥 2 h，取出放干燥器内冷却 0.5 h 后称量，反复干燥至恒重（前后两次质量差不超过 1 mg）。

(5) 计算

$$X = \frac{m_1 - m_0}{m(V_1/V_0)} \times 100$$

式中：X —— 样品中脂肪的质量分数，％；

m_1 —— 烧瓶加脂肪的总质量，g；

m_0 —— 烧瓶的质量，g；

m —— 样品的质量（或体积），g（或 ml）；

V_0 —— 乙醚层的总体积，ml；

V_1 —— 放出乙醚层的体积，ml。

(6) 说明及注意事项

① 操作时加入石油醚，可减少抽出液中的水分，使乙醚不与水混溶。大大减少了可溶非脂成分的析出，石油醚还可使分层清晰。

② 如使用具塞量筒，澄清液可从管口倒出，或装上吹管将上层清液吹出，但要小心不要搅动下层液体。

③ 此法除可用于各种液态乳及乳制品中脂肪的测定外，还可用于豆乳或其他加水呈乳状的食品。

4. 酸水解法

本法测定的脂肪为总脂肪，适用于加工食品和结块食品以及不易除去水分的样品，但酸水解法不宜用于磷脂含量较高的食品。

(1) 原理

利用强酸破坏蛋白质、纤维素等组织，使结合或包藏在食品组织中的脂肪游离析出，然后用乙醚提取，除去溶剂即得脂肪含量。

(2) 主要仪器

100 ml 具塞量筒。

(3) 试剂

盐酸，95％乙醇，乙醚，石油醚。

(4) 操作方法

① 样品处理：

固体样品：称取样品 10 g，置于 50 ml 试管中，加水 8 ml，混匀后再加盐酸 10 ml。

液体样品：称取样品 10 g，置于 50 ml 试管中，加盐酸 10 ml。

② 测定：将试管放入 70～80 ℃水浴中，每隔 5～10 min 用玻璃棒搅拌一次，至样品消化完全，消化时间约 40～50 min。

取出试管,加入 10 ml 乙醇,混匀。冷却后将混合物移入 100 ml 具塞量筒中,以 25 ml 乙醚分数次清洗试管,洗液一并倒入量筒中。加塞振摇 1 min,小心开塞放气,再加塞静置 12 min。用乙醚-石油醚(1+1)混合液冲洗塞子和筒口附着的脂肪,静置 10～20 min。

待上层液体澄清后,吸取上层清液于已恒重的烧瓶内。再加 5～10 ml 混合溶剂于量筒内,重复提取残留液中的脂肪。合并提取液,回收乙醚后将烧瓶置于水浴上蒸干,然后置于 102±2 ℃烘箱中干燥 2 h,取出放干燥器中冷却 0.5 h 后称量,反复操作至恒重。

(5)计算

计算方法同索氏抽提法。

(6)说明及注意事项

①在用强酸处理样品时,一些本来溶于乙醚的碱性有机物与酸结合生成不溶于乙醚的盐类,同时在处理过程中产生的有些新物质也会进入乙醚,因此最好用石油醚处理抽提物。

②固体样品应充分磨细,液体样品要混合均匀,否则会因消化不完全而使结果偏低。

③挥干溶剂后,若残留物中有黑色焦油状杂质(系分解物与水一同混入所致),可用等量的乙醚和石油醚溶解后过滤,再挥干溶剂,否则会导致测定结果偏高。

④由于磷脂在酸水解条件下会分解,故对于磷脂含量高的食品,如鱼、肉、蛋及其制品,大豆及其制品等不宜采用此法。对于含糖量高的食品,由于糖遇强酸易炭化而影响测定结果,因此也不适宜采用此法。

5. 氯仿-甲醇提取法

本法适用于各种类型、需要进一步测定其脂肪特性的食品。尤其是对于富含蛋白质和脂蛋白、磷脂等类脂物的样品,用此法的提取率较高。

(1)原理

将样品分散于氯仿-甲醇混合液中,在水浴中轻微沸腾,氯仿、甲醇和试样中的水分形成三元抽取体系,能有效地将样品中脂类全部提取出来,经过滤除去非脂成分,回收溶剂,残留脂类用石油醚提取,然后蒸馏除去石油醚,在 100 ℃左右的烘箱中干燥,残留物即为脂肪。

(2)仪器

具塞离心管,玻璃砂芯坩埚,离心机。

(3)试剂

氯仿,甲醇,氯仿-甲醇混合液(2+1),石油醚,无水硫酸钠。

(4)操作方法

准确称取样品约 5 g,置于 200 ml 具塞锥形瓶中(高水分样品可加适量硅藻土使其分散,而干燥样品要加入 2～3 ml 水以使其组织膨润),加 60 ml 氯仿-甲醇混合液,连接回流装置,于 65 ℃水浴中加热,从微沸开始计时提取 1 h。取下锥形瓶,用玻璃砂芯坩埚过滤,滤液收集于另一具塞锥形瓶中,用 40～50 ml 氯仿-甲醇混合液分次洗涤原锥形瓶、过滤器及试样残渣(边洗边用玻璃棒搅拌残渣),洗液与滤液合并,将锥形瓶置于 65～70 ℃水浴中蒸馏回收溶剂,至瓶内物质呈浓稠状。冷却后加入 25 ml 石油醚溶解内容物,再加入 15 g 无水硫酸钠,立即加塞振荡 1 min,将醚层移入具塞离心管中,以 3000 r/min 的速度离心 5 min。用移液管迅速吸取 10 ml 澄清的石油醚于预先已恒重的称量瓶中,蒸发除去石油醚后于 100～105 ℃烘箱干燥 30 min,置于干燥条件下放置 45 min 后称量。

(5) 计算

$$X = \frac{m_1 - m_0}{m(10/25)} \times 100$$

式中：　X——样品中脂类的质量分数，%；
　　　　m_1——称量瓶及脂类的质量，g；
　　　　m_0——称量瓶的质量，g；
　　　　m——样品的质量，g；
　10/25——分取倍数（由 25 ml 石油醚中吸取 10 ml 进行干燥）。

(6) 说明及注意事项

① 过滤时不能使用滤纸，因为磷脂会被吸收到纸上。

② 蒸馏回收溶剂时不能完全干涸，否则脂类会因为难以溶解于石油醚而使结果偏低。

③ 无水硫酸钠必须在石油醚之后加入，以免影响石油醚对脂肪的溶解。

任务五　食品中还原糖的测定

1. 概述

碳水化合物统称为糖类，是由碳、氢、氧三种元素组成的一大类化合物，是生物界三大基础物质之一，也是人类生命活动所需能量的主要供给源。一些糖与蛋白质、脂肪等结合生成糖蛋白和糖脂，这些物质都具有重要的生理功能。

碳水化合物在植物界分布十分广泛，是食品工业的主要原辅材料，是大多数食品的重要组成成分。谷类食物和水果、蔬菜的主要成分就是碳水化合物。但在各种食品中其存在形式和含量各不相同，它包括单糖、双糖和多糖。碳水化合物的测定在食品工业中具有特别重要的意义。在食品加工工艺中，糖类对食品的形态、组织结构、理化性质及其色、香、味等都有很大的影响。同时，糖类的含量还是食品营养价值高低的重要标志，也是某些食品重要的质量指标。碳水化合物的测定是食品的主要分析项目之一。

食品中碳水化合物的测定方法很多，单糖和低聚糖的测定方法有物理法、化学法、色谱法和酶法等。物理法包括相对密度法、折射法和旋光法等，这些方法比较简便，对一些特殊的样品，或生产过程中的监控，采用物理法较为方便。化学法是一种被广泛采用的常规分析法，它包括还原糖法（费林氏法、高锰酸钾法、铁氰酸钾法等）、碘量法、缩合反应法等。化学法测得的多为糖的总量，不能确定糖的种类及每种糖的含量。利用色谱法可以对样品中的各种糖类进行分离定量。目前利用气相色谱和高效液相色谱分离和定量食品中的各种糖类已得到广泛应用。近年来发展起来的离子交换色谱法具有灵敏度高、选择性好等优点，也已成为一种卓有成效的糖的色谱分析法。用酶法测定糖类也有一定的应用，如利用 β-半乳糖脱氢酶测定半乳糖、乳糖，利用葡萄糖氧化酶测定葡萄糖等。

2. 还原糖的提取

(1) 糖类的提取和澄清

还原糖最常用的提取方法是温水（40～50 ℃）提取。例如糖及糖制品、果蔬及果蔬制品等通常都是用水作提取剂。但对于淀粉、菊糖含量较高的干果类，如板栗、菊芋、豆类及干燥植物样品，用水提取时会使部分淀粉、糊精等进入溶液而影响分析结果，故一般采用乙醇溶液作为这类样品的提取剂(若样品含水量高,可适当提高乙醇溶液的浓度,使混合后的最终浓度落在一定范围内)。

在糖类提取液中,除了所需测定的糖外,还可能含有蛋白质、氨基酸、多糖、色素、有机酸等干扰物质,这些物质的存在将影响糖类的测定并使下一步的过滤产生困难。因此,需要在提取液中加入澄清剂以除去这些干扰物质。而对于水果等有机酸含量较高的样品,提取时还应调节 pH 值至近中性,因为有机酸的存在会造成部分双糖的水解。

澄清剂的种类很多,使用时应根据提取液的性质、干扰物质的种类与含量以及采取的测定方法等加以选择。总的原则是:能完全除去干扰物质,但不会吸附糖类,也不会改变糖溶液的性质。

常用的澄清剂有以下几种。

①中性醋酸铅溶液[$Pb(CH_3COO)_2 \cdot 3H_2O$]。醋酸铅溶液适用于植物性样品、果蔬及其制品、焙烤食品、浅色糖及糖浆制品等,是食品分析中应用最广泛也是使用最安全的一种澄清剂。但中性醋酸铅不能用于深色糖液的澄清,同时还应避免澄清剂过量,否则当样品溶液在测定过程中进行加热时,残余的铅将与糖类发生反应生成铅糖,从而使测定产生误差。

有效的解决办法是在澄清作用完成后加入除铅剂,常用的除铅剂有硫酸钠、草酸钠等。

②醋酸锌溶液和亚铁氰化钾溶液。醋酸锌溶液:称取 21.9 g 醋酸锌[$Zn(CH_3COO)_2 \cdot 2H_2O$]溶于少量水中,加入 3 ml 冰乙酸,加水稀释至 100 ml。

亚铁氰化钾溶液:称取 10.6 g 亚铁氰化钾[$K_4Fe(CN)_6 \cdot 3H_2O$],用水溶解并稀释至 100 ml。

使用前取两者等体积混合。这种混合试剂的澄清效果好,适用于富含蛋白质的浅色溶液,如乳及乳制品等。

③碱性硫酸铜溶液。硫酸铜溶液:称取 34.6 g 硫酸铜晶体溶解于水中,并稀释至 500 ml,用精制石棉过滤备用。

氢氧化钠溶液:称取 20 g 氢氧化钠,加水溶解并稀释至 500 ml。

硫酸铜-氢氧化钠(10+4)溶液可作为牛乳等样品的澄清剂。

④活性炭。用活性炭可除去样品中的色素,选用动物性活性炭对糖类的吸附较少。

除以上澄清剂外,食品分析中常用的澄清剂还有碱性醋酸铅、氢氧化铝、钨酸钠等。

澄清剂的性质应根据具体样品和测定方法确定。例如,果蔬类样品可采用中性醋酸铅溶液作为澄清剂;乳制品则采用醋酸锌溶液或亚铁氰化钾溶液或碱性硫酸铜溶液。兰埃农法或直接滴定法不能用碱性硫酸铜作澄清剂,以免引入 Cu^{2+},而选用高锰酸钾滴定法时不能用亚铁氰化钾溶液作澄清剂,以免引入 Fe^{2+} 而影响测定结果。

3. 还原糖的测定

还原糖的测定方法很多,如比色法、旋光法、比重法、直接滴定法等。选择时应根据样品中糖类物质的含量以及测定的目的和要求来确定。

(1)直接滴定法

本方法适用于所有食品中还原糖的检测,检出限 0.1 mg。

①原理:样品经除去蛋白质后,在加热条件下,直接滴定已标定过的费林氏液,费林氏液被还原析出氧化亚铜后,过量的还原糖立即将次甲基蓝还原,使蓝色褪色。根据样品消耗体积,计算还原糖量。

②试剂:除特殊说明外,实验用水为蒸馏水,试剂为分析纯。

费林甲液:称取 15 g 硫酸铜($CuSO_4 \cdot 5H_2O$)及 0.05 g 次甲基蓝,溶于水中并稀释至 1 L。

费林乙液:称取 50 g 酒石酸钾钠与 75 g 氢氧化钠,溶于水中,再加入 4 g 亚铁氰化钾,完全溶解后,用水稀释至 500 ml,贮存于橡胶塞玻璃瓶内。

乙酸锌溶液:称取 21.9 g 乙酸锌,加 3 ml 冰乙酸,加水溶解并稀释至 100 ml。

亚铁氰化钾溶液:称取 10.6 g 亚铁氰化钾,加水溶解并稀释至 100 ml。

盐酸。

葡萄糖标准溶液:精密称取 1 g 经过 80 ℃ 干燥至恒重的葡萄糖(纯度在 99% 以上),加水溶解后加入 5 ml 盐酸,并以水稀释至 1 L。此溶液相当于 1 mg/ml 葡萄糖(注:加盐酸的目的是防腐,标准溶液也可用饱和苯甲酸溶液配制)。

③主要仪器:滴定管。

④操作方法:

样品处理:乳类、乳制品及含蛋白质的食品:称取约 0.5~2 g 固体样品(吸取 2~10 ml 液体样品),置于 100 ml 容量瓶中,加 50 ml 水,摇匀。边摇边慢慢加入 5 ml 乙酸锌溶液及 5 ml 亚铁氰化钾溶液,加水至刻度,混匀。静置 30 min,用干燥滤纸过滤,弃去初滤液,剩余滤液备用。注意:乙酸锌可去除蛋白质、鞣质、树脂等,使它们形成沉淀,经过滤除去。如果钙离子过多时,易与葡萄糖、果糖生成络合物,使滴定速度变慢,导致结果偏低,这时可向样品中加入草酸粉,与钙结合,形成沉淀并过滤。

酒精饮料:吸取 50 ml 样品,置于蒸发皿中,用 1 mol/L 氢氧化钠溶液中和至中性,在水浴上蒸发至原体积 1/4 后,移入 100 ml 容量瓶中。加 25 ml 水,混匀。边摇边慢慢加入 5 ml 乙酸锌溶液及 5 ml 亚铁氰化钾溶液,加水至刻度,混匀。静置 30 min,用干燥滤纸过滤,弃去初滤液,剩余滤液备用。

含较多淀粉的食品:称取 2~5 g 样品,置于 100 ml 容量瓶中,加 50 ml 水,在 45 ℃ 水浴中加热 1 h,并不时振摇(注意:此步骤是使还原糖溶于水中,切忌温度过高,因为淀粉在高温条件下会糊化、水解,影响检测结果)。冷却后加水至刻度,混匀,静置。吸取 50 ml 上清液于另一 100 ml 容量瓶中,边摇边慢慢加入 5 ml 乙酸锌溶液及 5 ml 亚铁氰化钾溶液,加水至刻度,混匀。静置 30 min,用干燥滤纸过滤,弃去初滤液,剩余滤液备用。

汽水等含有二氧化碳的饮料:吸取 50 ml 样品置于蒸发皿中,在水浴上除去二氧化碳后,移入 100 ml 容量瓶中,并用水洗涤蒸发皿,洗液并入容量瓶中,再加水至刻度,混匀后,备用。

注意,样品中稀释的还原糖最终浓度应接近于葡萄糖标准液的浓度。

标定费林氏溶液:吸取 5 ml 费林甲液及 5 ml 乙液,置于 150 ml 锥形瓶中(注意:甲液与乙液混合可生成氧化亚铜沉淀,所以应将甲液加入乙液,使开始生成的氧化亚铜沉淀重溶),加水 10 ml,加入玻璃珠 2 粒,从滴定管滴加约 9 ml 葡萄糖标准溶液,控制在 2 min 内加热至沸,趁沸以每两秒 1 滴的速度继续滴加葡萄糖标准溶液,直至溶液蓝色刚好褪去并出现淡黄色为终点,记录消耗的葡萄糖标准溶液总体积,平行操作三份,取其平均值,计算每10 ml (甲、乙液各5 ml)碱性酒石酸铜溶液相当于葡萄糖的质量(mg)。(注意:还原的次甲基蓝易在空气中氧化,恢复成原来的蓝色,所以滴定过程中必须保持溶液在沸腾状态,并且避免滴定时间过长。)

样品溶液预测:吸取5 ml费林甲液及5 ml乙液,置于150 ml锥形瓶中,加水10 ml,加入玻璃珠2粒,控制在2 min内加热至沸,趁沸以先快后慢的速度,从滴定管中滴加样品溶液,并保持溶液沸腾状态,待溶液颜色变浅时,以每秒1滴的速度滴定,直至溶液蓝色褪去,出现亮黄色为终点。如果样品液颜色较深,滴定终点则为蓝色褪去并出现明亮颜色(如亮红),记录消耗样液的总体积。(注意:如果滴定液的颜色变浅后又变深,说明滴定过量,需重新滴定。)

样品溶液测定:吸取5 ml费林甲液及5 ml乙液,置于150 ml锥形瓶中,加水10 ml,加入玻璃珠2粒,在2 min内加热至沸,快速从滴定管中滴加比预测体积少1 ml的样品溶液,然后趁沸继续以每两秒1滴的速度滴定直至终点。记录消耗样液的总体积,同法平行操作两至三份,得出平均消耗体积。

⑤计算:

$$X = \frac{C \times V_1 \times V}{m \times V_2 \times 1000} \times 100$$

式中:X ——样品中还原糖的含量(以葡萄糖计),%;

C ——葡萄糖标准溶液的浓度,mg/ml;

V_1 ——滴定10 ml费林氏溶液(甲、乙液各5 ml)消耗葡萄糖标准溶液的体积,ml;

V_2 ——测定时平均消耗样品溶液的体积,ml;

V ——样品定容体积,ml;

m ——样品质量,g。

⑥说明及注意事项:本方法测定的是一类具有还原性质的糖,包括葡萄糖、果糖、乳糖、麦芽糖等,只是结果用葡萄糖或其他转化糖的方式表示,所以不能误解为还原糖就是葡萄糖或其他糖。但如果已知样品中只含有某一种糖,如乳制品中的乳糖,则可以认为还原糖就是某糖。

分别用葡萄糖、果糖、乳糖、麦芽糖标准品配制标准溶液分别滴定等量已标定的费林氏液,所消耗标准溶液的体积有所不同。证明即便同是还原糖,在物化性质上仍有所差别,所以还原糖的测定结果只是反映样品整体情况,并不完全等于各还原糖含量之和。如果已知样品只含有某种还原糖,则应以该还原糖做标准品,结果为该还原糖的含量。如果样品中还原糖的成分未知,或为多种还原糖的混合物,则以某种还原糖做标准品,结果以该还原糖计,但不代表该糖的真实含量。

(2)高锰酸钾滴定法

本法适用于所有食品中还原糖的测定以及通过酸水解或酶水解转化成还原糖的非还原性糖类物质的测定。

①原理:样品经除去蛋白质后,其中还原糖在碱性环境下将铜盐还原为氧化亚铜,加硫酸铁后,氧化亚铜被氧化为铜盐,以高锰酸钾溶液滴定氧化作用后生成的亚铁盐,根据高锰酸钾消耗量计算氧化亚铜含量,再查表得还原糖量。

②试剂：

碱性酒石酸铜甲液：称取 34.639 g 硫酸铜（$CuSO_4 \cdot 5H_2O$），加适量水溶解，加 0.5 ml 硫酸，再加水稀释至 500 ml，用精制石棉过滤。

碱性酒石酸铜乙液：称取 173 g 酒石酸钾钠与 50 g 氢氧化钠，加适量水溶解，并稀释至 500 ml，用精制石棉过滤，贮存于橡胶塞玻璃瓶内。

精制石棉：取石棉先用盐酸（3 mol/L）浸泡 2～3 d，用水洗净，再加氢氧化钠溶液（40 g/L）浸泡 2～3 d，倾去溶液，再用热碱性酒石酸铜乙液浸泡数小时，用水洗净。再以盐酸（3 mol/L）浸泡数小时，以水洗至不呈酸性。然后加水振摇，使其成微细的浆状软纤维，用水浸泡并贮存于玻璃瓶中，即可用作填充古氏坩埚。

高锰酸钾标准溶液（0.1 mol/L）。

氢氧化钠溶液（40 g/L）：称取 4 g 氢氧化钠，加水溶解并稀释至 100 ml。

硫酸铁溶液：称取 50 g 硫酸铁，加入 200 ml 水溶解后，慢慢加入 100 ml 硫酸，冷却后加水稀释至 1000 ml。

盐酸（3 mol/L）：量取 30 ml 盐酸，加水稀释至 120 ml。

③仪器：

滴定管。

25 ml 古氏坩埚或 G4 垂融坩埚。

真空泵。

水浴锅。

④操作方法：

样品处理：

a. 乳类、乳制品及含蛋白质的冷食类：称取约 2～5 g 固体样品（吸取 25～50 ml 液体样品），置于 250 ml 容量瓶中，加 50 ml 水，摇匀后加 10 ml 碱性酒石酸铜甲液及 4 ml 氢氧化钠溶液（40 g/L），加水至刻度，混匀。静置 30 min，用干燥滤纸过滤，弃去初滤液，剩余滤液备用。

b. 酒精性饮料：吸取 100 ml 样品，置于蒸发皿中，用氢氧化钠溶液（40 g/L）中和至中性，在水浴上蒸发至原体积的 1/4 后，移入 250 ml 容量瓶中。加 50 ml 水，混匀。以下按 a. 自"加 10 ml 碱性酒石酸铜甲液"起依法操作。

c. 含较多淀粉的食品：称取 10～20 g 样品，置于 250 ml 容量瓶中，加 200 ml 水，在 45 ℃ 水浴中加热 1 h，并不时振摇。冷却后加水至刻度，混匀，静置。吸取 200 ml 上层清液于另一 250 ml 容量瓶中，以下按 a. 自"加 10 ml 碱性酒石酸铜甲液"起依法操作。

d. 汽水等含有二氧化碳的饮料：吸取 100 ml 样品置于蒸发皿中，在水浴上除去二氧化碳后，移入 250 ml 容量瓶中，并用水洗涤蒸发皿，洗液并入容量瓶中，再加水至刻度，混匀后备用。

样品测定：

吸取 50 ml 处理后的样品溶液，于 400 ml 烧杯中，加入 25 ml 碱性酒石酸铜甲液及 25 ml 乙液，于烧杯上盖一表面皿，加热，控制在 4 min 内沸腾，再继续煮沸 2 min，趁热用铺好石棉的古氏坩埚或G4垂融坩埚抽滤,并用60℃热水洗涤烧杯及沉淀,至洗液不成碱性为止。(注:还原糖与碱性酒石酸铜试剂的反应一定要在沸腾状态下进行,沸腾时间需严格控制,煮沸的溶液应保持蓝色,如果蓝色消失,说明还原糖含量过高,应将样品溶液稀释后重做。)将古氏坩埚或垂融坩埚放回原400 ml烧杯中,加25 ml硫酸铁溶液及25 ml水,用玻棒搅拌使氧化亚铜完全溶解,以0.1 mol/L高锰酸钾标准溶液滴定至微红色为终点。

同时吸取50 ml水,加与测试样品时相同量的碱性酒石酸铜甲、乙液,硫酸铁溶液及水,按同一方法做试剂空白试验。

⑤计算:
$$X_1 = (V - V_0) \times c \times 71.54$$

式中: X_1——样品中还原糖质量相当于氧化亚铜的质量,mg;

V——测定用样品液消耗高锰酸钾标准溶液的体积,ml;

V_0——试剂空白消耗高锰酸钾标准溶液的体积,ml;

c——高锰酸钾标准溶液的浓度,mol/L;

71.54——1 ml 1 mol/L高锰酸钾溶液相当于氧化亚铜的质量,mg。

根据上式中计算所得氧化亚铜质量,查表"氧化亚铜质量相当于葡萄糖、果糖、乳糖、转化糖的质量表",再按下式计算样品中还原糖含量,如表5-3所示。

$$X_2 = \frac{m_1 \times V_2}{m_2 \times V_1} \times \frac{100}{1000}$$

式中:X_2——样品中还原糖的含量,g/100 g(g/100 ml);

m_1——查表得还原糖的质量,mg;

m_2——样品的质量(或体积),g(ml);

V_1——测定用样品处理液的体积,ml;

V_2——样品处理后的总体积,ml。

表5-3 氧化亚铜质量相当于葡萄糖、果糖、乳糖、转化糖的质量表 单位:mg

氧化亚铜	葡萄糖	果糖	乳糖(含水)	转化糖	氧化亚铜	葡萄糖	果糖	乳糖(含水)	转化糖
11.3	4.6	5.1	7.7	5.2	22.5	9.4	10.4	15.4	10.2
12.4	5.1	5.6	8.5	5.7	23.6	9.9	10.9	16.1	10.7
13.5	5.6	6.1	9.3	6.2	24.8	10.4	11.5	16.9	11.2
14.6	6.0	6.7	10.0	6.7	25.9	10.9	12.0	17.7	11.7
15.8	6.5	7.2	10.8	7.2	27.0	11.4	12.5	18.4	12.3
16.9	7.0	7.7	11.5	7.7	28.1	11.9	13.1	19.2	12.8
18.0	7.5	8.3	12.3	8.2	29.3	12.3	13.6	19.9	13.3
19.1	8.0	8.8	13.1	8.7	30.4	12.8	14.2	20.7	13.8
20.3	8.5	9.3	13.8	9.2	31.5	13.3	14.7	21.5	14.3
21.4	8.9	9.9	14.6	9.7	32.6	13.8	15.2	22.2	14.8
33.8	14.3	15.8	23.0	15.3	101.3	44.0	48.3	69.0	46.2
34.9	14.8	16.3	23.8	15.8	102.5	44.5	48.9	69.7	46.7

续表

氧化亚铜	葡萄糖	果糖	乳糖(含水)	转化糖	氧化亚铜	葡萄糖	果糖	乳糖(含水)	转化糖
36.0	15.3	16.8	24.5	16.3	103.6	45.0	49.4	70.5	47.3
37.2	15.7	17.4	25.3	16.8	104.7	45.5	50.0	71.3	47.8
38.3	16.2	17.9	26.1	17.3	105.8	46.0	50.5	72.1	48.3
39.4	16.7	18.4	26.8	17.8	107.0	46.5	51.1	72.8	48.8
40.5	17.2	19.0	27.6	18.3	108.1	47.0	51.6	73.6	49.4
41.7	17.7	19.5	28.4	18.9	109.2	47.5	52.2	74.4	49.9
42.8	18.2	20.1	29.1	19.4	110.3	48.0	52.7	75.1	50.4
43.9	18.7	20.6	29.9	19.9	111.3	48.5	53.3	75.9	50.9
45.0	19.2	21.1	30.6	20.4	112.6	49.0	53.8	76.7	51.5
46.2	19.7	21.7	31.4	20.9	113.7	49.5	54.5	77.4	52.0
47.3	20.1	22.2	32.2	21.4	114.8	50.0	54.9	78.2	52.5
48.4	20.6	22.8	32.9	21.9	116.0	50.6	55.5	79.0	53.0
49.5	21.1	23.3	33.7	22.4	117.1	51.1	56.0	79.7	53.6
50.7	21.6	23.8	34.5	22.9	118.2	51.6	56.6	80.5	54.1
51.8	22.1	23.3	35.2	23.5	119.3	52.1	57.1	81.3	54.6
52.9	22.6	23.9	36.0	24.0	120.5	52.6	57.1	82.1	55.2
54.0	23.1	25.4	36.8	24.5	121.6	53.1	58.2	82.8	55.7
55.2	23.6	26.0	37.5	25.0	122.7	53.6	58.8	83.6	56.2
56.3	24.1	26.5	38.3	25.5	123.8	54.1	59.3	84.4	56.7
58.5	25.1	27.6	39.8	26.5	126.1	55.1	60.4	85.9	57.8
59.7	25.6	28.2	40.6	27.0	127.2	55.6	61.0	86.7	58.3
60.8	26.1	28.7	41.4	27.6	128.3	56.1	61.6	87.4	58.9
61.9	26.5	29.2	42.1	28.1	129.5	56.7	62.1	88.2	59.4
63.0	27.0	29.8	42.9	28.6	130.6	57.2	62.7	89.0	59.9
64.2	27.5	30.3	43.7	29.1	131.7	57.7	63.2	89.8	60.4
65.3	28.0	30.9	44.4	29.6	132.8	58.2	63.8	90.5	61.0
66.4	28.5	31.4	45.2	30.1	134.0	58.7	64.3	91.3	61.5
67.6	29.0	31.9	46.0	30.6	135.1	59.2	64.9	92.1	62.0
68.7	29.5	32.5	46.7	31.2	136.2	59.7	65.4	92.8	62.6
69.8	30.0	33.0	47.5	31.7	137.4	60.4	66.0	93.6	63.1
70.9	30.5	33.6	48.3	32.3	138.5	60.7	66.5	94.4	63.6
72.1	31.0	34.1	49.0	32.7	139.6	61.3	67.1	95.2	64.2
73.2	31.5	34.7	49.8	33.2	140.7	61.8	67.7	95.9	64.7
74.3	32.0	35.0	50.6	33.7	141.9	62.3	68.2	96.7	65.2
75.4	32.5	35.8	51.3	34.3	143.0	62.8	68.8	97.5	65.8
76.6	33.0	36.3	52.1	34.8	144.1	63.3	69.3	98.2	66.3
77.7	33.5	36.8	52.9	35.3	145.2	63.8	69.9	99.0	66.8

续表

氧化亚铜	葡萄糖	果糖	乳糖(含水)	转化糖	氧化亚铜	葡萄糖	果糖	乳糖(含水)	转化糖
78.8	34.0	37.4	53.6	35.8	146.4	64.3	70.4	99.8	67.4
79.9	34.5	37.9	54.4	36.3	147.5	64.9	71.0	100.6	67.9
81.1	35.0	38.5	55.2	36.8	148.6	65.4	71.6	101.3	68.4
82.2	35.5	39.0	55.9	37.4	149.7	65.9	72.1	102.1	69.0
83.3	36.0	39.6	56.7	37.9	150.9	66.4	72.7	102.9	69.5
84.4	36.5	40.1	57.5	38.4	152.0	66.9	73.2	103.6	70.0
85.6	37.0	40.7	58.2	38.9	153.1	67.4	73.8	104.4	70.6
86.7	37.5	41.2	59.0	39.4	154.2	68.0	74.3	105.2	71.1
87.8	38.0	41.7	59.8	40.0	155.4	68.5	74.9	106.0	71.6
88.9	38.5	32.4	60.5	40.5	156.5	69.0	75.5	106.7	72.2
90.1	39.0	42.8	61.3	41.0	157.6	69.5	76.0	107.5	72.7
91.2	39.5	43.4	62.1	41.5	158.7	70.0	76.6	108.3	73.2
92.3	40.0	43.9	62.9	42.0	159.9	70.5	77.1	109.0	73.8
93.4	40.5	44.5	63.6	42.6	161.0	71.1	77.7	109.8	74.3
94.6	41.0	45.0	64.4	43.1	162.1	71.6	78.3	110.6	74.9
95.7	41.5	45.6	65.1	43.6	163.2	72.1	78.8	111.4	75.4
96.8	42.0	46.1	65.9	44.1	164.4	72.6	79.4	112.1	75.9
97.9	42.5	46.7	66.7	44.7	165.5	73.1	80.0	112.9	76.5
99.1	43.0	47.2	67.4	45.2	166.6	73.7	80.5	113.7	77.0
100.2	43.5	47.8	68.2	45.7	167.8	74.2	81.1	114.4	77.6
168.9	74.7	81.6	115.2	78.1	236.4	106.5	115.7	161.7	110.9
170.0	75.2	82.2	116.0	78.6	237.6	107.0	116.3	162.5	111.5
171.1	75.7	82.8	116.8	79.2	238.7	107.5	116.9	163.3	112.1
172.3	76.3	83.3	117.5	79.7	239.8	108.1	117.5	164.0	112.6
173.4	76.8	83.9	118.3	80.3	240.9	108.6	118.0	164.8	113.2
174.5	77.3	84.4	119.1	80.8	242.1	109.2	118.6	165.6	113.7
175.6	77.8	85.0	120.6	81.3	243.1	109.7	119.2	133.4	114.3
176.8	78.3	85.6	121.4	81.9	244.3	110.2	119.8	167.1	114.9
177.9	78.9	86.1	122.2	82.4	245.4	110.8	120.3	169.9	115.4
179.0	79.4	86.7	122.9	83.0	246.6	111.3	120.9	168.7	116.0
180.1	79.9	87.3	123.7	83.5	247.7	111.9	121.5	169.5	116.5
181.3	80.4	87.8	124.5	84.0	248.8	112.4	122.1	170.3	117.1
182.4	81.0	88.4	125.3	84.6	249.9	112.9	122.6	171.0	117.6
183.5	81.5	89.0	126.0	95.1	251.1	113.5	123.2	171.8	118.2
184.5	82.0	89.5	126.8	85.7	252.2	114.0	123.8	172.6	118.8
185.8	82.5	90.1	127.6	86.2	253.3	114.6	124.4	173.4	119.3

续表

氧化亚铜	葡萄糖	果糖	乳糖(含水)	转化糖	氧化亚铜	葡萄糖	果糖	乳糖(含水)	转化糖
186.9	83.1	90.6	128.4	86.8	254.4	115.1	125.0	174.2	119.9
188.0	83.6	91.2	129.9	87.3	255.6	115.7	125.5	174.9	120.4
189.1	84.1	91.8	129.9	87.8	256.7	116.1	126.1	175.7	121.0
190.3	84.6	92.3	130.7	88.4	257.8	116.7	126.7	176.5	121.6
191.4	85.2	92.9	131.5	88.9	258.9	117.3	127.3	177.3	122.1
192.5	85.7	93.5	132.2	89.5	260.1	117.8	127.9	178.1	122.7
193.6	86.2	94.0	133.0	90.0	261.2	118.4	128.4	178.8	123.3
194.8	86.7	94.6	133.8	90.6	262.3	118.9	129.0	179.6	123.8
197.0	87.8	95.7	135.3	91.7	264.6	120.0	130.2	181.2	124.9
198.1	88.3	96.3	136.1	92.2	265.7	120.6	130.8	181.9	125.5
199.3	88.9	96.9	136.9	92.8	266.8	121.1	131.3	182.9	126.1
200.4	89.4	97.4	137.7	93.3	268.0	121.7	131.9	183.5	126.6
201.5	89.9	98.0	138.4	93.8	270.2	122.2	132.5	184.3	127.2
202.7	90.4	98.6	139.2	94.4	271.3	122.7	133.1	185.1	127.8
203.8	91.0	99.2	140.0	94.9	272.5	123.3	133.7	185.8	128.3
204.9	91.5	99.7	140.8	95.5	273.6	123.8	134.2	186.6	128.9
206.0	92.0	100.3	141.5	96.0	274.7	124.4	134.8	187.4	129.5
207.2	92.6	100.9	142.3	96.6	275.8	124.9	135.4	188.2	130.0
208.3	93.1	101.4	143.1	97.1	277.0	125.5	136.0	189.0	130.6
209.4	93.6	102.0	143.9	97.7	278.1	126.0	136.2	189.7	131.2
210.5	94.2	102.6	144.6	98.2	279.2	126.6	137.2	190.5	131.7
211.7	94.7	103.1	145.4	98.8	280.3	127.1	137.7	191.3	132.3
212.8	95.2	103.7	146.2	99.3	281.5	127.7	138.3	192.1	132.9
213.9	95.7	104.3	146.2	99.9	282.6	128.2	138.9	192.9	133.4
215.0	96.3	104.8	147.0	100.4	283.7	128.8	139.5	193.6	134.0
216.2	96.8	105.4	147.7	101.0	284.8	129.3	140.1	194.4	134.6
217.3	97.3	106.0	148.5	101.5	286.0	129.9	140.7	195.2	135.1
218.4	97.9	106.6	149.3	102.1	287.1	130.4	141.3	196.0	165.7
219.5	98.4	107.1	150.1	102.6	288.2	131.0	131.8	196.8	136.3
220.7	98.9	107.7	150.8	103.2	289.3	131.6	142.4	197.5	136.8
221.8	99.5	108.3	151.6	103.7	290.5	132.1	143.0	198.3	137.4
222.9	100.0	108.8	152.4	104.3	291.6	132.7	143.6	199.1	138.0
224.0	100.5	109.4	153.2	104.8	292.7	133.2	144.2	199.9	138.6
225.2	101.1	110.0	153.9	105.4	293.8	133.8	144.8	200.7	139.1
226.3	101.6	110.6	154.7	106.0	295.0	134.3	145.4	201.4	139.7
227.4	102.2	111.1	155.5	106.5	296.1	134.9	145.9	202.2	140.3

续表

氧化亚铜	葡萄糖	果糖	乳糖(含水)	转化糖	氧化亚铜	葡萄糖	果糖	乳糖(含水)	转化糖
228.5	102.7	111.7	156.3	107.1	297.2	135.4	146.5	203.0	140.8
229.7	103.2	112.3	157.0	107.6	298.3	136.0	147.1	203.8	141.4
230.8	103.8	112.9	157.8	108.2	299.5	136.5	147.7	204.6	142.0
231.9	104.3	113.4	158.6	108.7	300.6	137.1	148.3	205.3	142.6
233.1	104.8	114.0	159.4	109.3	301.7	137.7	148.9	206.1	143.1
234.2	105.4	114.6	160.2	109.8	301.7	138.2	149.5	206.9	143.7
235.3	105.9	115.2	160.9	110.4	302.9	138.8	150.1	207.7	144.3
439.1	208.7	232.2	303.0	216.0	465.0	222.6	237.7	321.6	230.4
440.2	209.3	223.8	303.8	216.7	466.1	223.3	238.4	322.4	231.0
441.3	209.9	224.4	304.6	217.3	467.2	223.9	239.0	323.2	231.7
442.5	210.5	225.1	305.4	217.9	468.4	224.5	239.7	324.0	232.3
443.6	211.1	225.7	306.2	218.5	469.5	225.1	240.3	324.9	232.9
444.7	211.7	226.3	307.0	219.1	470.6	225.7	241.0	325.7	233.6
445.8	212.3	226.9	308.6	219.8	471.7	226.3	241.6	326.5	234.2
447.0	212.9	227.6	309.4	220.4	472.9	227.0	242.2	327.4	234.8
448.1	213.5	228.2	310.2	221.0	474.0	227.6	242.9	328.2	235.5
449.2	214.1	228.8	311.0	221.6	475.1	228.2	243.6	329.1	236.1
450.3	214.7	229.4	311.8	222.2	476.2	228.8	244.3	329.9	236.8
451.5	215.3	230.1	312.6	222.9	477.4	229.5	244.9	330.8	237.5
452.6	215.9	230.7	313.4	223.5	478.5	230.1	245.6	331.8	238.1
453.7	216.5	231.3	314.2	224.1	479.6	230.7	246.3	332.6	238.8
454.8	217.1	232.0	315.0	224.0	480.7	231.4	247.0	333.5	239.5
456.0	217.8	232.6	315.9	225.4	481.9	232.0	247.8	334.4	240.2
457.1	218.4	233.2	316.7	226.0	483.0	232.7	248.5	335.3	240.8
458.2	219.0	233.9	317.5	226.6	484.1	233.3	249.2	336.3	241.5
459.3	219.6	234.5	318.3	227.2	485.2	234.0	250.0	337.3	242.3
460.5	220.2	235.1	319.1	227.9	486.4	234.7	250.8	338.3	243.0
461.6	220.8	235.8	319.9	319.1	487.5	235.3	251.6	339.4	243.8
462.7	221.4	236.4	320.7	319.9	488.6	236.1	252.7	340.7	244.7
463.8	222.0	237.1	320.7	320.7	489.7	236.9	253.7	342.0	245.8
335.5	155.1	167.2	230.4	161.0	403.1	189.7	203.4	277.6	196.6
336.6	155.6	167.8	231.2	161.6	404.2	190.3	204.0	278.4	197.2
337.8	156.2	168.3	232.0	162.2	405.3	190.9	204.7	279.2	197.8
338.9	156.8	169.0	232.7	162.8	406.4	191.5	205.3	280.0	198.4
340.0	157.3	169.6	233.5	163.4	407.6	192.0	205.9	280.8	199.0
341.1	157.9	170.2	234.3	164.0	408.7	192.6	206.5	281.6	199.6

续表

氧化亚铜	葡萄糖	果糖	乳糖(含水)	转化糖	氧化亚铜	葡萄糖	果糖	乳糖(含水)	转化糖
342.3	158.5	170.8	235.1	164.5	409.8	193.2	207.1	282.4	200.2
343.4	159.0	171.4	235.9	165.1	410.9	193.8	207.7	283.2	200.8
344.5	159.6	172.0	236.7	165.7	412.1	194.4	208.3	284.0	201.4
345.6	160.2	172.6	237.4	166.3	413.2	195.0	209.0	284.8	202.0
346.8	160.7	173.2	238.2	166.9	414.3	195.6	209.6	285.6	202.6
347.9	161.3	173.8	239.0	167.5	415.4	196.2	210.2	286.3	203.2
349.0	161.9	174.4	239.8	168.0	416.6	196.8	210.8	287.1	203.8
350.1	162.5	175.0	240.6	168.6	417.7	197.4	211.4	287.9	204.4
351.3	163.0	175.6	541.4	169.2	418.8	198.0	212.0	288.7	205.0
352.4	163.6	176.2	242.1	169.8	419.9	198.5	212.6	289.5	205.7
353.5	164.2	176.8	243.0	170.4	421.1	199.1	213.3	290.3	206.3
354.6	164.7	177.4	243.7	171.0	422.2	199.7	213.9	291.1	206.9
355.8	165.3	178.0	244.5	171.6	423.3	200.3	214.5	291.9	207.5
356.9	165.9	178.6	245.3	172.2	424.4	200.9	215.1	292.7	208.1
358.0	166.5	179.2	246.1	172.8	425.6	201.5	215.7	293.5	208.7
359.1	167.0	179.8	246.9	173.3	426.7	202.1	216.3	294.3	209.3
360.3	167.6	180.4	247.7	173.9	427.8	202.7	217.0	295.0	209.9
361.4	168.2	181.0	248.5	174.5	428.9	203.3	217.6	295.8	210.5
362.5	168.8	181.6	249.2	175.1	430.1	203.9	218.2	296.6	211.1
363.6	169.3	182.2	250.0	175.7	431.1	204.5	218.8	297.4	211.8
364.8	169.9	182.8	250.8	176.3	432.3	205.1	219.5	298.2	212.4
365.9	170.5	183.4	251.6	176.3	433.5	205.1	220.1	299.0	213.0
367.0	171.1	184.0	252.4	177.5	434.6	206.3	220.7	299.8	213.6
368.2	171.6	184.6	253.2	178.1	435.7	206.9	221.3	300.6	214.2
369.3	172.2	185.2	253.9	178.7	436.8	207.5	221.9	301.4	214.8
370.4	172.8	185.8	254.7	179.2	438.0	208.1	222.6	302.2	215.4

⑥说明及注意事项：本法用碱性酒石酸铜溶液作为氧化剂。由于硫酸铜与氢氧化钠反应可生成氢氧化铜沉淀，氢氧化铜沉淀可被酒石酸钾钠缓慢还原，析出少量氧化亚铜沉淀，使氧化亚铜计量发生误差，所以甲、乙试剂要分别配制及贮存，用时等体积混合。

4．淀粉的测定

(1)酶水解法

①原理：样品经除去脂肪及可溶性糖分后，其中的淀粉用淀粉酶水解为双糖，再用盐酸将双糖水解成单糖，最后按还原糖进行测定，并折算成淀粉。

水解反应如下：

$$(C_6H_{10}O_5)n + nH_2O \xrightarrow{酸,酶} nC_6H_{12}O_6$$

②试剂：

淀粉酶溶液(5 g/L)：称取淀粉酶0.5 g，加100 ml水溶解，加入数滴甲苯或氯仿防止霉变，贮于冰箱中。

碘溶液：称取3.6 g碘化钾溶于20 ml水中，再加入1.3 g碘，溶解后加水稀释至100 ml。

乙醚。

85%乙醇。

③操作方法：

样品处理：

准确称取干燥样品2～5 g，置于放有折叠滤纸的漏斗中，先用50 ml乙醚分5次洗去脂肪，再用85%乙醇约100 ml分3～4次洗去可溶性糖分。将残留物移入250 ml烧杯内，用50 ml水分数次洗涤滤纸和漏斗，洗液并入烧杯中。将烧杯置沸水浴上加热15 min，使淀粉糊化。放冷至60 ℃，加淀粉酶溶液20 ml，在55～60 ℃下保温1 h，并不时搅拌。取1滴试液加1滴碘溶液检查应不显蓝色。若呈蓝色，再加热糊化并加淀粉酶溶液20 ml，继续保温，直至加碘不显蓝色为止。

取出样品用小火加热至沸腾，冷却后洗入250 ml容量瓶中，加水至刻度，摇匀，过滤(弃去初滤液)。取50 ml滤液，置于250 ml锥形瓶中，加盐酸(1+1)5 ml，装上回流冷凝管，在沸水浴中回流1 h。冷却后加2滴甲基红指示剂，用氢氧化钠溶液中和至近中性后转入100 ml容量瓶中，洗涤锥形瓶，洗液并入容量瓶中。用水定容至刻度，摇匀备用。

测定：

按还原糖测定方法进行定量。同时量取50 ml水及样品处理时等量的淀粉酶溶液，按同一方法做试剂空白试验。

④计算：

$$X = \frac{(m_1 - m_2) \times 0.9}{m(V/500) \times 1000} \times 100$$

式中：X——样品中淀粉的含量，%；

m_1——所测定样品中还原糖的质量(以葡萄糖计)，mg；

m_2——试剂空白试验中还原糖的质量(以葡萄糖计)，mg；

m——样品质量，g；

0.9——还原糖(以葡萄糖计)换算成淀粉的换算系数，即162/180；

V——测定用样品处理液的体积，ml；

500——样品稀释液的总体积，ml。

⑤说明及注意事项：常用的淀粉酶是麦芽淀粉酶，它是α-淀粉酶和β-淀粉酶的混合物。淀粉酶使淀粉水解为麦芽糖，具有专一性，所得结果比较准确。市售淀粉酶可按说明书使用，通常的糖化能力为1:25或1:50，当有酸碱存在或温度超过85 ℃时将失去活性。长期贮存，活性会降低，配制成酶溶液后活性降低更快。因此，应在临用前配制，并放于冰箱内保存。使用前还应对其糖化能力进行测定，以确定酶的用量。

检验方法：用已知量的可溶性淀粉，加不同量的淀粉酶溶液，置55～60 ℃水浴中保温1 h，用碘液检查是否存在淀粉，以确定酶的活力及水解样品时需加入的酶量。

采用麦芽淀粉酶处理样品时，水解产物主要是麦芽糖，因此还要用酸将其水解为单糖。

与蔗糖相比,麦芽糖水解所需温度更高,时间更长。

当样品中含有蔗糖等可溶性糖分时,经酸长时间水解后,蔗糖转化,果糖迅速分解,使测定造成误差。因此,一般样品要求事先除去可溶性糖分。

除去可溶性糖分时,为防止糊精也一同被洗掉,样品加入乙醇后,混合液中乙醇的体积分数应在80%以上,但如果要求测定结果中不包含糊精,则可用10%乙醇洗涤。

由于脂类的存在会妨碍酶对淀粉的作用,因此采用酶水解法测定淀粉时,应预先用乙醚或石油醚脱脂。若样品脂肪含量较少则可省略此步骤。

淀粉粒具有晶体结构,淀粉酶难以作用,需先加热使淀粉糊化,以破坏淀粉粒的晶体结构,使其易于被淀粉酶水解。

(2)酸水解法

①原理:样品经除去脂肪和可溶性糖类后,其中的淀粉用酸水解成具有还原性的单糖,然后按还原糖测定,并折算成淀粉。

②试剂:

乙醚。

85%乙醇溶液。

盐酸(1+1)。

氢氧化钠溶液:配制的浓度分别为10%和40%。

甲基红指示剂(2 g/L)。

醋酸铅溶液(100 g/L)。

亚硫酸钠溶液(100 g/L)。

精密pH试纸。

③仪器:

水浴锅。

高速组织捣碎机:1200 r/min。

皂化装置并附250 ml锥形瓶。

④操作方法:

样品处理:

a. 粮食、豆类、糕点、饼干等较干燥的样品。准确称取2~5 g磨碎、过40目筛的样品,置于放有慢速滤纸的漏斗中,用30 ml乙醚分三次洗去样品中的脂肪,弃去乙醚。再用85%乙醇溶液约150 ml分数次洗涤残渣,以除去可溶性糖类。滤干乙醇溶液后用100 ml水将残渣转入250 ml锥形瓶中,加入盐酸(1+1)30 ml,连接好冷凝管,置沸水浴中回流2 h。

回流完毕后,立即置流动水中冷却至室温,加入2滴甲基红指示剂,将水解液调至近中性(先用40%氢氧化钠溶液调至黄色,再用盐酸(1+1)校正至水解液刚变红色为宜;可用精密pH试纸测试,调至pH值约为7)。加中性醋酸铅溶液(100 g/L)20 ml,摇匀,放置10 min,使蛋白质等干扰物质沉淀完全,再加等量的亚硫酸钠溶液(100 g/L),以除去多余的铅盐。摇匀后将全部溶液及残渣转入500 ml容量瓶中,用水洗涤锥形瓶,洗液合并于容量瓶中。用水定容至刻度,混匀,过滤(初滤液弃去)。

b. 蔬菜、水果及含水熟食制品。将干净样品(果蔬取可食部分),按1:1加水,在组织捣碎机中捣成匀浆。称取匀浆5~10 g(液体样品直接量取),置于250 ml锥形瓶中,加30 ml

乙醚振荡提取脂肪,用滤纸过滤除去乙醚,再用 30 ml 乙醚淋洗两次,弃去乙醚。以下按 a. 中自"再用 85% 乙醇溶液约 150 ml"起操作。

测定:

按还原糖的测定方法操作。

⑤计算:同酶水解法。

⑥说明及注意事项:酸水解法简便易行,能一次将淀粉水解成葡萄糖,免去了使用淀粉酶的繁杂操作,且盐酸价廉易得,容易保存,因此使用十分广泛。但酸水解淀粉的专一性不如淀粉酶,它不仅能水解淀粉,也能水解半纤维素(水解产物为具有还原性的物质:木糖、糖醛等),使测定结构偏高。因此,对于半纤维素含量较高的样品,如麸皮、高粱糖等,或含壳皮较多的食物,不宜采用此法。

若样品为液体,则采用分液漏斗振荡后,静置分层,弃去乙醚层。

因水解时间较长,应采用回流装置,以避免水解过程中由于水分蒸发而使盐酸浓度发生较大改变。

5. 粗纤维的测定

(1)原理

在硫酸作用下,样品中的糖、淀粉、果胶质和半纤维素经水解除去后,再用碱处理,除去蛋白质及脂肪酸,遗留的残渣为粗纤维。如其中含有不溶于酸碱的杂质,可灰化后除去。

(2)试剂

25%硫酸。

1.25%氢氧化钾溶液。

石棉:加 5% 氢氧化钠溶液浸泡石棉,在水浴上回流 8 h 以上,再用热水充分洗涤。然后用 20% 盐酸在沸水浴上回流 8 h 以上,再用热水充分洗涤,干燥。在 600~700 ℃ 灼烧后,加水使其成为混悬物,贮存于玻塞瓶中。

(3)操作方法

称取 20~30 g 捣碎的样品(或 5 g 干样品),移入 500 ml 锥形瓶中,加入 200 ml 煮沸的 25% 硫酸,加热使微沸,保持体积恒定,维持 30 min,每隔 5 min 摇动锥形瓶一次,以充分混合瓶内的物质。

取下锥形瓶,立即用亚麻布过滤后,用沸水洗涤至洗液不呈酸性。

再用 200 ml 煮沸的 1.25% 氢氧化钾溶液,将亚麻布上的存留物洗入原锥形瓶内再加热微沸 30 min 后,取下锥形瓶,立即以亚麻布过滤,以沸水洗涤 2~3 次后,移入已干燥称量的 G2 垂融坩埚或同型号的垂融漏斗中,抽滤,用热水充分洗涤后,抽干。再依次用乙醇和乙醚洗涤一次。将坩埚和内容物在 105 ℃ 烘箱中烘干后称量,重复操作,直至恒重。

如样品中含有较多的不溶性杂质,则可将样品移入石棉坩埚,烘干称量后,再移入 550 ℃ 高温炉中灰化,使含碳的物质全部灰化,置于干燥器内,冷却至室温称量,所损失的量即为粗纤维量。

(4)计算

$$X = \frac{G}{m} \times 100$$

式中:X ——样品中粗纤维的含量,%;

G ——残余物的质量(或经高温炉损失的质量),g;
m ——样品的质量,g。

6. 不溶性膳食纤维的测定

本方法适用于各类植物性食品和含有植物性食品的混合食品中不溶性膳食纤维的测定。其最小检出限为 0.1 mg。

(1)原理

在中性洗涤剂的消化作用下,样品中的糖、淀粉、蛋白质、果胶等物质被溶解除去,不能消化的残渣为不溶性膳食纤维,主要包括纤维素、半纤维素、木质素、角质和二氧化硅等,并包括不溶性灰分。

(2)仪器

烘箱:110~130 ℃。

恒温箱:37±2 ℃。

纤维测定仪。如没有纤维测定仪,可由下列部件组成:

①电热板:带控温装置。

②高型无嘴烧杯:600 ml。

③坩埚式耐酸玻璃滤器:容量 60 ml,孔径 6~40 μm。

④回流冷凝装置。

⑤抽滤装置:由抽滤瓶、抽滤垫及水泵组成。

(3)试剂

实验用水为蒸馏水。试剂不加说明均为分析纯试剂。

无水亚硫酸钠。

石油醚:沸程 30~60 ℃。

丙酮。

甲苯。

中性洗涤剂溶液:将 18.61 g EDTA 二钠盐和 6.81 g 四硼酸钠(含 $10H_2O$)置于烧杯中,加水约 150 ml,加热使之溶解;将 30 g 月桂基硫酸钠(化学纯)和 10 ml 乙二醇单乙醚(化学纯)溶于约 700 ml 热水中,合并上述两种溶液,再将 4.56 g 无水磷酸氢二钠溶于 150 ml 热水中,再并入上述溶液中,用磷酸调节上述混合液至 pH 值 6.9~7.1,最后加水至 1000 ml。

磷酸盐缓冲液:由 38.7 ml 0.1 mol/L 磷酸氢二钠和 61.3 ml 0.1 mol/L 磷酸二氢钠混合而成,pH 值为 7。

2.5‰ α-淀粉酶溶液:称取 2.5 g α-淀粉酶溶于 100 ml、pH=7 的磷酸盐缓冲溶液中,离心、过滤,滤过的酶液备用。

耐热玻璃棉(耐热 130 ℃,美国 Corning 玻璃厂出品,PYREX 牌。其他品牌也可,要求耐热并不易折断的玻璃棉)。

(4)样品的采集和处理

粮食:样品用水洗 3 次,置 60 ℃烘箱中烘干,磨粉,过 20~30 目筛(1 mm),储存于塑料瓶内,放一小包樟脑精,盖紧瓶塞保存,备用。

蔬菜及其他植物性食物:取其可食部分,用水冲洗 3 次后,用纱布吸去水滴,切碎,取混合均匀的样品于 60 ℃烘干,称量,磨粉,过 20~30 目筛,备用。

(5)测定步骤

取样 1 g,置高型无嘴烧杯中,如样品脂肪含量超过 10%,需先去除脂肪。用石油醚(30~60 ℃)提取 3 次,每次 10 ml。加 100 ml 中性洗涤剂溶液,再加 0.5 g 无水亚硫酸钠。电炉加热,5~10 min 内使其煮沸,移至电热板上,保持微沸 1 h。于耐酸玻璃滤器中,铺 1~3 g 玻璃棉,移至烘箱内,110 ℃ 4 h,取出置干燥器中,冷至室温,称量,得 m_1(精确至小数点后 4 位)。

将煮沸后样品趁热倒入滤器,用水泵抽滤。用 500 ml 热水(90~100 ℃),分数次洗烧杯及滤器,抽滤至干。洗净滤器下部的液体和泡沫,塞上橡皮塞。于滤器中加酶液,液面需覆盖纤维,用细针挤压掉其中的气泡,加数滴甲苯,上盖表玻皿,37 ℃ 恒温箱中过夜。取出滤器,除去底部塞子,抽去酶液,并用 300 ml 热水分数次洗去残留酶液,用碘液检查是否有淀粉残留,如有残留,继续加酶水解,如淀粉已除尽,抽干,再用丙酮洗 2 次。将滤器置烘箱中,110 ℃ 4 h,取出,置干燥器中,冷至室温,称量,得 m_2(精确至小数点后 4 位)。

(6)计算

$$X = \frac{m_2 - m_1}{m} \times 100$$

式中:X——样品中不溶性膳食纤维的含量,%;

m_1——滤器加玻璃棉的质量,g;

m_2——滤器加玻璃棉及样品中纤维的质量,g;

m——样品的质量,g。

任务六 食品中蛋白质和氨基酸的测定

1. 概述

蛋白质是生命的物质基础,是构成生物体细胞组织的重要成分,一切有生命的东西都含有不同类型的蛋白质。人及动物从食品中得到蛋白质及其分解产物,来构成自身的蛋白质。蛋白质是人体重要的营养物质,也是食品中重要的营养指标。各种不同的食品中蛋白质的含量各不相同,一般来说,动物性食品的蛋白质含量高于植物性食品,测定食品中蛋白质的含量,对于评价食品的营养价值,合理开发利用食品资源,指导生产、优化食品配方,提高产品质量都具有重要的意义。

蛋白质是复杂的含氮有机化合物,分子质量很大,主要化学元素为碳、氢、氧、氮,在某些蛋白质中还含有磷、硫、铜、铁、碘等元素,由于食物中另外两种重要的营养素——碳水化合物、脂肪中只含有碳、氢、氧,不含有氮,所以含氮是蛋白质区别于其他有机化合物的主要标志。不同的蛋白质中氨基酸的构成比例及方式不同,故不同的蛋白含氮量也不同。一般蛋白质含氮量为 16%,即 1 份氮相当于 6.25 份蛋白质,此数值称为蛋白质系数,不同种类食品的蛋白质系数有所不同,如:玉米、荞麦、青豆、鸡蛋等为 6.25,花生为 5.46,大米为 5.95,大豆及其制品为 5.71,小麦粉为 5.70,牛乳及其制品为 6.38。蛋白质可以被酶、酸或碱水解,水解的中间产物为肽等,最终产物为氨基酸。氨基酸是构成蛋白质的最基本物质。

测定蛋白质的方法可分为两大类:一类是利用蛋白质的共性,即用含氮量、肽键和折射率等测定蛋白质含量,另一类是利用蛋白质中特定氨基酸残基、酸性和碱性基团以及芳香基团等测定蛋白质含量。蛋白质测定最常用的方法是凯氏定氮法,它是测定总有机氮最准确和操作较简便的方法之一,在国内外应用普遍。此外,双缩脲分光光度比色法、染料结合分光光度比色法、酚试剂法等也常用于蛋白质含量测定,由于方法简便快速,多用于生产单位质量控制分析。近年来,国外多采用红外检测仪对蛋白质进行快速定量分析。

鉴于食品中氨基酸成分的复杂性,对食品中氨基酸含量的测定在一般的常规检验中多测定样品中的氨基酸总量,通常采用酸碱滴定法来完成。近年来世界上已出现了多种氨基酸分析仪如近红外反射分析仪,可以快速、准确地测出各种氨基酸含量。

2. 凯氏定氮法

(1) 原理

样品与浓硫酸和催化剂共同加热消化,使蛋白质分解,样品中的有机氮转化为氨,产生的氨与硫酸结合生成硫酸铵,留在消化液中,然后加碱蒸馏使氨游离,用硼酸吸收后,再用盐酸标准溶液滴定,根据酸的消耗量来乘以蛋白质换算系数,即得蛋白质含量。

反应过程分为三个阶段,用反应式表示如下:

① 消化:

$$2NH_3 + H_2SO_4 \xrightarrow{CuSO_4} (NH_4)_2SO_4$$

② 蒸馏和吸收:

$$(NH_4)_2SO_4 + 2NaOH \rightarrow 2NH_3 \uparrow + Na_2SO_4 + 2H_2O$$

$$2NH_3 + 4H_3BO_3 \rightarrow (NH_4)_2B_4O_7 + 5H_2O$$

③ 滴定:

$$(NH_4)_2B_4O_7 + 2HCl + 5H_2O \rightarrow 2NH_4Cl + 4H_3BO_3$$

(2) 仪器

凯氏定氮蒸馏装置,如图 5-6 所示。

(3) 试剂

硫酸铜($CuSO_4 \cdot 5H_2O$)。

硫酸钾。

硫酸(密度为 1.8419 g/L)。

硼酸溶液(20 g/L)。

氢氧化钠溶液(400 g/L)。

0.01 mol/L 盐酸标准滴定溶液。

混合指示试剂:0.1% 甲基红乙醇溶液 1 份,与 0.1% 溴甲酚绿乙醇溶液 5 份临用时混合。

(4) 实验步骤

① 样品消化:准确称取 0.2~2 g 固体样品或 2~5 g 半固体样品,或称取 10~20 ml 液体样品(约相当于含氮 30~40 mg),移入干燥的 500 ml 凯氏烧瓶中,加入 0.2 g 硫酸铜、3 g 硫酸钾,稍摇匀后瓶口放一小漏斗,加入 20 ml 浓硫酸,将瓶以 45°角斜支于有小孔的石棉网上,使用万用电炉,在通风橱中加热消化,开始时用低温加热,待内容物全部炭化,泡沫停止后,再升高温度保持微沸,消化至液体呈蓝绿色澄清透明后,继续加热 0.5 h,取下放冷,小心加 20 ml 水,放冷后,无损地转移到 100 ml 容量瓶中,加水定容至刻度,混匀备用,即为消

情境五 食品一般成分的测定

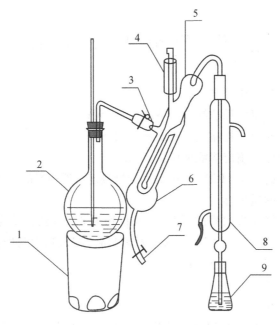

图 5-6 凯氏定氮蒸馏装置
1—电炉；2—水蒸气发生器(2 L平底烧瓶)；3—螺旋夹a；4—小漏斗及棒状玻璃塞(样品入口处)；
5—反应室；6—反应室外层；7—橡皮管及螺旋夹b；8—冷凝管；9—蒸馏液接收瓶

化液。

试剂空白实验：取与样品消化相同的硫酸铜、硫酸钾、浓硫酸，按以上同样方法进行消化，冷却，加水定容至 100 ml，得试剂空白消化液。

②定氮装置的检查与洗涤：检查定氮装置是否装好。在蒸气发生瓶内装水约三分之二，加甲基红指示剂数滴及数毫升硫酸，以保持水呈酸性，加入数粒玻璃珠（或沸石）以防止暴沸。

测定前定氮装置如下法洗涤 2~3 次：从样品进口加水适量（约占反应管三分之一体积）通入蒸汽煮沸，产生的蒸汽冲洗冷凝管，数分钟后关闭螺旋夹 a，使反应管中的废液倒吸流到反应室外层，打开螺旋夹 b 由橡皮管排出，如此数次，即可使用。

③碱化蒸馏：量取硼酸试剂 10 ml 于三角瓶中，加入混合指示剂 1~2 滴，并使冷凝管的下端插入硼酸液面下，在螺旋夹 a 关闭，螺旋夹 b 开启的状态下，准确吸取 10 ml 样品消化液，由小漏斗流入反应室，并以 10 ml 蒸馏水洗涤进样口流入反应室，棒状玻璃塞塞紧。取 10 ml 氢氧化钠溶液倒入小玻璃杯，提起玻璃塞使其缓缓流入反应室，用少量水冲洗并立即将玻璃塞盖严，并加水于小玻璃杯以防漏气，开启螺旋夹 a，关闭螺旋夹 b，开始蒸馏。通入蒸汽蒸腾 10 min 后，移动接收瓶，液面离开凝管下端，再蒸馏 2 min。然后用少量水冲洗冷凝管下端外部，取下三角瓶，准备滴定。

同时吸取 10 ml 试剂空白消化液按上法蒸馏操作。

④样品滴定：馏出液立即用以 0.01 mol/L 盐酸标准溶液滴定至灰色或紫红色为终点。

(5)结果计算

$$X = \frac{(V_1 - V_2) \times c \times 0.0140}{\frac{m}{100} \times 10} \times F \times 100$$

式中：　　X——样品蛋白质含量,g/100 g；

　　　　　V_1——样品滴定消耗盐酸标准溶液体积,ml；

　　　　　V_2——空白滴定消耗盐酸标准溶液体积,ml；

　　　　　c——盐酸标准滴定溶液浓度,mol/L；

　　0.0140——1 ml 盐酸[$c(HCl)$=1 mol/L]标准滴定溶液相当的氮的质量,g；

　　　　　m——样品的质量,g；

　　　　　F——氮换算为蛋白质的系数,一般食物为 6.25；乳制品为 6.38；面粉为 5.70；高粱为 6.24,花生为 5.46,大米为 5.95,大豆及其制品为 5.71,肉与肉制品为 6.25,大麦、小米、燕麦、裸麦为 5.83,芝麻、向日葵为 5.30。

计算结果保留三位有效数字。

(6)注意事项及说明

①本法也适用于半固体试样以及液体样品检测。半固体试样一般取样范围为 2～5 g；液体样品取样 10～25 ml(约相当氮 30～40 mg)。若检测液体样品,结果以 g/100 ml 表示。

②消化时,若样品含糖高或含脂肪较多时,注意控制加热温度,以免大量泡沫喷出凯氏烧瓶,造成样品损失。可加入少量辛醇或液体石蜡或硅消泡剂减少泡沫产生。

③消化时应注意旋转凯氏烧瓶,将附在瓶壁上的碳粒冲下,对样品彻底消化。若样品不易消化至澄清透明,可将凯氏烧瓶中溶液冷却,加入数滴过氧化氢后,再继续加热消化至完全。

④硼酸吸收液的温度不应超过 40 ℃,否则氨吸收减弱,造成检测结果偏低。可把接收瓶置于冷水浴中。

⑤在重复性条件下获得两次独立测定结果的绝对差值不得超过算术平均值的 10%。

3. 蛋白质的快速测定法——双缩脲分光光度法

(1)原理

双缩脲($NH_2CONHCONH_2$)是两个分子脲经 180 ℃左右加热,放出一个分子氨后得到的产物。在强碱性溶液中,双缩脲与 $CuSO_4$ 形成紫色络合物,称为双缩脲反应。凡具有两个酰胺基或两个直接连接的肽键,或能通过一个中间碳原子相连的肽键,这类化合物都有双缩脲反应。

紫色络合物颜色的深浅与蛋白质浓度成正比,而与蛋白质分子量及氨基酸成分无关,故可用来测定蛋白质含量,该络合物的最大吸收波长为 560 nm。

本法灵敏度较低,但操作简单快速,故在生物化学领域中测定蛋白质含量时常用此法。本法也适用于豆类、油料、米谷等作物种子及肉类等样品测定。

(2)仪器

可见光分光光度计,离心机(4000 r/min)。

(3)试剂

①碱性硫酸铜溶液。将 10 mol/L 氢氧化钾溶液 10 ml 和 20 ml 250 g/L 酒石酸钾钠溶

液加到 930 ml 蒸馏水中,剧烈搅拌,同时慢慢加入 40 ml 40 g/L 的硫酸铜溶液,混匀,备用。

②四氯化碳。

(4)操作

①标准曲线的绘制。以预先用凯氏定氮法测出其蛋白质含量的样品作为蛋白质标样,根据其纯度,按蛋白质含量 40 mg,50 mg,60 mg,70 mg,80 mg,90 mg,100 mg,110 mg 分别称取混合均匀的标样于 8 支 50 ml 纳氏比色管中,各加入 1 ml 四氯化碳,用碱性硫酸铜溶液定容,振荡 10 min 后静置 1 h。取上层清液离心 5 min,离心分离后的透明液移入比色皿中,在 560 nm 波长下,以蒸馏水作参比,测定吸光度。

以蛋白质含量为横坐标,吸光度为纵坐标绘制标准曲线。

②样品测定。准确称取适量样品(蛋白质含量 40~110 mg)于 50 ml 纳氏比色管中,按上述步骤显色后测定其吸光度。由标准曲线查得样品的蛋白质毫克数。

(5)计算

$$蛋白质含量[mg \cdot (100 g)^{-1}] = \frac{m_0 \times 100}{m}$$

式中:m_0——由标准曲线查得的蛋白质的质量,mg;

m——样品的质量,g。

(6)说明及注意事项

①有大量脂类物质共存时,会产生浑浊的反应混合物,可用乙醚或石油醚脱脂后测定。

②在配制试剂中加入硫酸铜溶液时必须剧烈搅拌,否则会生成氢氧化铜沉淀。

③蛋白质种类不同,对发色影响不大。

④当样品中含有脯氨酸时,若有多种糖类共存,则显色不好,测定结果偏低。

4. 氨基态氮的测定

氨基酸含量一直是某些发酵产品如调味品的质量指标,也是目前许多保健品的质量指标之一。其含氮量可直接测定,不同于蛋白质的氮,故称氨基酸态氮。

双指示剂甲醛滴定法适用于以粮食和豆饼、麸皮为原料发酵生成的酱和酱油的测定。

(1)原理

氨基酸含有酸性的—COOH 和碱性的—NH_2,它们互相作用使氨基酸成为中性的内盐。当加入甲醛溶液时,氨基与甲醛作用其碱性消失,使羧基显示出酸性。用氢氧化钠标准溶液滴定,以酸度计测定终点。—COOH 被完全中和时,pH 值约为 8.5~9.5。

(2)仪器

①酸度计:直接读数,测量范围 pH 0~14,精度±0.1。

②磁力搅拌器。

③玻璃电极和甘汞电极。

④10 ml 微量滴定管。

(3)试剂

①0.1 mol/L 氢氧化钠标准溶液。

②0.05 mol/L 氢氧化钠标准滴定溶液:用 0.1 mol/L 的氢氧化钠标准溶液当天稀释。

③中性甲醛溶液:量取 200 ml 甲醛溶液于 400 ml 烧杯中,置于电磁搅拌器上,边搅拌边用 0.05 mol/L 氢氧化钠溶液调至 pH 值为 8.1。

④30%过氧化氢。
⑤pH6.8缓冲溶液。

(4)操作方法

固体样品：

准确称取均匀样品 0.5 g，加水 50 ml，充分搅拌，移入 100 ml 容量瓶中，加水至刻度，摇匀。用干滤纸过滤，弃去初滤液。

液体样品：

准确吸取 5 ml，置于 100 ml 容量瓶中，加水至刻度，混匀。

吸取 20 ml 上述样品稀释于 200 ml 烧杯中，加水 60 ml，开动磁力搅拌器，用 0.05 mol/L 氢氧化钠标准溶液滴定至酸度计指示 pH=8.2（记下消耗氢氧化钠溶液的毫升数，可用于计算总酸含量）。

加入 10 ml 甲醛溶液，混匀。再用 0.05 mol/L 氢氧化钠标准溶液继续滴定至 pH=9.2，记录消耗标准溶液的体积（V_1）。

取 80 ml 水，在同样条件下做试剂空白试验，记录消耗标准溶液的体积（V_0）。

(5)计算

$$X = \frac{(V_1 - V_0) \times c \times 0.014}{5 \times (V/100)} \times 100$$

式中：X——样品中氨基酸态氮的质量分数，%；

　　　V_0——空白试验中消耗标准溶液的体积，ml；

　　　V_1——滴定至 pH=9.2 时消耗标准溶液的体积；ml；

　　　V——测定时吸取样品稀释液体积，ml；

　　　c——氢氧化钠标准溶液浓度，mol/L。

(6)说明及注意事项

①加入甲醛后应立即滴定，不宜放置时间过长，以免甲醛缩合，影响测定结果。

②样品中若含有铵盐，由于铵离子也能与甲醛作用，并使测定结果偏高。

5. 挥发性盐基氮的测定

挥发性盐基氮是指动物性食品由于酶和细菌的作用，在腐败过程中，因蛋白质分解而产生的氨及胺类等碱性含氮物质。挥发性盐基氮是评价肉及肉制品、水产品等鲜度的主要卫生指标。挥发性盐基氮可采用半微量定氮法测定。

(1)原理

挥发性盐基氮在测定时遇弱碱氧化镁即被游离而蒸馏出来，馏出的氨被硼酸吸收后生成硼酸铵，使吸收液变为碱性，混合指示剂由紫色变为绿色。

$$2NH_3 + 4H_3BO_3 \longrightarrow (NH_4)_2B_4O_7 + 5H_2O$$
　　　　　紫色　　　　　　　　绿色

然后用盐酸标准溶液滴定，溶液再由绿色返至紫色即为终点。根据标准溶液的消耗量即可计算出样品中挥发性盐基氮的含量。

(2)仪器

①微量凯氏定氮蒸馏装置。

②微量滴定管。

(3) 试剂

①MgO混悬液(10 g/L):称取1 g MgO,加100 ml水,振荡成混悬液。

②硼酸吸收液(20 g/L)。

③混合指示剂:临用前将2 g/L甲基红乙醇溶液和1 g/L次甲基蓝水溶液等体积混合。

④0.01 mol/L盐酸标准溶液。

(4) 操作方法

将除去脂肪、骨、腱后的样品切碎搅匀,称取10 g置于锥形瓶中,加100 ml水,不时振摇,浸渍30 min。过滤,滤液置于冰箱中备用。

将盛有10 ml硼酸吸收液并加有5～6滴混合指示剂的锥形瓶置于冷凝管下端,并使其下端插入吸收液的液面下,吸取5 ml上述样品滤液于蒸馏器的反应室内,加MgO悬浊液5 ml,迅速盖塞,并加水以防漏气。通入蒸汽进行蒸馏,由冷凝管出现冷凝水时开始计时,蒸馏5 min。

取下吸收瓶,用少量水冲洗冷凝管下端,吸收液用0.01 mol/L盐酸标准溶液滴定,同时做试剂空白试验。

(5) 计算

$$X = \frac{(V_1 - V_0)c \times 0.014}{m \times (5/100)} \times 100$$

式中:X——样品中挥发性盐基氮的含量,mg/100 g;

V_1——测定样品溶液消耗盐酸标准溶液的体积,ml;

V_0——试剂空白消耗盐酸标准溶液的体积,ml;

c——盐酸标准溶液的浓度,mol/L;

m——样品质量,g。

(6) 说明及注意事项

①滴定终点的观察,应注意空白试验与样品色调一致。

②每个样品测定之间要用蒸馏水洗涤仪器2～3次。

③空白试验稳定后才能正式测定样品。

任务七 食品中维生素的测定

1. 概述

维生素是维持人体正常生理功能必需的一类天然有机化合物,其种类很多,目前已经确认的有30多种,其中被认为对维持人体健康和促进发育至关重要的有20余种,维生素对人体的主要功用是通过作为辅酶的成分调节代谢,需要量极少,但绝对不可缺少,维生素一般在人体内不能合成或合成数量较少,不能充分满足机体需要,必须经常由食物来供给。

维生素可分为脂溶性维生素和水溶性维生素,脂溶性维生素有维生素A、维生素D、维生素E、维生素K等,水溶性维生素有维生素B和维生素C等。

维生素检验的方法主要有化学分析法及仪器分析法。仪器分析法中紫外分光光度法、荧光法是多种维生素的标准分析方法,该方法灵敏、快速,有较好的选择性。另外,各种色谱法以其独特的高分离效能,在维生素分析方面占有越来越重要的地位。化学分析法中的比色法、滴定法,具有简便、快速、不需特殊仪器等优点,正为广大基层实验室所普遍采用。

2. 维生素 A 的测定

维生素 A 是由 β-紫外酮环与不饱和一元醇所组成的一类化合物及其衍生物的总称,包括维生素 A1 和维生素 A2。维生素 A1 即视黄醇,它有多种异构体;维生素 A2 即 3-脱氢视黄醇,是视黄醇衍生物之一,它也有多种异构体。其化学结构式如下:

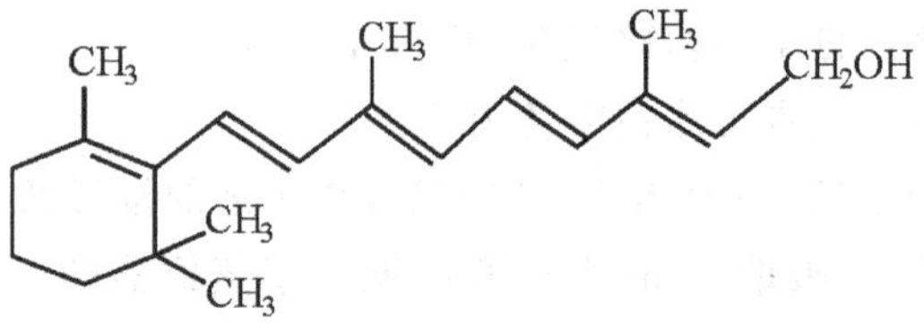

维生素 A1(视黄醇)

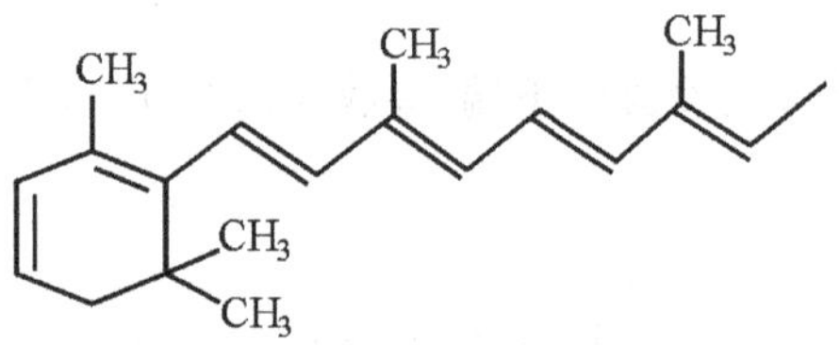

维生素 A2(3-脱氢视黄醇)

维生素 A1 还有许多衍生物,包括视黄醛(维生素 A1 末端的—CH_2OH 氧化成—CHO)、视黄酸(—CHO 进一步被氧化成—COOH)、3-脱氢视黄醛、3-脱氢视黄酸及其各类异构体,它们也都具有维生素 A 的作用,总称为类视黄醇。

维生素 A 的测定方法有三氯化锑光度法、紫外分光光度法、荧光法、气相色谱法和高效液相色谱法等。这里主要介绍三氯化锑光度法。

(1)原理

在氯仿溶液中,维生素 A 可与三氯化锑生成不稳定的蓝色可溶性络合物。蓝色溶液在 620 nm 处有一吸收高峰。蓝色的深浅与维生素 A 的含量成正比。利用比色法可测知样品维生素 A 含量。由于所生成的蓝色物质不稳定,因而必须在 6 s 内比色完毕。

三氯化锑遇微量水即可形成氢氧化锑,不再与维生素 A 起反应,因此本实验中所使用的仪器及试剂必须绝对干燥。为了吸收可能混入反应液中的微量水分,可向反应液中加 1~2 滴醋酸酐。

(2)仪器

①分光光度计。
②索氏抽提器。
③恒温水浴箱。
④匀浆器。
⑤球型冷凝器(磨口,300 mm)。
⑥分液漏斗(250 mm)。

(3)试剂

①无水乙醇(分析纯):需经脱醛处理。方法:2 g 硝酸银溶于少量蒸馏水中,4 g 氢氧化

钠溶于温乙醇中,将二者倾入 1000 ml 乙醇中,摇匀,静置 1~2 天,取上层乙醇蒸馏。最初 50 ml 馏分弃去。收集的馏分应做含醛检查:取 2 ml 氧化银氨溶液(加浓氨水于 50% 硝酸银溶液中,直至沉淀全部溶解;加数滴 10% 氢氧化钠溶液,如又有沉淀,应再加氨水使其溶解),加几滴蒸出的乙醇,摇匀,加少量 10% 氢氧化钠溶液,加热,如没有银色沉淀表示没有醛,否则将发生银镜反应。

②乙醚(分析纯):不得含有过氧化物,以免维生素 A 被破坏。过氧化物检验方法:取 5 ml 乙醚,加 1 ml 50% 碘化钾溶液,振荡 1 min,如水层呈黄色或加 1 滴淀粉溶液后显蓝色,则证明乙醚中含过氧化物,必须重新蒸馏,直至无过氧化物。

③氯仿(分析纯):氯仿分解产物可破坏维生素 A,检查的方法:在试管中加少量氯仿和水,振荡,加几滴硝酸银溶液,如水层出现白色沉淀,说明氯仿中有分解产物。这时,可在分液漏斗中加水洗涤氯仿数次,再加无水硫酸钠脱水蒸馏。

④250 g/L 三氯化锑-三氯甲烷溶液:用三氯甲烷配制 250 g/L 三氯化锑-三氯甲烷溶液,储于棕色瓶中(注意防潮)。

⑤维生素 A 标准液:取维生素 A 乙酸酯 0.115 g,溶于 100 ml 氯仿中。此溶液为 1 mg/ml 维生素 A 标准液,使用时将其稀释为 1 μg/ml 维生素 A 的操作液。

⑥酚酞指示剂(10 g/L)。

⑦氢氧化钾溶液(1+1):50 g 氢氧化钾溶于 50 ml 水中。

⑧浓氨水(25%~28%,分析纯)。

⑨无水硫酸钠(分析纯)。

(4)操作方法

①样品处理:根据样品性质,可采用皂化法或研磨法。

a. 皂化法:

适用于维生素 A 含量不高的样品,可减少脂溶性物质的干扰,但全部试验过程费时,且易导致维生素 A 损失。

皂化:根据样品中维生素 A 含量的不同,称取 0.5~5 g 样品于锥形瓶中,加入 20~40 ml 无水乙醇及 10 ml 氢氧化钾溶液,于电热板上回流 30 min 至皂化完全为止。

提取:将皂化瓶内混合物移至分液漏斗中,以 30 ml 水洗皂化瓶,洗液并入分液漏斗。如有渣子,可用脱脂棉漏斗滤入分液漏斗内。用 50 ml 乙醚分二次洗皂化瓶,洗液并入分液漏斗中。振摇并注意放气,静置分层后,水层放入第二个分液漏斗内。皂化瓶再用约 30 ml 乙醚分二次冲洗,洗液倾入第二个分液漏斗中。振摇后,静置分层,水层放入三角瓶中,醚层与第一个分液漏斗合并。重复至水液中无维生素 A 为止。

洗涤:用约 30 ml 水加入第一个分液漏斗中,轻轻振摇,静置片刻后,放去水层。加 15~20 ml 0.5 mol/L 氢氧化钾溶液于分液漏斗中,轻轻振摇后,弃去下层碱液,除去醚溶性酸皂。继续用水洗涤,每次用水约 30 ml,直至洗涤液与酚酞指示剂呈无色为止(大约洗涤 3 次)。醚层液静置 10~20 min,小心放出析出的水。

浓缩:将醚层液经过无水硫酸钠滤入三角瓶中,再用约 25 ml 乙醚冲洗分液漏斗和硫酸钠两次,洗液并入三角瓶内。置水浴上蒸馏,回收乙醚。待瓶中剩约 5 ml 乙醚时取下,用减压抽气法至干,立即加入一定量的三氯甲烷使溶液中维生素 A 含量在适宜浓度范围内。

b. 研磨法：

适用于每克样品维生素 A 含量大于 5～10 μg 样品的测定,如肝样品的分析。步骤简单,省时,结果准确。

研磨：精确称 2～5 g 样品,放入盛有 3～5 倍样品质量的无水硫酸钠研钵中,研磨至样品中水分完全被吸收,并均质化。

提取：小心地将全部均质化样品移入带盖的三角瓶内,准确加入 50～100 ml 乙醚。压紧盖子,用力振摇 2 min,使样品中维生素 A 溶于乙醚中。使其自行澄清（大约需 1～2 h）,或离心澄清（因乙醚易挥发,气温高时应在冷水浴中操作。装乙醚的试剂瓶也应事先置于冷水浴中）。

浓缩：取澄清的乙醚提取液 2～5 ml,放入比色管中,在 70～80 ℃水浴上抽气蒸干。立即加入 1 ml 三氯甲烷溶解残渣。

② 测定：

a. 标准曲线的绘制：准确取一定量的维生素 A 标准液于 4～5 个容量瓶中,以三氯甲烷配制标准系列使用液。再取相同数量比色管顺次取 1 ml 三氯甲烷和标准系列使用液 1 ml,各管加入乙酸酐 1 滴,制成标准比色列。于 620 nm 波长处,以三氯甲烷调节吸光度至零点,将其标准比色列按顺序移入光路前,迅速加入 9 ml 三氯化锑-三氯甲烷溶液。于 6 s 内测定吸光度,以吸光度为纵坐标,以维生素 A 含量为横坐标绘制标准曲线图。

b. 样品测定：于一比色管中加入 10 ml 三氯甲烷,加入 1 滴乙酸酐为空白液。另一比色管中加入 1 ml 三氯甲烷,其余比色管中分别加入 1 ml 样品溶液及 1 滴乙酸酐。其余步骤同标准曲线的绘制。

（5）计算

$$X = \frac{c}{m} \times V \times \frac{100}{1000}$$

式中： X ——样品中维生素 A 的含量,mg/100 g（如按国际单位,每 1 国际单位 = 0.3 μg 维生素 A）;

c ——由标准曲线上查得样品中含维生素 A 的含量,μg/ml;

m ——样品质量,g;

V ——提取后加三氯甲烷定量的体积,ml;

100 ——以每百克样品计。

（6）说明及注意事项

① 本法为国家标准方法,适用于食品维生素 A 的测定。

② 乙醚为溶剂的萃取体系,易发生乳化现象。在提取前,洗涤操作中,不要用力过猛,若发生乳化,可加几滴乙醇消除乳化。

③ 由于三氯化锑与维生素 A 所产生的蓝色物质很不稳定,通常 6 s 后便开始褪色,因此要求反应在比色皿中进行,产生蓝色物质后立即读取吸光度值。

④ 如果样品中含 β-胡萝卜素干扰测定,可将浓缩蒸干的样品用正己烷溶解,以氧化铝为吸附剂,丙酮-己烷混合液为洗脱剂进行柱层析。

⑤ 三氯化锑腐蚀性强,不能沾在手上,三氯化锑遇水生成白色沉淀,因此用过的仪器要先用稀盐酸浸泡后再进行清洗。

3. 维生素 D 的测定

维生素 D 为固醇类衍生物,具有抗佝偻病作用,又称抗佝偻病维生素。维生素 D 中最重要的是 D2 和 D3。维生素 D 均为不同的维生素 D 原经紫外线照射后的衍生物。植物不含维生素 D,但维生素 D 原在动、植物体内都存在。植物中的麦角醇为维生素 D2 原,经紫外线照射后可转变为维生素 D2,又名麦角钙化醇;人和动物皮下含的 7-脱氢胆固醇为维生素 D3 原,在紫外线照射后转变成维生素 D3,又名胆钙化醇。

维生素 D 的主要功能是调节体内钙、磷代谢,维持血钙和血磷的水平,从而维持牙齿和骨骼的正常生长和发育。儿童缺乏维生素 D,易发生佝偻病,过多服用维生素 D 则会引起急性中毒。

本方法适用于婴幼儿配方食品和乳粉中维生素 D 的测定;也适用于食品及饲料中的维生素 D 含量的测定。

(1)原理

样品中脂溶性维生素在皂化过程中与脂肪分离,以石油醚萃取后,用正相色谱柱提取富集,用反相色谱柱、紫外线检测器定量测定。

(2)主要仪器

①高压液相色谱仪,具有可变波长的紫外线检测器,数据处理系统或记录仪。

②旋转蒸发器。

③平底烧瓶:250 ml。

④分液漏斗:500 ml。

(3)试剂

所有试剂,如未注明规格,均指分析纯,所有实验用水均指蒸馏水。

①异丙醇:色谱纯。

②2%焦性没食子酸乙醇溶液:取 2 g 焦性没食子酸溶于 100 ml 无水乙醇中。

③75%氢氧化钾溶液:取 75 g 氢氧化钾溶于 100 ml 水中。

④石油醚:沸程 30～60 ℃。

⑤甲醇:色谱纯。

⑥正己烷:色谱纯。

⑦环己烷:色谱纯。

⑧维生素 D 标准溶液:

维生素 D2 标准溶液:含维生素 D2 100 mg/ml 的甲醇溶液。称取 10 mg 的维生素 D2,用甲醇定容于 100 ml 容量瓶中。

维生素 D3 标准溶液:含维生素 D3 100 mg/ml 的甲醇溶液。称取 10 mg 的维生素 D3,用甲醇定容于 100 ml 容量瓶中。

(4)操作步骤

①样品处理:准确称取 10 g 样品,于 250 ml 平底烧瓶中,加 30 ml 蒸馏水。

②测定液的制备:于上述样品溶液中加入 100 ml 的 2%焦性没食子酸乙醇溶液,充分混匀后加 50 ml 75%氢氧化钾溶液,在蒸汽浴上连续回流 30 min 后,立刻冷却到室温。

将皂化液转入 500 ml 分液漏斗中,用 100 ml 蒸馏水分几次冲洗平底烧瓶。洗涤液并入分液漏斗中。

于上述分液漏斗中,加入 100 ml 石油醚,盖好瓶塞,倒置分液漏斗并剧烈振摇 1 min。在振摇过程中,注意释放瓶内压力。静置分层,将水层放入另一 500 ml 分液漏斗中,重复上述萃取过程 2 次,合并醚液到第一个分液漏斗中。用蒸馏水洗该醚液至中性,通过无水硫酸钠过滤干燥,在 40 ℃ 和氮气流下,于旋转蒸发器上蒸至近干(绝不允许蒸干)后,用石油醚转移至 10 ml 容量瓶中,定容。

从上述容量瓶中取 7 ml 放入试管中,用氮气将石油醚吹干,于试管中加 1 ml 正己烷。

③测定液的制备:

a. 仪器条件:

色谱柱:3 mm×40 cm,硅胶柱。

流动相:正己烷与环己烷按体积比 1:1 混合,并按体积分数 0.8% 加入异丙醇。

流速:1 ml/min。

波长:265 nm。

柱温:20 ℃。

灵敏度:0.005AU/MV。

注射体积:200 ml。

b. 注射 50 ml 维生素 D 标准溶液和 200 ml 样品溶液,根据维生素 D 标样保留时间收集维生素 D 于试管中,将试管用氮气吹干,准确加入 0.2 ml 甲醇溶液。

④测定步骤:

a. 仪器条件:

色谱柱:4.6 mm×25 cm,C18 或具同等性能的色谱柱。

流动相:甲醇。

流速:1 ml/min。

波长:265 nm。

柱温:20 ℃。

灵敏度:0.005AU/MV。

注射体积:50 ml。

b. 注射 50 ml 维生素 D 标准溶液和 50 ml 样品溶液,得到标样和样品溶液中维生素 D 的峰面积或峰高。

(5)计算

$$X = \frac{\rho_s \times 10/7 \times 40 \times 100}{m}$$

$$\rho_s = \frac{A_s}{A_{sd}} \times \rho_{sd}$$

式中:X ——样品中维生素 D 的含量,mg/100 g;

m ——样品质量,g;

ρ_s ——进样液中维生素 D 的浓度,mg/ml;

A_s ——进样液中维生素 D 的峰高(或峰面积);

A_{sd}——标样液中维生素 D 的峰高(或峰面积);

ρ_{sd}——标样液中维生素 D 的浓度,mg/ml。

4. 维生素 E 的测定

维生素 E 又称生育酚,属于酚类化合物。目前已经确认的有八种异构体:α-生育酚、β-生育酚、γ-生育酚、δ-生育酚和 α-三烯生育酚、β-三烯生育酚、γ-三烯生育酚和 δ-三烯生育酚。维生素 E 广泛分布于动植物食品中,含量较多的为麦胚油、棉籽油、玉米油、花生油、芝麻油和大豆油等植物油料。此外,肉、鱼、禽、蛋、乳、豆类、水果以及绿色蔬菜中也含有维生素 E。

食品中维生素 E 的测定方法有分光光度法、荧光法、气相色谱法和高效液相色谱法。分光光度法操作简单,灵敏度较高,但对维生素 E 没有特异的反应,需要采取一些方法消除干扰。荧光法特异性强,干扰少、灵敏、快速、简便。高效液相色谱法具有简单、分辨率高等优点,可在短时间完成同系物的分离定量,是目前测定维生素 E 最好的分析方法。这里主要介绍高效液相色谱法。

(1)原理

样品中的维生素 E 及维生素 A 经皂化提取处理后,将其从不可皂化部分提取至有机溶剂中。用高效液相色谱法 C18 反相液相色谱柱将维生素 E 和维生素 A 分离,经紫外线检测器检测,并用内标法定量测定。最小检出量分别为 α-生育酚:91.8 μg;γ-生育酚:36.6 μg;δ-生育酚:20.6 μg;维生素 A:0.8 μg。

(2)试剂

实验用水为蒸馏水。试剂不加说明为分析纯。

①无水乙醚:不得含有过氧化物及醛类物质。

②无水硫酸钠。

③甲醇:重蒸后使用。

④重蒸水:水中加少量高锰酸钾,临用前蒸馏。

⑤抗坏血酸溶液:100 g/L,临用前配制。

⑥氢氧化钾溶液:1+1。

⑦氢氧化钠溶液:100 g/L。

⑧硝酸银溶液:50 g/L。

⑨银氨溶液:加氨水至 50 g/L 硝酸银溶液中,直至生成的沉淀重新溶解为止,再加 100 g/L 氢氧化钠溶液数滴,如发生沉淀,再加氨水直至溶解。

⑩维生素 A 标准溶液:视黄醇(纯度 85%)或视黄醇乙酸酯(纯度 90%)经皂化处理后使用。用脱醛乙醇溶解维生素 A 标准样品,使其浓度大约为 1 ml 相当于 1 mg 视黄醇。临用前用紫外分光光度法标定其准确浓度。

⑪维生素 E 标准溶液:α-生育酚(纯度 95%),γ-生育酚(纯度 95%),δ-生育酚(纯度 95%)。用脱醛乙醇分别溶解以上三种维生素 E 标准样品,使其浓度大约为 1 ml 相当于 1 mg。临用前用紫外分光光度法分别标定此三种维生素 E 的准确浓度。

⑫内标溶液:称取苯并[e]芘(纯度 98%),用脱醛乙醇配制成每 1 ml 相当于 10 μg 苯并[e]芘的内标溶液。

⑬pH 试纸。

(3)仪器和设备

①高效液相色谱仪带紫外分光检测器。

②旋转蒸发器。

③高速离心机;小离心管:具塑料盖 1.5～3 ml 塑料离心管(与高速离心机配套)。

④高纯氮气。

⑤恒温水浴锅。

(4)操作步骤

①样品处理:

a. 皂化:称取 1～10 g 样品(含维生素 A 约 3 μg,维生素 E 各异构体约为 40 μg)于皂化瓶中,加 30 ml 无水乙醇,进行搅拌,直到颗粒物分散均匀为止。加 5 ml 10%抗坏血酸,苯并[e]芘标准溶液 2 ml,混匀。加 10 ml 1:1 氢氧化钾溶液,混匀。于沸水浴上回流 30 min 使皂化完全。皂化后立即放入冰水中冷却。

b. 提取:将皂化后的样品移入分液漏斗中,用 50 ml 水分 2～3 次洗皂化瓶,洗液并入分液漏斗中。用约 100 ml 乙醚分两次洗皂化瓶及其残渣,乙醚液并入分液漏斗中。如有残渣,可将此液通过有少许脱脂棉的漏斗滤入分液漏斗。轻轻振摇分液漏斗 2 min,静置分层,弃去水层。

c. 洗涤:用约 50 ml 水洗分液漏斗中的乙醚层,用 pH 试纸检验直至水层不显碱性(最初水洗应轻摇,逐次振摇强度可增加)。

d. 浓缩:将乙醚提取液经过无水硫酸钠(约 5 g)滤入与旋转蒸发器配套的 250～300 ml 球形蒸发瓶内,用约 100 ml 乙醚冲洗分液漏斗及无水硫酸钠 3 次,洗液并入蒸发瓶内,并将其接至旋转蒸发器上,于 55 ℃水浴中减压蒸馏并回收乙醚,待瓶中剩下约 2 ml 乙醚时,取下蒸发瓶,立即用氮气吹掉乙醚。立即加入 2 ml 乙醇,充分混合,溶解提取物。

e. 将乙醇溶液移入塑料离心管中,离心 5 min(5000 r/min)。上清液供色谱分析。如果样品中维生素含量过少,可用氮气将乙醇溶液吹干后,再用乙醇重新定容。并记下体积比。

②标准曲线的绘制:

a. 维生素 A 和维生素 E 标准浓度的标定方法:取维生素 A 和各维生素 E 标准溶液若干微升,分别稀释于 3 ml 乙醇中,并分别按给定波长测定各维生素的吸光值。用比吸光系数计算出该维生素的浓度。测定条件如表 5-4 所示。

表 5-4 液相色谱的测定条件

标准	加入标准溶液的量/μL	比吸光系数 $E_{cm}^{1\%}$	波长/nm
视黄醇	10	1835	325
γ-生育酚	100	71	294
δ-生育酚	100	92.8	298
α-生育酚	100	91.2	298

浓度计算：

$$X_1 = \frac{\overline{A}}{E} \times \frac{1}{100} \times \frac{3}{S \times 10^{-3}}$$

式中： X_1 ——维生素的浓度，g/ml；

$\overline{A}$ ——维生素的平均紫外吸光值；

E ——某种维生素 1‰ 比吸光系数；

$\dfrac{3}{S \times 10^{-3}}$ ——标准溶液稀释倍数。

b. 标准曲线的绘制：本方法采用内标法定量。把一定量的维生素 A、α-生育酚、β-生育酚、δ-生育酚及内标苯并[e]芘溶液混合均匀。选择合适灵敏度，使上述物质的各峰高约为满量程的 70%，为高浓度点。高浓度的 1/2 为低浓度点（其内标苯并[e]芘的浓度值不变），用此两种浓度的混合标准进行色谱分析，结果见图 5-7。维生素标准曲线绘制是以维生素峰面积与内标物峰面积之比为纵坐标，维生素浓度为横坐标绘制，或计算直线回归方程。如有微型处理机装置，则按仪器说明用二点内标法进行定量。

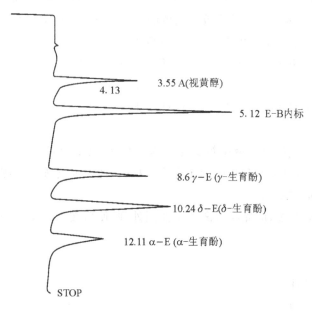

图 5-7　维生素 A 和维生素 E 色谱图

本方法不能将 β-E 和 γ-E 分开，故 γ-E 峰中包含有 β-E 峰。

③高效液相色谱分析：

色谱条件（推荐条件）：

预柱：ultrasphere ODS 10 μm，4 mm×4.5 cm。

分析柱：ultrasphere ODS 5 μm，4.6 mm×25 cm。

流动相：甲醇：水＝98:2，混匀，于临用前脱气。

紫外检测器波长：300 nm，量程 0.02AU。

进样量：20 μL。

流速：1.7 ml/min。

④样品分析:取样品浓缩液 20 μL,待绘制出色谱图及色谱参数后,再进行定性和定量。

a. 定性:用标准物色谱峰的保留时间定性。

b. 定量:根据色谱图求出某种维生素峰面积与内标物峰面积的比值,以此值在标准曲线上查到其含量。或用回归方程求出其含量。

(5)计算

$$X_2 = \frac{c}{m} \times V \times \frac{100}{1000}$$

式中:X_2——某种维生素的含量,mg/100 g;

c——由标准曲线上查到某种维生素的含量,μg/ml;

V——样品浓缩定容体积,ml;

m——样品质量,g。

5. 硫胺素(维生素 B1)的测定

食品中维生素 B1 的定量分析,可利用游离型维生素 B1 与多种重氮盐偶合呈各种不同颜色,进行分光光度测定;也可将游离型维生素 B1 氧化成硫色素,测定其荧光强度。近年来,行业内对利用带荧光检测器的高效液相色谱测定法进行了许多研究,并用于实际样品测定。分光光度法适用于测定维生素 B1 含量较高的食品,如大米、大豆、酵母、膨化食品等;荧光法和高效液相色谱法适用于微量测定。这里主要介绍荧光法。

本方法适用于各类食品中硫胺素的测定,但不适用于有吸附硫胺素能力的物质和含有影响硫胺素荧光物质的样品。本方法的最小检出限为 0.05 μg。

(1)原理

硫胺素在碱性铁氰化钾溶液中被氧化成噻嘧色素,在紫外线照射下,噻嘧色素发出荧光。在给定的条件下,以及没有其他荧光物质干扰时,此荧光之强度与噻嘧色素量成正比,即与溶液中硫胺素量成正比。

如样品中含杂质过多,应先经过离子交换剂处理,使硫胺素与杂质分离,然后以所得溶液进行测定。

(2)仪器

①荧光分光光度计。

②电热恒温培养箱。

③Maizel-Gerson 反应瓶(如图 5-8 所示)。

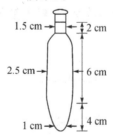

图 5-8 Maizel-Gerson 反应瓶

④盐基交换管(如图5-9所示)。

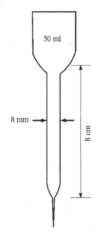

图5-9 盐基交换管

(3)试剂

①正丁醇:优级纯或重蒸馏的分析纯。

②无水硫酸钠:分析纯。

③淀粉酶。

④水:去离子水或蒸馏水。

⑤0.1 mol/L盐酸:8.5 ml浓盐酸用水稀释至1000 ml。

⑥0.3 mol/L盐酸:25.5 ml浓盐酸用水稀释至1000 ml。

⑦2 mol/L乙酸钠溶液:164 g无水乙酸钠溶于水中稀释至1000 ml。

⑧25%氯化钾溶液:250 g氯化钾溶于水中稀释至1000 ml。

⑨25%酸性氯化钾溶液:8.5 ml浓盐酸用25%氯化钾溶液稀释至1000 ml。

⑩15%氢氧化钠溶液:15 g氢氧化钠溶于水中稀释至100 ml。

⑪1%铁氰化钾溶液:1 g铁氰化钾溶于水中稀释至100 ml。放于棕色瓶内保存。碱性铁氰化钾溶液:取4 ml 1%铁氰化钾溶液,用15%氢氧化钠溶液稀释至60 ml。用时现配,避光使用。

⑫3%乙酸溶液:30 ml冰乙酸用水溶解并稀释至1000 ml。

⑬活性人造浮石:称取100 g经过40目筛的人造浮石,以10倍于其容积的3%热乙酸溶液搅洗2次,每次10 min;再用5倍于其容积的25%热氯化钾溶液搅洗15 min;然后再用3%热乙酸溶液搅洗10 min;最后用热蒸馏水洗至没有氯离子。于蒸馏水中保存。

⑭硫胺素标准储备液:准确称取100 mg经氯化钙干燥24 h的硫胺素,溶于0.01 mol/L盐酸中,并稀释至1000 ml。此溶液每毫升相当0.1 mg硫胺素。于冰箱中避光可保存数月。

⑮硫胺素标准中间液:将硫胺素标准储备液用0.01 mol/L盐酸稀释10倍。此溶液每毫升相当10 μg硫胺素。于冰箱中避光可保存数月。

⑯硫胺素标准使用液:将硫胺素标准中间液用水稀释100倍,此溶液每毫升相当0.1 μg硫胺素。用时现配。

⑰0.04%溴甲酚绿溶液:称取0.1 g溴甲酚绿,置于小研钵中,加入1.4 ml 0.1 mol/L氢

氧化钠研磨片刻,再加入少许水继续研磨至完全溶解,用水稀释至 250 ml。

(4)操作方法

①试样处理:样品采集后用匀浆机打成匀浆(或者将样品尽量粉碎)于低温冰箱中冷冻保存,用时将其解冻后使用。

②提取:精确称取一定量试样(估计其硫胺素含量约为 10~30 μg,一般称取 5~20 g 试样),置于 150 ml 三角瓶中,加入 50~75 ml 0.1 mol/L 或 0.3 mol/L 盐酸使其溶解,瓶口加盖小烧杯后放入高压锅中加热水解 30 min,凉后取出。

用 2 mol/L 乙酸钠调其 pH 值为 4.5(以 0.04% 溴甲酚绿为外指示剂)。

按每克试样加入 20 mg 淀粉酶的比例加入淀粉酶。于 45~50 ℃温箱过夜保温(约 16 h)。

冷至室温,定容至 100 ml,然后混匀过滤,即为提取液。

③净化:用少许脱脂棉铺于盐基交换管的交换柱底部,加水将棉纤维中气泡排出,再加约 1 g 活性人造浮石使之达到交换柱的三分之一高度。保持盐基交换管中液面始终高于活性人造浮石。

用移液管加入提取液 20~80 ml(使通过活性人造浮石的硫胺素总量为 2~5 μg)。

加入约 10 ml 热水冲洗交换柱,弃去洗液。如此重复三次。

加入 25% 酸性氯化钾(温度为 90 ℃左右)20 ml,收集此液于 25 ml 刻度试管内。冷至室温,用 25% 酸性氯化钾定容至 25 ml,即为样品净化液。

重复上述操作,将 20 ml 硫胺素标准使用液加入盐基交换管以代替样品提取液,即得到标准净化液。

④氧化:将 5 ml 样品净化液分别加入 A、B 两个 Maizel-Gerson 反应瓶。

在避光暗环境中将 3 ml 15% 氢氧化钠加入反应瓶 A,振摇约 15 s,然后加入 10 ml 正丁醇;将 3 ml 碱性铁氰化钾溶液加入反应瓶 B,振摇约 15 s,然后加入 10 ml 正丁醇;将 A、B 两个反应瓶同时用力振摇,准确计时 1.5 min。

重复上述操作,用标准净化液代替样品净化液。

用黑布遮盖 A、B 反应瓶,静置分层后弃去下层碱性溶液,加入 2~3 g 无水硫酸钠使溶液脱水。

⑤荧光强度的测定:

荧光测定条件:激发波长 365 nm;发射波长 435 nm;激发波狭缝 5 nm;发射波狭缝 5 nm。

依次测定下列荧光强度:a. 样品空白荧光强度(样品反应瓶 A);b. 标准空白荧光强度(标准反应瓶 A);c. 样品荧光强度(样品反应瓶 B);d. 标准荧光强度(标准反应瓶 B)。

(5)计算

$$X = (U - U_b) \times \frac{c \cdot V}{(S - S_b)} \times \frac{V_1}{V_2} \times \frac{1}{m} \times \frac{100}{1000}$$

式中: X ——样品中硫胺素含量,mg/100 g;

U ——样品荧光强度;

U_b——样品空白荧光强度;

S ——标准荧光强度;

S_b——标准空白荧光强度;

c ——硫胺素标准使用液浓度,μg/ml;

V ——用于净化的硫胺素标准使用液体积,ml;

V_1——样品水解后定容的体积,ml;

V_2——样品用于净化的提取液体积,ml;

m ——样品质量,g;

$\dfrac{100}{1000}$——样品含量由 μg/g 换算成 mg/100 g 的系数。

6. 核黄素(维生素 B2)的测定

维生素 B2 为橙黄色结晶,其水溶液具有黄绿色的荧光,在强酸溶液中稳定,而在碱性溶液中受光线照射很快转化为光黄素,光黄素的荧光较维生素 B2 本身的荧光要强得多。这些性质是荧光法测定维生素 B2 含量的基础。

1. 微生物法

(1)原理

某一种微生物的生长(繁殖)必需某些维生素。例如干酪乳酸杆菌(Lactobacillus casei,简称 L.C.)的生长需要核黄素,培养基中若缺乏这种维生素该细菌便不能生长。在一定条件下,该细菌的生长情况,以及它的代谢物乳酸的浓度与培养基中该维生素含量成正比,因此可以用酸度及混浊度的测定法来测定样品中核黄素的含量。

(2)仪器

①电热恒温培养箱。

②离心沉淀机。

③液体快速混合器。

④高压消毒锅。

(3)试剂

本实验用水均须蒸馏水。试剂纯度均为分析纯。

①冰乙酸。

②甲苯。

③无水乙酸钠。

④乙酸铅。

⑤氢氧化铵。

⑥干酪乳酸杆菌。

⑦盐酸:0.1 mol/L。

⑧氢氧化钠溶液:1 mol/L 和 0.1 mol/L。

⑨0.9%氯化钠溶液(生理盐水):使用前应进行灭菌处理。

⑩核黄素标准储备液(25 μg/ml):将标准品核黄素粉状结晶置于真空干燥器或盛有硫酸的干燥器中。经过 24 h 后,准确称取 50 mg,置于 2 L 容量瓶中,加入 2.4 ml 冰乙酸和 1.5 L 水。将容量瓶置于温水中摇动,待其溶解,冷至室温,稀释至 2 L,移至棕色瓶内,加少许甲苯盖于溶液表面,于冰箱中保存。

⑪核黄素标准中间液(10 μg/ml):准确吸取 20 ml 核黄素标准储备液,加水稀释至 50 ml。

⑫核黄素标准使用液(0.1 μg/ml):准确吸取 1 ml 中间液于 100 ml 容量瓶中,加水稀释

至刻度,摇匀。每次分析要配制新的标准使用液。

⑬碱处理蛋白胨:分别称取 40 g 蛋白胨和 20 g 氢氧化钠于 250 ml 水中。混合后,放于 37±0.5 ℃恒温箱内,24～48 h 后取出,用冰乙酸调节 pH 值至 6.8,加 14 g 无水乙酸钠(或 23.2 g 三水合乙酸钠),稀释至 800 ml,加少许甲苯盖于溶液表面,于冰箱中保存。

⑭0.1%胱氨酸溶液:称取 1 g L-胱氨酸于小烧杯中。加 20 ml 水,缓慢加入 5～10 ml 盐酸,直至其完全溶解,加水稀释至 1 L,加少许甲苯盖于溶液表面。

⑮酵母补充液:称取 100 g 酵母提取物干粉于 500 ml 水中,称取 150 g 乙酸铅于500 ml 水中,将两溶液混合,以氢氧化铵调节 pH 值至酚酞呈红色(取少许溶液检验)。离心或用布氏漏斗过滤,滤液用冰乙酸调节 pH 值至 6.5。通入硫化氢直至不产生沉淀,过滤,通空气于滤液中,以排除多余的硫化氢。加少许甲苯盖于溶液表面,于冰箱中保存。

⑯甲盐溶液:称取 25 g 磷酸氢二钾和 25 g 磷酸二氢钾,加水溶解,并稀释至 500 ml。加入少许甲苯以保存之。

⑰乙盐溶液:称取 10 g 硫酸镁($MgSO_4 \cdot 7H_2O$),0.5 g 硫酸亚铁($FeSO_4 \cdot 7H_2O$)和 0.5 g 硫酸锰($MnSO_4 \cdot 4H_2O$),加水溶解,并稀释至 500 ml,加少许甲苯以保存之。

⑱基本培养储备液:将下列试剂混合于 500 ml 烧杯中,加水至 450 ml,用 1 mol/L 氢氧化钠溶液调节 pH 值至 6.8,用水稀释至 500 ml。

碱处理蛋白胨	100 ml
0.1%胱氨酸溶液	100 ml
酵母补充液	20 ml
甲盐溶液	10 ml
乙盐溶液	10 ml
无水葡萄糖	10 g

⑲琼脂培养基:将下列试剂混合于 250 ml 三角瓶中,加水至 100 ml,于水浴上煮至琼脂完全溶化,用 1 mol/L 盐酸趁热调节 pH 值至 6.8。尽快倒入试管中,每管 3～5 ml,塞上棉塞,于高压锅内在 6.9×10^4 Pa 压力下灭菌 15 min,取出后直立试管,冷却至室温,于冰箱中保存。

无水葡萄糖	1 g
三水合乙酸钠	1.7 g
蛋白胨	0.8 g
酵母提取物干粉	0.2 g
甲盐溶液	0.2 ml
乙盐溶液	0.2 ml
琼脂	1.2 g

⑳0.04%溴甲酚绿指示剂:称取 0.1 g 溴甲酚绿于小研钵中,加 1.4 ml 0.1 mol/L 氢氧化钠溶液研磨,加少许水,继续研磨,直至完全溶解,用水稀释至 250 ml。

㉑0.04%溴麝香草酚蓝指示剂:称取 0.1 g 溴麝香草酚蓝于小研钵中,加 1.6 ml 0.1 mol/L 氢氧化钠溶液研磨。加少许水,继续研磨,直至完全溶解,用水稀释至 250 ml。

(4)菌种的制备与保存

①储备菌种的制备:以 L.C. 纯菌种接入 2 个或多个琼脂培养基管中。在 37±0.5 ℃ 恒温培养箱中保温 16~24 h。贮于冰箱内,至多不超过 2 周,最好每周移种一次。保存数周以上的储备菌种,不能立即用于制备接种液,一定要在使用前每天移种一次,连续 2~3 d 方可使用,否则菌种生长不好。

②种子培养液的制备:取 5 ml 核黄素标准使用液和 5 ml 基本培养储备液于 15 ml 离心管内混匀,塞上棉塞,于高压锅内在 $6.9×10^4$ Pa 压力下灭菌 15 min。每次可制备 2~4 管。

(5)操作步骤

因核黄素易被日光和紫外线破坏,故一切操作要在暗室内进行。

①接种液的制备:使用前一天,将菌种由储备菌种管中移入已消毒的种子培养液中,同时制做两管。在 37±0.5 ℃ 保温 16~24 h。取出后离心 10 min(3000 r/min),以无菌操作方法倾去上部液体,用已消毒的生理盐水淋洗二次,再加 10 ml 消毒生理盐水,在液体快速混合器上振摇试管,使菌种成混悬体。将此液倾入已消毒的注射器内,立即使用。

②样品的制备:将样品用磨粉机、研钵磨成粉末或用打碎机打成匀浆。

称取含 5~10 μg 的核黄素样品(谷类约 10 g,干豆类约 4 g,肉类约 5 g),加入 50 ml 0.1 mol/L 盐酸溶液,混匀。置于高压锅内,在 $10.3×10^4$ Pa 压力下水解 30 min。冷却至室温,用 1 mol/L 氢氧化钠溶液调节 pH 值至 4.6(取少许水解液,用溴甲酚绿检验,溶液呈草绿色即可)。加入淀粉酶或木瓜蛋白酶,每克样品加入 20 mg 酶。在 40 ℃ 恒温箱中过夜,大约 16 h。冷却至室温,加水稀释到 100 ml,过滤。对于脂肪含量高的食物,可用乙醚提取,以除去脂肪。

③标准管的制备:两组试管中每管各加核黄素标准使用液 0、0.5、1.5、2.5、3 ml,每管加水至 5 ml,每管再加 5 ml 基本培养储备液混匀。

④样品管的制备:吸取样品溶液 5~10 ml,置于 25 ml 具塞试管中,用 0.1 mol/L 氢氧化钠溶液调节 pH 值至 6.8(取少许溶液,用溴麝香草酚蓝检验),加水稀释至刻度。取两组试管,各加样品稀释液 1、2、3、4 ml,每管加水至 5 ml,每管再加 5 ml 基本培养储备液混匀。

⑤灭菌:将以上样品管和标准管全部塞上棉塞,置于高压锅内,在 $6.9×10^4$ Pa 压力下灭菌 15 min。

⑥接种和培养:待试管冷却至室温,在无菌操作条件下接种,每管加一滴接种液,接种时注射器针头不要接触试管壁,要使接种液直接滴在培养液内。

置于 37±0.5 ℃ 恒温箱中培养约 72 h,培养时各管必须在同一温度。培养时间可延长 18 h 或减少 12 h。必要时可在冰箱内保存一夜再滴定。若用混浊度测定法,以培养 18~24 h 为宜。

⑦滴定:将试管中培养液倒入 50 ml 三角瓶中,加 0.04% 溴麝香草酚蓝溶液 5 ml,分两次淋洗试管,洗液倒至该三角瓶中,以 0.1 mol/L 氢氧化钠溶液滴定,终点呈绿色。以第一瓶的滴定终点作为变色参照瓶。约 30 min 后再换一参照瓶,防止溶液放置过久颜色变浅。

⑧标准曲线的绘制:用标准核黄素溶液的不同浓度为横坐标及在滴定时所需 0.1 mol/L

氢氧化钠的毫升数为纵坐标,绘制标准曲线。

⑨计算：

$$X_1 = \frac{c \times V}{m} \times F \times \frac{100}{1000}$$

式中： X_1 ——样品中核黄素含量,mg/100 g;

c ——以曲线查得每毫升样品中核黄素含量,μg/ml;

V ——样品水解液定容总体积,ml;

F ——样品液的稀释倍数；

m ——样品质量,g;

$\frac{100}{1000}$ ——样品含量由 μg/g 换算成 mg/100 g 的系数。

2. 荧光法

(1)原理

核黄素在 440～500 nm 波长光照射下可发出黄绿色荧光。在稀溶液中其荧光强度与核黄素的浓度成正比。在波长 525 nm 下测定其荧光强度。试液再加入低亚硫酸钠($Na_2S_2O_4$),将核黄素还原为无荧光的物质,然后再测定试液中残余荧光杂质的荧光强度,两者之差即为食品中核黄素所产生的荧光强度。

(2)仪器

①高压消毒锅。

②电热恒温培养箱。

③核黄素吸附柱:见图 5-10。

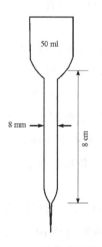

图 5-10 核黄素吸附柱

④荧光分光光度计。

(3)试剂

试验用水为蒸馏水。试剂不加说明为分析纯。

①硅镁吸附剂:60～100 目。

②2.5 mol/L 无水乙酸钠溶液。

③10％木瓜蛋白酶：用 2.5 mol/L 乙酸钠溶液配制。使用时现配制。

④10％淀粉酶：用 2.5 mol/L 乙酸钠溶液配制。使用时现配制。

⑤0.1 mol/L 盐酸。

⑥1 mol/L 氢氧化钠溶液。

⑦0.1 mol/L 氢氧化钠溶液。

⑧20％低亚硫酸钠溶液：此液用时现配。保存在冰水浴中，4 h 内有效。

⑨洗脱液：丙酮：冰乙酸：水（5:2:9）。

⑩0.04％溴甲酚绿指示剂。

⑪3％高锰酸钾溶液。

⑫3％过氧化氢溶液。

⑬核黄素标准液的配制（纯度 98％）：

a. 核黄素标准储备液（25 μg/ml）：将标准品核黄素粉状结晶置于真空干燥器或盛有硫酸的干燥器中。经过 24 h 后，准确称取 50 mg，置于 2 L 容量瓶中，加入 2.4 ml 冰乙酸和 1.5 L 水。将容量瓶置于温水中摇动，待其溶解，冷至室温，稀释至 2 L，移至棕色瓶内，加少许甲苯盖于溶液表面，于冰箱中保存。

b. 核黄素标准使用液：吸取 2 ml 核黄素标准储备液，置于 50 ml 棕色容量瓶中，用水稀释至刻度。避光，贮于 4 ℃冰箱，可保存一周。此溶液每毫升相当于 1 μg 核黄素。

4. 操作步骤

整个操作过程需避光进行。

（1）样品提取

①水解：称取 2～10 g 样品（含 10～50 μg 核黄素）于 100 ml 三角瓶中，加入 50 ml 0.1 mol/L 盐酸，搅拌直到颗粒物分散均匀。用 40 ml 瓷坩埚为盖扣住瓶口，置于高压锅内高压水解 30 min，水解压力：$10.3×10^4$ Pa。水解液冷却后，滴加 1 mol/L 氢氧化钠溶液，取少许水解液，用 0.04％溴甲酚绿检验呈草绿色，pH 值为 4.5。

②酶解：

含有淀粉的水解液：加入 3 ml 10％淀粉酶溶液，于 37～40 ℃保温约 16 h。

含高蛋白的水解液：加入 3 ml 10％木瓜蛋白酶溶液，于 37～40 ℃保温约 16 h。

③过滤：上述酶解液定容至 100 ml，用干滤纸过滤。此提取液在 4 ℃冰箱中可保存一周。

（2）氧化去杂质

视样品中核黄素的含量取一定体积的样品提取液及核黄素标准使用液（含 1～10 μg 核黄素）分别于 20 ml 带盖刻度试管中，加水至 15 ml。各管加 0.5 ml 冰乙酸，混匀。加 3％高锰酸钾溶液 0.5 ml，混匀，放置 2 min，使氧化去杂质。滴加 3％双氧水溶液数滴，直至高锰酸钾的颜色褪掉。剧烈振摇此管，使多余的氧气逸出。

（3）核黄素的吸附和洗脱

核黄素吸附柱：硅镁吸附剂约 1 g 用湿法装入吸附柱中，占柱长 1/2～2/3（约 5 cm）为宜（吸附柱下端用一小团脱脂棉垫上），勿使柱内产生气泡，调节流速约为 60 滴/min。

过柱与洗脱：将全部氧化后的样液及标准液通过吸附柱后，用约 20 ml 热水洗去样液中的杂质。然后用 5 ml 洗脱液将样品中核黄素洗脱并收集于一带盖 10 ml 刻度试管中,再用水洗吸附柱,收集洗出之液体并定容至 10 ml,混匀后待测荧光。

(4)测定

于激发光波长 440 nm,发射光波长 525 nm,测量样品管及标准管的荧光值。待样品管及标准管的荧光值测量后,在各管的剩余液(5~7 ml)中加 0.1 ml 20％低亚硫酸钠溶液,立即混匀,在 20 s 内测出各管的荧光值,作为各自的空白值。

(5)计算

$$X_2 = \frac{(A-B) \times S}{(C-D) \times m} \times F \times \frac{100}{1000}$$

式中: X_2 ——样品中核黄素含量,mg/100 g;
　　　A ——样品管荧光值;
　　　B ——样品管空白荧光值;
　　　C ——标准管荧光值;
　　　D ——标准管空白荧光值;
　　　F ——稀释倍数;
　　　m ——样品的质量,g;
　　　S ——标准管中核黄素质量,μg;
　　　$\frac{100}{1000}$ ——样品含量由 μg/g 换算成 mg/100 g 的系数。

7. 抗坏血酸(维生素 C)的测定方法

1)荧光法

(1)原理

样品中还原型抗坏血酸经活性炭氧化为脱氢抗坏血酸后,与邻苯二胺反应生成有荧光的喹喔啉(quinoxaline),其荧光强度与脱氢抗坏血酸的浓度在一定条件下成正比,以此测定食品中抗坏血酸和脱氢抗坏血酸的总量。

脱氢抗坏血酸与硼酸可形成复合物而不与邻苯二胺反应,以此排除样品中荧光杂质产生的干扰,最小检出限为 0.022 μg/ml。

(2)仪器

①荧光分光光度计或具有 350 nm 及 430 nm 波长的荧光计。
②捣碎机。

(3)试剂

本实验用水均为蒸馏水。

①偏磷酸-乙酸溶液:称取 15 g 偏磷酸,加入 40 ml 冰乙酸及 250 ml 水,加温,搅拌,使之逐渐溶解,冷却后加水至 500 ml。于 4 ℃冰箱可保存 7~10 d。

②0.15 mol/L 硫酸溶液:取 10 ml 硫酸,小心加入水中,再加水稀释至 1200 ml。

③偏磷酸-乙酸-硫酸溶液:以 0.15 mol/L 硫酸溶液为稀释液,其余同①配制。

④50％乙酸钠溶液:称取 500 g 三水合乙酸钠,加水稀释至 1000 ml。

⑤硼酸-乙酸钠溶液:称取 3 g 硼酸,溶于 100 ml 50％乙酸钠溶液中。临用前配制。

⑥邻苯二胺溶液:称取 20 mg 邻苯二胺,于临用前用水稀释至 100 ml。

⑦抗坏血酸标准溶液(1 mg/ml)(临用前配制):准确称取 50 mg 抗坏血酸,用偏磷酸-乙酸溶液溶于 50 ml 容量瓶中,并稀释至刻度。

⑧抗坏血酸标准使用液(100 μg/ml):取 10 ml 抗坏血酸标准溶液,用偏磷酸-乙酸溶液稀释至 100 ml。定容前测试 pH 值,如其 pH>2.2,则应用偏磷酸-乙酸-硫酸溶液稀释。

⑨0.04%百里酚蓝指示剂溶液:称取 0.1 g 百里酚蓝,加 0.02 mol/L 氢氧化钠溶液,在玻璃研钵中研磨至溶解,氢氧化钠溶液的用量约为 10.75 ml,磨溶后用水稀释至 250 ml。

变色范围:

    pH 值等于 1.2   红色

    pH 值等于 2.8   黄色

    pH 值大于 4   蓝色

⑩活性炭的活化:加 200 g 炭粉于 1 L(1+9)盐酸中,加热回流 1~2 h,过滤,用水洗至滤液中无铁离子为止,置于 110~120 ℃烘箱中干燥,备用。

(4)操作方法

①样品液的制备:称取 100 g 鲜样,加 100 g 偏磷酸-乙酸溶液,倒入捣碎机内打成匀浆,用百里酚蓝指示剂调试匀浆酸碱度。如呈红色,即可用偏磷酸-乙酸溶液稀释,若呈黄色或蓝色,则用偏磷酸-乙酸-硫酸溶液稀释,使其 pH 值为 1.2。匀浆的取量需根据样品中抗坏血酸的含量而定。当样品液含量在 40~100 μg/ml 之间,一般取 20 g 匀浆,用偏磷酸-乙酸溶液稀释至 100 ml,过滤,滤液备用。

②测定步骤:

氧化处理:分别取样品滤液及标准使用液各 100 ml 于 200 ml 带盖三角瓶中,加 2 g 活性炭,用力振摇 1 min,过滤,弃去最初数毫升滤液,然后收集其余全部滤液,即样品氧化液和标准氧化液,待测定。

各取 10 ml 标准氧化液于 2 个 100 ml 容量瓶中,分别标明"标准"及"标准空白"。

各取 10 ml 样品氧化液于 2 个 100 ml 容量瓶中,分别标明"样品"及"样品空白"。

于"标准空白"及"样品空白"溶液中各加 5 ml 硼酸-乙酸钠溶液,混合摇动 15 min,用水稀释至 100 ml,在 4 ℃冰箱中放置 2~3 h,取出备用。

于"样品"及"标准"溶液中各加入 5 ml 50%乙酸钠溶液,用水稀释至 100 ml,备用。

③标准溶液的制备:取上述"标准"溶液(抗坏血酸含量 10 μg/ml)0.5、1、1.5 和 2 ml 标准系列,取双份分别置于 10 ml 带盖试管中,再用水补充至 2 ml。

④荧光反应及标准曲线的绘制:取上述"标准空白"溶液、"样品空白"溶液及"样品"溶液各 2 ml,分别置于 10 ml 带盖试管中。在暗室迅速向各管中加入 5 ml 邻苯二胺溶液,振摇混合,在室温下反应 35 min,于激发光波长 338 nm、发射光波长 420 nm 处测定荧光强度。以标准系列荧光强度分别减去标准空白荧光强度为纵坐标,对应的抗坏血酸含量为横坐标,绘制标准曲线或进行相关计算,其直线回归方程供计算时使用。

(5)计算

$$X = \frac{cV}{m} \times F \times \frac{100}{1000}$$

式中:X——样品中抗坏血酸及脱氢抗坏血酸总含量,mg/100 g;

   c——由标准曲线查得或由回归方程算得样品溶液浓度,μg/ml;

m ——样品质量,g;
F ——样品溶液的稀释倍数;
V ——荧光反应所用样品体积,ml。

2) 2,4-二硝基苯肼比色法

(1) 原理

总抗坏血酸包括还原型、脱氢型和二酮古乐糖酸。样品中还原型抗坏血酸经活性炭氧化为脱氢抗坏血酸,再与2,4-二硝基苯肼作用生成红色脎,脎的含量与总抗坏血酸含量成正比,进行比色测定。

(2) 仪器

① 恒温箱:37±0.5 ℃。
② 可见-紫外光分光光度计。
③ 组织捣碎机。

(3) 试剂

① 4.5 mol/L 硫酸:小心地将 250 ml 硫酸(比重 1.84)加于 700 ml 水中,冷却后用水稀释至 1000 ml。
② 85% 硫酸:小心地将 900 ml 硫酸(比重 1.84)加于 100 ml 水中。
③ 2% 2,4-二硝基苯肼溶液:溶解 2 g 2,4-二硝基苯肼于 100 ml 4.5 mol/L 硫酸内,过滤。不用时存于冰箱内,每次用前必须过滤。
④ 2% 草酸溶液:溶解 20 g 草酸于 700 ml 水中,稀释至 1000 ml。
⑤ 1% 草酸溶液:稀释 500 ml 2% 草酸溶液到 1000 ml。
⑥ 1% 硫脲溶液:溶解 5 g 硫脲于 500 ml 1% 草酸溶液中。
⑦ 2% 硫脲溶液:溶解 10 g 硫脲于 500 ml 1% 草酸溶液中。
⑧ 1 mol/L 盐酸:取 100 ml 盐酸,加入水中,并稀释至 1200 ml。
⑨ 活性炭:将 100 g 活性炭加到 750 ml 1 mol/L 盐酸中,回流 1~2 h,过滤,用水洗数次,至滤液中无铁离子(Fe^{3+})为止,然后置于 110 ℃烘箱中烘干。
⑩ 抗坏血酸标准溶液(1 mg/ml):溶解 100 mg 纯抗坏血酸于 100 ml 1% 草酸溶液中,配成每毫升相当于 1 mg 抗坏血酸溶液。

(4) 操作方法

① 样品制备:全部实验过程应避光。

鲜样制备:称取 100 g 鲜样和 100 g 2% 草酸溶液,倒入打碎机中打成匀浆,取 10~40 g 匀浆(含 1~2 mg 抗坏血酸)倒入 100 ml 容量瓶中,用 1% 草酸溶液稀释至刻度,混匀。

干样制备:称取 1~4 g 干样(含 1~2 mg 抗坏血酸)放入乳钵内,加入 1% 草酸溶液磨成匀浆,倒入 100 ml 容量瓶中,用 1% 草酸溶液稀释至刻度,混匀。

将上述两液过滤,滤液备用。不易过滤的样品可用离心机沉淀后,倾倒出上层清液,过滤,备用。

② 氧化处理:取 25 ml 上述滤液,加入 2 g 活性炭,振摇 1 min,过滤,弃去最初数毫升滤液。取 10 ml 此氧化提取液,加入 10 ml 2% 硫脲溶液,混匀。

③ 呈色反应:于三个试管中各加入 4 ml 稀释液。一个试管作为空白,在其余试管中加入 1 ml 2% 2,4-二硝基苯肼溶液,将所有试管放入 37±0.5 ℃恒温箱或水浴中,保温 3 h。

保温完成后取出,除空白管外,将所有试管放入冰水中。空白管取出后使其冷却到室温,然后加入 1 ml 2% 2,4-二硝基苯肼溶液,在室温中放置 10~15 min 后放入冰水内。

④85% 硫酸处理:当试管放入冰水后,向每个试管中加入 5 ml 85% 硫酸,滴加时间至少需要 1 min,需边加边摇动试管。将试管自冰水中取出,在室温放置 30 min 后比色。

⑤比色:用 1 cm 比色杯,以空白液调零点,于 500 nm 波长测吸光值。

⑥标准曲线绘制:加 2 g 活性炭于 50 ml 标准溶液中,摇动 1 min,过滤。取 10 ml 滤液放入 500 ml 容量瓶中,加 5 g 硫脲,用 1% 草酸溶液稀释至刻度。抗坏血酸浓度为 20 μg/ml。取 5、10、20、25、40、50、60 ml 稀释液,分别放入 7 个 100 ml 容量瓶中,用 1% 硫脲溶液稀释至刻度,使最后稀释液中抗坏血酸的浓度分别为 1、2、4、5、8、10、12 μg/ml。

以吸光值为纵坐标,以抗坏血酸浓度(μg/ml)为横坐标绘制标准曲线。

(5)计算

$$X = \frac{cV}{m} \times F \times \frac{100}{1000}$$

式中:X ——样品中抗坏血酸含量,mg/100 g;

c ——由标准曲线查得或由回归方程算得样品溶液中总抗坏血酸浓度,μg/ml;

m ——样品质量,g;

F ——样品氧化处理过程中的稀释倍数;

V ——试样用 10 g/L 草酸溶液定容的体积,ml。

(6)注意事项

①本法为国家标准方法,适用于蔬菜、水果及其制品中总抗坏血酸的测定。

②活性炭对抗坏血酸的氧化作用,是基于其表面吸附的氧进行界面反应,加入量过低,氧化不充分,测定结果偏低;加入量过高,对抗坏血酸有吸附作用,使结果也偏低。

③硫脲可防止抗坏血酸继续氧化,同时促进脎的形成。最后溶液中硫脲的浓度要一致,否则会影响测定结果。

④试管自冰浴中取出后,因糖类的存在造成显色不稳定,颜色会继续变深,30 s 后影响将减小,故在加入硫酸后 30 s 应准时比色。

⑤测定波长一般为 495~540 nm,样品杂质多时在 540 nm 较合适,但比最大吸收波长(520 nm)下的灵敏度会降低 30%。

情境六　食品添加剂的测定

随着消费者对食品要求的提升,天然食品无论是色、香、味还是质构和保存性都不能满足消费者需求,食品添加剂在食品中的使用势在必行,其发展大大促进了食品工业的发展。

《食品安全国家标准 食品添加剂使用标准》(GB 2760—2014)中指出食品添加剂是为改善食品品质和色、香、味,以及为防腐、保鲜和加工工艺的需要而加入食品中的人工合成或者天然物质。营养强化剂、食品用香料、胶基糖果中基础剂物质、食品工业用加工助剂也包括在内。食品添加剂的使用可以增加食品的保藏性,防止腐败变质,也可以改善食品的感官性状,提高食品的品质,有利于食品加工操作、保持或提高食品的营养价值,还可以满足其他特殊需要,提高经济效益和社会效益。食品添加剂使用时应符合以下基本要求:①不应对人体产生任何健康危害;②不应掩盖食品腐败变质;③不应掩盖食品本身或加工过程中的质量缺陷或以掺杂、掺假、伪造为目的而使用食品添加剂;④不应降低食品本身的营养价值;⑤在达到预期目的前提下尽可能降低在食品中的使用量。

食品添加剂的种类很多,按照其来源的不同可以分为天然食品添加剂与化学合成食品添加剂两大类。天然食品添加剂是利用动植物或微生物的代谢产物等为原料,经提取所得的天然物质。化学合成食品添加剂是通过化学手段,使元素或化合物发生包括氧化、还原、缩合、聚合、成盐等合成反应所得到的物质。目前使用的大多属于化学合成食品添加剂。食品添加剂按照用途可分为 23 类:酸度调节剂、抗结剂、消泡剂、抗氧化剂、漂白剂、膨松剂、面粉处理剂、被膜剂、水分保持剂、营养强化剂、防腐剂、着色剂、稳定剂、凝固剂、胶姆糖基础剂、甜味剂、增稠剂、护色剂、食品用香料、乳化剂、酶制剂、增味剂、食品工业用加工助剂等。

食品添加剂是食品工业的基础原料,对食品的生产工艺、产品质量、安全卫生有着至关重要的影响。违禁、滥用以及超范围、超标准使用食品添加剂,都会给食品质量、安全卫生以及消费者的健康带来巨大的损害,食品添加剂的种类和数量越多,对人们健康的影响也就越大。食品加工企业必须严格遵照执行食品添加剂的卫生标准,加强卫生管理,规范、合理、安全地使用添加剂,保证食品质量,保证人民身体健康。食品添加剂的分析与检测,则对食品的安全起到了很好的监督、保证和促进作用。

任务一　甜味剂的测定

甜味剂是指赋予食品以甜味的食品添加剂,目前常用的有近 20 种。这些甜味剂有几种不同的分类方法,按照来源的不同可将其分为天然甜味剂和人工合成甜味剂;以其营养价值来分可分为营养型和非营养型两类;按其化学结构和性质又可分为糖类甜味剂和非糖类甜味剂。

天然营养型甜味剂如蔗糖、葡萄糖、果糖、果葡糖浆、麦芽糖、蜂蜜等,一般视为食品原料,习惯上称为糖,可用来制造各种糕点、糖果、饮料等。非糖类甜味剂有天然的和人工合成的两类,天然甜味剂如甜菊糖、甘草等,人工合成甜味剂有糖精、糖精钠、环己基氨基磺酸钠、天门冬酰苯丙氨酸甲酯、三氯蔗糖等。非糖类甜味剂甜度高,使用量少,热值很小,常称为非营养型或低热值甜味剂,在食品加工中使用广泛。

糖精钠为无色结晶或稍带白色的结晶性粉末,无臭或微有香气,在空气中缓慢风化为白色粉末,甜度为蔗糖的 300~500 倍。糖精钠易溶于水,浓度低时呈甜味,高时则有苦味。由于糖精不易溶于水,所以一般使用的多为糖精钠,习惯上也称为糖精。

中国《食品安全国家标准 食品添加剂使用标准》规定的最大使用量(以糖精计)为:饮料、蜜饯、酱菜类、糕点、饼干、面包、配制酒、雪糕、冰激凌等 0.15 g/kg;瓜子 1.2 g/kg;话梅、陈皮 5 g/kg。

糖精钠的测定方法有薄层色谱定性及半定量法、紫外分光光度法、酚磺酞比色法、高效液相色谱法、离子选择性电极法等。以下介绍的为酚磺酞比色法。本方法适用于各类食品中糖精钠的测定。

1. 原理

在酸性条件下,样品中的糖精钠用乙醚提取分离后与酚和硫酸在 175 ℃作用,生成的酚磺酞与氢氧化钠反应产生红色溶液,与标准系列比较定量。

2. 试剂和材料

①苯酚-硫酸溶胺(1+1)。

②氢氧化钠溶液(200 g/L)。

③碱性氧化铝:层析用。

④液体石蜡:油浴用。

⑤硫酸铜溶液(100 g/L)。

⑥氢氧化钠溶液(40 g/L)。

⑦盐酸溶液(1+1)。

⑧乙醚:不含过氧化物。

⑨无水硫酸钠。

3. 仪器和设备

①油浴(175±2) ℃。

②分光光度计。

③层析柱。

4. 分析步骤

1)提取

(1)饮料、汽水等

取 10 ml 均匀试样(如样品中含有二氧化碳,先加热除去。如样品中含有酒精,加40 g/L 的氢氧化钠溶液使其呈碱性,在沸水浴中加热除去)置于 100 ml 分液漏斗中,加 2 ml 盐酸(1+1)用 30 ml、20 ml、20 ml 乙醚提取三次,合并乙醚提取液。用 5 ml 盐酸酸化的水洗涤一次,弃去水层。乙醚层通过无水硫酸钠脱水后,挥发乙醚,加 2 ml 乙醇溶解残渣,密封保存,备用。

(2)酱油、果汁、果酱等

称取 20 g 或吸取 20 ml 均匀试样,置于 100 ml 容量瓶中,加水至约 60 ml,20 ml 硫酸铜溶液(100 g/L),混匀,再加 4.4 ml 氢氧化钠溶液(40 g/L),加水至刻度,混匀。静置 30 min,过滤,取 50 ml 滤液置于 150 ml 分液漏斗中,以下按 1)自"加 2 ml 盐酸(1+1)"起依法操作。

(3)固体果汁粉等

称取 20 g 磨碎的均匀试样,置于 200 ml 容量瓶中,加 100 ml 水,加温使其溶解后放冷,以下按(2)自"加 20 ml 硫酸铜溶液(100 g/L)"起依法操作。

(4)糕点、饼干等含蛋白、脂肪、淀粉多的食品

称取 25 g 均匀试样,置于透析用玻璃纸中,放入大小适当的烧杯内,加 50 ml 氢氧化钠溶液,调成糊状,将玻璃纸口扎紧,放入盛有 200 ml 0.02 mol/L 氢氧化钠溶液的烧杯中,盖上表面皿,透析过夜。

量取 125 ml 透析液(相当于 12.5 g 样品),加约 0.4 ml 盐酸(1+1),使成中性,加 20 ml 硫酸铜溶液(100 g/L),混匀,再加 4.4 ml 氢氧化钠溶液(40 g/L),混匀,静置 30 min,过滤。取 120 ml 滤液(相当于 10 g 样品),置于 250 ml 分液漏斗中,以下按 1)自"加 2 ml 盐酸(1+1)"起依法操作。

2)测定

取一定量(含糖精钠 0.2~0.6 g)的样品乙醚提取液,置于蒸发皿中,于水上慢慢将乙醚蒸发至约 10 ml,转入 100 ml 比色管或 100 ml 锥形瓶中,将乙醚挥发至干,然后置于 100 ℃干燥箱中 20 min,取出,加入 5 ml 苯酚-硫酸溶液,旋转至苯酚-硫酸与管壁充分接触,于(175±2)℃的油浴或干燥箱中加热 2 h(温度达到 175 ℃时开始计时),取出后冷却,小心加水 20 ml,振摇均匀,再加 10 ml 氢氧化钠溶液(200 g/L),加水至 100 ml,混匀。然后透过 5 g 碱性氧化铝柱层并接收流出液,用 1 cm 比色皿以乙醚空白管为零管,于波长 558 nm 处测定吸光度。

3)标准曲线的绘制

(1)糖精钠标准溶液的配制

精密称取未风化的糖精钠 0.1 g,加 20 ml 水溶解后转入 125 ml 分液漏斗中,并用 10 ml 水洗涤容器,洗液转入分液漏斗中,加盐酸(1+1),使其呈强酸性,用 30 ml、20 ml、20 ml 乙醚分三次振摇提取,每次振摇 2 min。将三次乙醚提取液均经同一滤纸上装有 10 g 无水硫酸钠的漏斗脱水滤入 100 ml 容量瓶中,用少量乙醚洗涤滤器,洗液并入容量瓶中并稀释至刻度,混匀。此溶液每毫升相当于 1 mg 糖精钠。

(2)绘制标准曲线

取上述标准溶液 0.2 ml、0.4 ml、0.6 ml、0.8 ml,分别置于 100 ml 比色管或 100 ml 锥形瓶中,将乙醚在水浴上蒸干,此系列为标准管。另取 50 ml 乙醚,置于 100 ml 比色管或 100 ml 锥形瓶中,在水浴上缓缓蒸发至干,此为试剂空白管。

将标准管与乙醚空白管置于 100 ℃干燥箱中 20 min,以下按(2)中测定自"取出,加入 5 ml 苯酚-硫酸溶液"起依法操作,绘制标准曲线。

5. 计算

$$X = \frac{(A_1 - A_2) \times 1000}{m(V_2/V_1) \times 1000}$$

式中:X——样品中糖精钠含量,g/kg 或 g/L;

A_1——测定用溶液中糖精钠的质量,mg;

A_2——空白溶液中糖精钠的质量,mg;

m ——样品质量或体积,g 或 ml;

V_1——样品乙醚提取液总体积,ml;

V_2——比色用样品乙醚提取液体积,ml。

6. 说明及注意事项

①苯甲酸等有机物对测定有干扰,故要通过碱性氧化铝层析柱以排除干扰。

②本法受温度的影响较大,糖精与酞和硫酸作用时应严格控制温度和时间。

任务二　漂白剂的测定

漂白剂是能破坏、抑制食品的发色因素,使色素退色或使食品免于褐变的一类物质,根据其作用可分为氧化漂白剂和还原漂白剂两大类。氧化漂白剂有过氧化氢、漂白粉等;还原漂白剂有亚硫酸钠、焦亚硫酸钠(钾)、低亚硫酸钠等。食品生产中使用的漂白剂主要是还原漂白剂,且大都属于亚硫酸钠及其盐类,它们都是以其所产生的具有强还原性的二氧化硫起作用。还原漂白剂只有当其存在于食品中时方能发挥作用,一旦消失,制品可因空气中氧的氧化作用而再次显色。

由于漂白剂具有一定的毒性,用量过多还会破坏食品中的营养成分,故应严格控制其残留量。中国食品卫生标准规定:硫磺可用来熏蒸蜜饯、粉丝、干果、干菜、食糖,残留量以二氧化硫计,蜜饯不得超 0.05 g/kg,其他不得超过 0.1 g/kg。二氧化硫可用于葡萄酒和果酒,最大通入量不得超过 0.25 g/kg,二氧化硫残留量不得超过 0.05 g/kg。亚硫酸钠、低亚硫酸钠、焦亚硫酸钠或亚硫酸氢钠可用于蜜饯类、饼干、罐头、葡萄糖、食糖、冰糖、饴糖、糖果、竹笋、蘑菇及蘑菇罐头等产品的漂白,最大使用量分别为 0.6 g/kg、0.4 g/kg、0.45 g/kg。残留量以二氧化硫计,竹笋、蘑菇及蘑菇罐头不得超过 0.04 g/kg;蜜饯、葡萄、黑加仑浓缩汁不得超过 0.05 g/kg;液体葡萄糖不得超过 0.2 g/kg;饼干、食糖、粉丝及其他品种不得超过 0.1 g/kg。

漂白剂除具有漂白作用外,对微生物也有显著的抑制作用,因此也常用作食品的防腐剂。

任务三　护色剂的测定

护色剂又称发色剂,是能与肉及肉制品中的呈色物质作用,使之在加工、保存过程中不致分解、破坏,呈现良好色泽的物质。护色剂和着色剂不同,它本身没有颜色不起染色作用,但与食品原料中的有色物质可结合形成稳定的颜色。肉类在腌制过程中最常使用的护色剂是亚硝酸盐,它们在一定的条件下可转化为亚硝酸,并分解出亚硝基(—NO)。亚硝基一旦产生就很快与肉类中的血红蛋白和肌红蛋白(Mb)结合,生成鲜艳的、亮红色的亚硝基血红蛋白和亚硝基肌红蛋白(MbNO),亚硝基肌红蛋白遇热放出巯基(—SH),变成鲜红的亚硝基血色原,从而赋予肉制品鲜艳的红色。如果加工时不添加护色剂,则肉中的肌红蛋白很容易被空气中的氧所氧化,从而失去肉类原有的新鲜色泽。作用机理如下:

$$NaNO_3 \xrightarrow{亚硝酸菌} NaNO_2 \xrightarrow{乳酸} HNO_2 \xrightarrow{分解} NO \xrightarrow{+Mb} MbNO \xrightarrow{\triangle} 亚硝基血色原$$

亚硝酸盐除了有良好的呈色作用外,还具有抑制肉毒梭状芽孢杆菌和增强肉制品风味的作用。但亚硝酸盐具有一定的毒性,尤其是可与胺类物质反应生成强致癌物质亚硝胺。因此,在加工时应严格控制其使用范围和用量。

中国《食品添加剂使用标准》规定,硝酸钠可用于肉制品,最大使用量为 0.5 g/kg。亚硝酸钠可用于腌制畜、禽肉类罐头和肉制品,最大使用量为 0.15 g/kg;腌制盐水火腿,最大使用量为 0.07 g/kg。残留量以亚硝酸钠计,肉类罐头不得超过 0.05 g/kg,肉制品不得超过 0.03 g/kg。

亚硝酸盐的测定方法有盐酸萘乙二胺法、气相色谱法、荧光法、离子选择性电极法、示波极谱法等。

任务四 防腐剂的测定

食品防腐剂是指防止食品腐败变质、延长食品储存期的物质。常用食品防腐剂种类繁多,可以分为合成类防腐剂和天然防腐剂两大类。合成类防腐剂又分为无机防腐剂和有机防腐剂。有机防腐剂主要有苯甲酸(苯甲酸钠)、山梨酸(山梨酸钾)、对羟基苯甲酸脂类、脱氢醋酸、双乙酸钠、柠檬酸和乳酸等;无机防腐剂主要包括硝酸盐及亚硝酸盐类、二氧化硫、亚硫酸及盐类、游离氯及次氯酸盐等。

防腐剂是以保持食品原有品质和营养价值为目的的食品添加剂,能抑制微生物活动,防止食品腐败变质,从而延长食品的保质期。常用试剂有苯甲酸、苯甲酸钠、山梨酸、山梨酸钾、丙酸钙、对羟基苯甲酸酯类及其钠盐等。

目前使用的大多数防腐剂对人体都有一定的毒性,一旦过量会对人体健康产生危害,因此,各个国家对防腐剂的用量和残留量都有严格的规定,防腐剂的准确检测对食品卫生安全具有重要意义。食品防腐剂的检测主要有高效液相色谱法、气相色谱法、紫外分光光度法、薄层色谱法、滴定法等。其中气相色谱法、高效液相色谱法、紫外分光光度法准确度高,分析快捷,是目前最常用的检测方法。

任务五 合成色素的测定

相对于天然色素,合成色素有坚牢度高、染着力强、色泽艳丽、易于调色和成本低廉的优势,但其安全性需要严格控制。我国通过食品法规,在限制其用量和应用范围的安全性管理条例下,允许部分合成色素用于食品领域。

合成色素是一类重要的食品添加剂,因为在食品的色、香、味、形等感官特性中,色泽最先刺激人的感觉。色泽是食品内在审美价值重要的属性之一,也是鉴别食品质量的基础。一般新鲜食品大都具有与其自然统一的色泽,这种色泽与它周围色调同时构成对人的感官刺激,引起人们的食欲。为了保护食品正常的色泽,减少食品批次之间色差,保持外观的一致性、提高商品价值,人们通过添加一定量着色剂达到着色目的。合成色素由于其所具备的优良性能和食品工业发展的需求,采取严格的限量使用措施,保障使用安全。合成色素的使用量呈上升趋势。我国允许使用的合成色素包括赤藓红、靛蓝、柠檬黄、日落黄、苋菜红、新红、胭脂红、诱惑红、亮蓝。

食品中添加的合成色素大多是调配后使用，食品本身的颜色也是多元的，因此测定时关键在于各种色素的分离，常见的分离技术主要有纸色谱、薄层色谱、气相色谱、高效液相色谱、羊毛吸附等。导数光谱、双波长吸收光谱等光谱分析方法及极谱等电化学方法也被应用于色素的测定。测定食品中人工合成色素时，必须对样品进行前处理，去除样品中的糖、蛋白质、还原性物质等干扰物质，然后进行色素的提取、测定工作。

情境七　食品中矿物元素的测定

在生物体内已经发现的几十种元素中,除去构成水分和有机物质的C、H、O、N四种元素外,其余的统称为矿物质成分。其中,含量在0.01%以上的称为大量元素或常量元素,低于0.01%的称为微量元素或痕量元素。在这些元素中,有的是维持正常生理功能不可缺少的物质,有的是机体的重要组成成分,有的则可能是通过食物和呼吸偶尔进入人体内的;有些元素对人体有重要的营养作用,是人及动物生命所必需的,而有些则是有毒性的。另外,即使是对人体有重要作用的元素,也有一定的需要量范围,摄入量不足时可产生缺乏症状,摄入量过多,则可能发生中毒。在有些情况下,体内元素的过量比缺乏对人体的危害更大。

食品中元素含量的测定已经成为食品分析检验中不可缺少的一个方面,具有很重要的意义:

①测定食品中的矿物质元素含量,对于评价食品的营养价值,开发和生产强化食品具有指导意义。

②测定食品中各成分元素含量有利于食品加工工艺的改进和食品质量的提高。

③测定食品中重金属元素含量,可以了解食品污染情况,以便采取相应措施,查清和控制污染源,以保证食品的安全和消费者的健康。

任务一　食品中矿物元素的分类及功能

1. 食品中重要矿物质元素及其营养功能

人及动物体需要7种比较大量的矿物质元素(钙、镁、磷、钠、钾、氯、硫)和14种必需的微量元素(铁、铜、锌、碘、锰、钼、钴、硒、镍、锡、硅、氟、矾、铬)。

根据矿物质在生物体内的功能,可将它们分为三类:①涉及体液调节的矿物质;②构成生物体骨骼的矿物质;③参与体内生物化学反应和作为生物体化学成分的矿物质。

(1)常量元素

常量元素中,钙、磷是构成骨骼和牙齿的主要成分之一。钙可促进血液凝固,控制神经兴奋,对心脏的正常收缩与弛缓有重要作用。当血钙中钙含量过低时,会发生抽搐现象。食物中钙的最好来源是牛奶、新鲜蔬菜、豆类食品和水产品等。

(2)微量元素

生物体内的微量元素可分为必需和非必需两大类。所谓必需元素,即保证生物体健康所必不可少的元素,缺乏时生物体会发生病变。

在14种必需微量元素中,对人体最重要的是铁、锌、铜、碘、锰、钴、硒等。其中,铁是食品中最重要的组成元素之一,在生物体内含量也十分丰富。铁参与构成血红素和部分酶类,缺铁将导致贫血。含铁较丰富的食物有动物肝脏、蛋黄、鱼、肉、蔬菜等。

锌也是人体所必需的营养元素,锌存在于至少25种食物消化和营养素代谢的酶中。锌缺乏时会引起味觉减退、生长停滞。动物性食品和粮食制品都是锌的重要来源。

2. 有害元素及其危害

除了必需和非必需的元素外,还有一些元素是环境污染物,它们的存在会对人类健康造成危害,称为有害元素。食品中的有害元素主要是铅、砷和汞等重金属元素。

食品中含有的少量天然重金属化合物对人体不呈现毒性作用,但食品在生产、加工、贮存和运输过程中,常常会由于污染等原因而使得某些重金属含量增加,如工业"三废"的污染,食品添加剂的使用,食品加工和贮存过程中使用各种含有重金属的容器、器械、包装材料等。有害元素对人体的危害,除因大量摄入可能发生急性中毒外,还可由于长期食用含量较少的有害金属,因蓄积作用而发生慢性中毒,引起肝、肾等实质器官及神经系统、造血系统、消化系统的损坏。

需要注意的是,必需元素和有害元素的划分只是相对而言,即使对人体有重要作用的微量元素如锌、铜、硒等,过量时同样对人体有害。国家食品卫生标准对食品中有害元素的含量都做了严格规定。

任务二 食品中钙的测定

1. 原子吸收分光光度法

(1) 原理

样品经湿消化后,导入原子吸收分光光度计中,经火焰原子化后,吸收422.7 nm的共振线,其吸收量与含量成正比,与标准系列比较定量。

(2) 仪器

原子吸收分光光度计,钙空心阴极灯。

(3) 试剂

① 盐酸。

② 硝酸。

③ 高氯酸。

④ 混合酸消化液:硝酸与高氯酸比为4∶1。

⑤ 0.5 mol/L硝酸溶液:量取45 ml硝酸,加去离子水并稀释至1000 ml。

⑥ 20 g/L氧化镧溶液:称取25 g氧化镧(纯度大于99.99%),加75 ml盐酸于1000 ml容量瓶中,加去离子水稀释至刻度。

⑦ 钙标准溶液:精确称取1.2486 g碳酸钙(纯度大于99.99%),加50 ml去离子水,加盐酸溶解,移入1000 ml容量瓶中,加2%氧化镧稀释至刻度。贮存于聚乙烯瓶内,4 ℃保存。此溶液每毫升相当于500 μg钙。

⑧ 钙标准使用液:钙标准使用液的配制见表7-1。钙标准使用液配制后,贮存于聚乙烯瓶内,4 ℃保存。

表7-1 钙标准使用液配制

元素	标准储备溶液浓度/(μg/ml)	吸取标准储备溶液量/ml	稀释体积(容量瓶)/ml	标准使用液浓度/(μg/ml)	稀释溶液
钙	500	5.0	100	25	20 g/L氧化镧溶液

(4)操作方法

样品处理:

①样品制备:

微量元素分析的样品制备过程中应特别注意防止各种污染。所用设备如电磨、绞肉机、匀浆器、打碎机等必须是不锈钢制品。所用容器必须使用玻璃或聚乙烯制品,做钙测定的样品不得用石磨研碎。湿样(如蔬菜、水果、鲜鱼、鲜肉等)用水冲洗干净后,要用去离子水充分洗净。干粉类样品(如面粉、奶粉等)取样后立即装容器密封保存,防止空气中的灰尘和水分污染。

②样品消化:

精确称取均匀样品干样 0.5~1.5 g(湿样 2~4 g,饮料等液体样品 5~10 g)于 250 ml 高型烧杯,加混合酸消化液 20~30 ml,上盖表皿。置于电热板或电沙浴上加热消化。如未消化好而酸液过少时,再补加几毫升混合酸消化液,继续加热消化,直至无色透明为止。加几毫升去离子水,加热以除去多余的硝酸。待烧杯中的液体接近 2~3 ml 时,取下冷却。用去离子水洗并转移于 10 ml 刻度试管中,加去离子水定容至刻度(测钙时用 2%氧化镧溶液稀释定容)。

取与消化样品相同量的混合酸消化液,按上述操作做试剂空白试验测定。

测定:

将钙标准使用液分别配制成不同浓度系列的标准稀释液,见表 7-2,测定操作参数见表 7-3。

表 7-2 不同浓度系列标准稀释液的配制方法

元素	使用液浓度/($\mu g/ml$)	吸取使用液量/ml	稀释体积/ml	标准系列浓度/($\mu g/ml$)	稀释溶液
钙	25	1	50	0.5	20 g/L 氧化镧溶液
		2		1.0	
		3		1.5	
		4		2.0	
		5		2.5	
		6		3.0	

表 7-3 测定操作参数

元素	波长/nm	光源	火焰	标准系列浓度范围	稀释溶液
钙	422.7	可见	空气-乙炔	0.5~3.0 $\mu g/ml$	20 g/L 镧溶液

其他实验条件:仪器狭缝、空气及乙炔的流量、灯头高度、元素灯电流等均按使用的仪器说明调至最佳状态。

将消化好的样液、试剂空白液和各元素的标准浓度系列分别导入火焰进行测定。

(5)计算

以各浓度系列标准溶液与对应的吸光度绘制标准曲线。钙标准曲线如图 7-1 所示。它的线性相关系数为 0.9996。

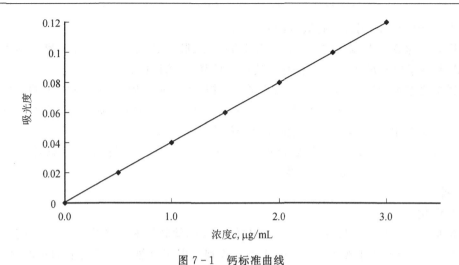

图 7-1 钙标准曲线

测定用样品液及试剂空白液由标准曲线查出浓度值 c_1 及 c_0,再按下式计算。

$$X = \frac{(c_1 - c_0) \times V \times F \times 100}{m \times 1000}$$

式中：X ——样品中元素的含量,mg/100 g;

　c_1 ——测定用样品液中元素的浓度(由标准曲线查出),μg/ml;

　c_0 ——试剂空白液中元素的浓度(由标准曲线查出),μg/ml;

　V ——样品定容体积,ml;

　F ——稀释倍数;

　m ——样品质量,g。

2. 滴定法(EDTA 法)

(1)原理

钙与氨羧络合剂能定量地形成金属络合物,其稳定性较钙与指示剂所形成的络合物强。在适当的 pH 值范围内,以氨羧络合剂 EDTA 滴定,在达到当量点时,EDTA 就自指示剂络合物中夺取钙离子,使溶液呈现游离指示剂的颜色(终点)。根据 EDTA 络合剂用量,可计算钙的含量。

(2)仪器

所有玻璃仪器均以硫酸-重铬酸钾洗液浸泡数小时,再用洗衣粉充分洗刷,后用水反复冲洗,最后用去离子水冲洗晒干或烘干,方可使用。

①实验室常用玻璃仪器:高型烧杯(250 ml),微量滴定管(1 ml 或 2 ml),碱式滴定管(50 ml),刻度吸管(0.5～1 ml),试管等。

②电热板:1000～3000 W,消化样品用。

(3)试剂

①1.25 mol/L 氢氧化钾溶液:精确称取 70.13 g 氢氧化钾,用去离子水稀释至 1000 ml。

②10 g/L 氰化钠溶液:称取 1 g 氰化钠,用去离子水稀释至 100 ml。

③0.05 mol/L 柠檬酸钠溶液:称取 14.7 g 柠檬酸钠($Na_3C_6H_5O_7 \cdot 2H_2O$),用去离子水稀释至 1000 ml。

④混合酸消化液:硝酸与高氯酸比为4:1。

⑤EDTA溶液。精确称取4.5 g EDTA(乙二胺四乙酸二钠),用去离子水稀释至1000 ml,贮存于聚乙烯瓶中,4 ℃保存。使用时稀释10倍即可。

⑥钙标准溶液:精确称取0.1248 g碳酸钙(纯度大于99.99%,105~110 ℃烘干2 h),加20 ml去离子水及3 ml 0.5 mol/L盐酸溶解,移入500 ml容量瓶中,加去离子水稀释至刻度,贮存于聚乙烯瓶中,4 ℃保存。此溶液每毫升相当于100 μg钙。

⑦钙红指示剂:称取0.1 g钙红指示剂($C_{21}H_{14}N_2O_7SH_{14}$),用去离子水稀释至100 ml,溶解后即可使用。贮存于冰箱中可保存一个半月以上。

(4)操作方法

样品消化:

精确称取均匀样品干样0.5~1.5 g(湿样2~4 g,饮料等液体样品5~10 ml)于250 ml高型烧杯,加混合酸消化液20~30 ml,上盖表面皿。置于电热板或沙浴上加热消化。如未消化好而酸液过少时,再补加几毫升混合酸消化液,继续加热消化,直至无色透明为止。加几毫升去离子水,加热以除去多余的硝酸。待烧杯中的液体接近2~3 ml时,取下冷却。用去离子水洗并转移于10 ml刻度试管中,加去离子水定容至刻度(测钙时用2%氧化镧溶液稀释定容)。

取与消化样品相同量的混合酸消化液,按上述操作做试剂空白试验测定。

测定:

①标定EDTA浓度。吸取0.5 ml钙标准溶液,以EDTA滴定,标定其EDTA的浓度,根据滴定结果计算出每毫升EDTA相当于钙的毫克数,即滴定度(T)。

②样品及空白滴定。吸取0.1~0.5 ml(根据钙的含量而定)样品消化液及空白于试管中,加1滴氰化钠溶液和0.1 ml柠檬酸钠溶液,用滴定管加1.5 ml 1.25 mol/L氢氧化钾溶液,加3滴钙红指示剂,立即以稀释10倍的EDTA溶液滴定,至指示剂由紫红色变蓝为止。

(5)计算

$$X = \frac{T \times (V - V_0) \times F \times 100}{m}$$

式中:X——样品中钙含量,mg/100 g;

T——EDTA滴定度,mg/ml;

V——滴定样品时所用EDTA量,ml;

V_0——滴定空白时所用EDTA量,ml;

F——样品稀释倍数;

m——样品质量,g。

(6)说明及注意事项

同实验室平行测定或连续两次测定结果的重复性应小于10%。本方法的检测范围:5~50 μg。

任务三 食品中铁的测定(邻二氮菲测定法)

1. 原理

邻二氮菲(又称邻菲罗啉)是测定微量铁的理想试剂,在pH值为2~9的溶液中,Fe^{2+}

可与邻二氮菲生成极稳定的橙红色络合物,其反应式为:

$$Fe^{2+} + 3 \underset{N}{\underset{N}{\bigodot}} \longrightarrow \left[\left(\underset{N}{\underset{N}{\bigodot}}\right)_3 Fe\right]^{2+}$$

该络合物在波长 510 nm 处有最大吸收,其吸光度与铁含量成正比,可用比色法测定。在显色前,可用盐酸羟胺把 Fe^{3+} 还原为 Fe^{2+}。

2. 仪器

分光光度计。

3. 试剂

①盐酸羟胺溶液(100 g/L):用前配制。

②邻二氮菲溶液(1.2 g/L)。

③乙酸钠溶液(1 mol/L)。

④盐酸溶液(2 mol/L)。

⑤铁标准储备液:准确称取 0.3511 g 硫酸亚铁铵,用 2 mol/L 15 ml 盐酸溶解,移至 500 ml 容量瓶中,用水稀释至刻度,摇匀。此溶液浓度为 100 μg/ml。

⑥铁标准使用液:使用前将标准储备储液准确稀释 10 倍,此溶液浓度为 10 μg/ml。

4. 测定方法

(1)样品处理

称取均匀样品 10 g,用干灰化法灰化后,加盐酸(1+1)溶液 2 ml,置水浴上蒸干,再加入 5 ml 水,加热煮沸,冷却后移入 100 ml 容量瓶中,用水定容,摇匀。

(2)标准曲线绘制

吸取 10 μg/ml 铁标准使用液 0 ml、1 ml、2 ml、3 ml、4 ml、5 ml,置于 6 个 50 ml 容量瓶中,分别加入 1 ml 盐酸羟胺溶液、2 ml 邻二氮菲溶液、5 ml 乙酸钠溶液,每加入一种试剂都要摇匀。然后用水稀释至刻度。10 min 后用 1 cm 比色皿,以不加铁标的空白试剂作参比,在 510 nm 波长处测定各溶液的吸光度。以含铁含量为横坐标,吸光度值为纵坐标,绘制标准曲线。

(3)样品测定

准确吸取适量样液(视铁含量的高低)于 50 ml 容量瓶中,按标准曲线的步骤,加入各种试剂,测定吸光度,在标准曲线上查出相对应的铁含量(μg)。

5. 计算

$$X = \frac{m_0}{m(V_1/V_2)} \times 100$$

式中:X ——样品中铁的含量,μg/100 g;

m_0 ——从标准曲线上查得测定用样液相应的铁含量,μg;

V_1 ——测定用样液体积,ml;

V_2 ——样液定容总体积,ml;

m ——样品质量,g。

6. 说明及注意事项

①Cu^{2+}、Ni^{2+}、Co^{2+}、Zn^{2+}、Hg^{2+}、Cd^{2+}、Mn^{2+}等离子也能与邻二氮菲生成稳定的络合物,少量时不影响测定,量大时可用 EDTA 掩蔽或预先分离。

②加入试剂的顺序不能任意改变,否则会因为 Fe^{3+} 水解等原因造成较大误差。

③微量元素分析的样品制备过程中应特别注意防止各种污染,所用各种设备如电磨、绞肉机、匀浆器、打碎机等必须是不锈钢制品,所用容器必须使用玻璃或聚乙烯制品。

任务四 食品中锌的测定

1. 原子吸收光谱法

(1)原理

样品经处理后,导入原子吸收分光光度计中,原子化以后,吸收 213.8 nm 共振线,其吸收值与锌量成正比,与标准系列比较定量。

(2)仪器

原子吸收分光光度计。

(3)试剂

①磷酸(1+10)。

②盐酸(1+11):量取 10 ml 盐酸,加到适量水中,再稀释至 120 ml。

③锌标准溶液:准确称取 0.5 g 金属锌(99.99%),溶于 10 ml 盐酸中,然后在水浴上蒸发至近干,用少量水溶解后移入 1000 ml 容量瓶中,以水稀释至刻度,贮于聚乙烯瓶中,此溶液每毫升相当于 0.5 mg 锌。

④锌标准使用液:吸取 10 ml 锌标准溶液,置于 50 ml 容量瓶中,以盐酸(0.1 mol/L)稀释至刻度,此溶液每毫升相当于 100 μg 锌。

(4)操作方法

样品处理:

①谷类:去除其中杂物及尘土,必要时除去外壳,磨碎,过 40 目筛,混匀。称取 5~10 g 置于 50 ml 瓷坩埚中,小火炭化至无烟后移入马弗炉中,500±25 ℃灰化约 8 h 后,取出坩埚,放冷后再加入少量混合酸,小火加热,不使干涸,必要时加少许混合酸,如此反复处理,直至残渣中无炭粒。待坩埚稍冷,加 10 ml 盐酸(1+11),溶解残渣并移入 50 ml 容量瓶中,再用盐酸(1+11)反复洗涤坩埚,洗液并入容量瓶中,并稀释至刻度,混匀备用。

取与样品处理相同的混合酸和盐酸(1+11),按同一操作方法做试剂空白试验。

②蔬菜、瓜果及豆类:取可食部分洗净晾干,充分切碎或打碎混匀。称取 10~20 g,置于瓷坩埚中,加 1 ml 磷酸(1+10),小火炭化,以下按①自"至无烟后移入马弗炉中"起,依法操作。

③禽、蛋、水产及乳制品:取可食部分充分混匀。称取 5~10 g,置于瓷坩埚中,小火炭化,以下按①自"至无烟后移入马弗炉中"起依法操作。

④乳类经混匀后,量取 50 ml,置于瓷坩埚中,加 1 ml 磷酸(1+10),在水浴上蒸干,再小火炭化,以下按①自"至无烟后移入马弗炉中"起依法操作。

测定：

吸取 0 ml、0.1 ml、0.2 ml、0.4 ml、0.8 ml 锌标准使用液，分别置于 50 ml 容量瓶中，以盐酸(1 mol/L)稀释至刻度，混匀(各容量瓶中每毫升分别相当于 0 μg，0.2 μg，0.4 μg，0.8 μg，1.6 μg 锌)。

将处理后的样液、试剂空白液和各容量瓶中锌标准溶液分别导入调至最佳条件的火焰原子化器进行测定。参考测定条件：灯电流 6 mA，波长 213.8 nm，狭缝 0.38 nm，空气流量 10 L/min，乙炔流量 2.3 L/min，灯头高度 3 mm，氘灯背景校正，以锌含量对应吸光值，绘制标准曲线或计算直线回归方程，样品吸光值与曲线比较或代入方程求出含量。

(5)计算

$$X_1 = \frac{(A_1 - A_2) \times V_1 \times 1000}{m_1 \times 1000}$$

式中：X_1 ——样品中锌的含量，mg/kg 或 mg/L；

A_1 ——测定用样品液中锌的含量，μg/ml；

A_2 ——试剂空白液中锌的含量，μg/ml；

m_1 ——样品质量(体积)，g(ml)；

V_1 ——样品处理液的总体积，ml。

2. 二硫腙比色法

(1)原理

样品经消化后，在 pH 值为 4.0～5.5 时，锌离子与二硫腙形成紫红色络合物，溶于四氯化碳，加入硫代硫酸钠，防止铜、汞、铅、铋、银和镉等离子干扰，与标准系列比较定量。

(2)仪器

分光光度计。

(3)试剂

①乙酸钠溶液(2 mol/L)：称取 68 g 乙酸钠($CH_3COONa \cdot 3H_2O$)，加水溶解后稀释至 250 ml。

②乙酸(2 mol/L)：量取 10 ml 冰乙酸，加水稀释至 85 ml。

③乙酸-乙酸盐缓冲液：乙酸钠溶液(2 mol/L)与乙酸(2 mol/L)等量混合，此溶液 pH 值为 4.7 左右。用二硫腙-四氯化碳溶液(0.1 g/L)提取数次，每次 10 ml，除去其中的锌，至四氯化碳层绿色不变为止，弃去四氯化碳层；再用四氯化碳提取乙酸-乙酸盐缓冲液中过剩的二硫腙，至四氯化碳无色，弃去四氯化碳层。

④氨水(1+1)。

⑤盐酸(2 mol/L)：量取 10 ml 盐酸，加水稀释至 60 ml。

⑥盐酸(0.02 mol/L)：量取 1 ml 盐酸(2 mol/L)，加水稀释至 100 ml。

⑦盐酸羟胺溶液(200 g/L)：称取 20 g 盐酸羟胺，加 60 ml 水，滴加氨水(1+1)，调节 pH 值至 4.0～5.5，以下按③用二硫腙-四氯化碳溶液(0.1 g/L)处理。

⑧硫代硫酸钠溶液(250 g/L)：用乙酸(2 mol/L)调节 pH 值至 4.0～5.5。以下按③用二硫腙-四氯化碳溶液(0.1 g/L)处理。

⑨二硫腙-四氯化碳溶液(0.1 g/L)。

⑩二硫腙使用液：量取 1 ml 二硫腙-四氯化碳溶液(0.1 g/L)，加四氯化碳至 10 ml，混

匀。用1 cm比色皿,以四氯化碳调节零点,于波长530 nm处测吸光度(A)。用下式计算出配制100 ml二硫腙使用液(57 %透光率)所需的二硫腙-四氯化碳溶液(0.1 g/L)毫升数(V)。

$$V=\frac{10\times(2-\lg57)}{A}=\frac{2.44}{A}$$

⑪锌标准溶液:准确称取0.1 g锌,加10 ml盐酸(2 mol/L),溶解后移入1000 ml容量瓶中,加水稀释至刻度。此溶液每毫升相当于100 μg锌。

⑫锌标准使用液:量取1 ml锌标准溶液,置于100 ml容量瓶中,加1 ml盐酸(2 mol/L),加水稀释至刻度,此溶液每毫升相当于1 μg锌。

⑬酚红指示液(1 g/L):称取0.1 g酚红,用乙醇溶解至100 ml。

(2)操作方法

样品消化(硝酸-高氯酸-硫酸法):

①粮食、粉丝、粉条、豆干制品、糕点、茶叶等及其他含水分少的固体食品:称取5 g或10 g的粉碎样品,置于250～500 ml定氮瓶中,先加水少许使湿润,加数粒玻璃珠、10～15 ml硝酸-高氯酸混合液,放置片刻,小火缓缓加热,待作用缓和,放冷。沿瓶壁加入5 ml或10 ml硫酸,再加热,至瓶中液体开始变成棕色时,不断沿瓶壁滴加硝酸-高氯酸混合液至有机物质分解完全。加大火力,至产生白烟,待瓶口白烟冒净后,瓶内液体再产生白烟为消化完全,该溶液应澄明无色或微带黄色,放冷。在操作过程中应注意防止爆沸或爆炸。

瓶中加20 ml水煮沸,除去残余的硝酸至产生白烟为止,如此处理两次,放冷。将冷后的溶液移入50 ml或100 ml容量瓶中,用水洗涤定氮瓶,洗液并入容量瓶中,放冷,加水至刻度,混匀。定容后的溶液每10 ml相当于1 g样品,相当于加入硫酸量1 ml。

取与消化样品相同量的硝酸-高氯酸混合液和硫酸,按同一方法做试剂空白试验。

②蔬菜、水果:称取25 g或50 g洗净打成匀浆的样品,置于250～500 ml定氮瓶中,加数粒玻璃珠、10～15 ml硝酸-高氯酸混合液,以下按①自"放置片刻"起依法操作,但定容后的溶液每10 ml相当于5 g样品,相当于加入硫酸1 ml。

③酱、酱油、醋、冷饮、豆腐、腐乳、酱腌菜等:称取10 g或20 g样品(或吸取10 ml或20 ml液体样品),置于250～500 ml定氮瓶中,加数粒玻璃珠、5～15 ml硝酸-高氯酸混合液。以下按①自"放置片刻"起依法操作,但定容后的溶液每10 ml相当于2 g或2 ml样品。

④含乙醇饮料或含二氧化碳饮料:吸取10 ml或20 ml样品,置于250～500 ml定氮瓶中。加数粒玻璃珠,先用小火加热除去乙醇或二氧化碳,再加5～10 ml硝酸-高氯酸混合液,混匀后,以下按①自"放置片刻"起依法操作,但定容后的溶液每10 ml相当于2 ml样品。吸取5～10 ml水代替样品,加与消化样品相同量的硝酸-高氯酸混合液和硫酸,按相同操作方法做试剂空白试验。

⑤含糖量高的食品:称取5 g或10 g样品,置于250～500 ml定氮瓶中,先加少许水使湿润,加数粒玻璃珠、5～10 ml硝酸-高氯酸混合液后,摇匀。缓缓加入5 ml或10 ml硫酸,待作用缓和停止起泡沫后,先用小火缓缓加热(糖分易炭化),不断沿瓶壁补加硝酸-高氯酸混合液,待泡沫全部消失后,再加大火力,至有机物质分解完全,产生白烟,溶液应澄明无色或微带黄色,放冷。以下按①自"加20 ml水煮沸"起依法操作。

⑥水产品:取可食部分样品捣成匀浆,称取5 g或10 g(海产藻类、贝类可适当减少取样量),置于250～500 ml定氮瓶中,加数粒玻璃珠、5～10 ml硝酸-高氯酸混合液,混匀后,以

下按①自"沿瓶壁加入 5 ml 或 10 ml 硫酸"起依法操作。

测定:

准确吸取 5~10 ml 定容的消化液和相同量的试剂空白液,分别置于 125 ml 分液漏斗中,加 5 ml 水、0.5 ml 盐酸羟胺溶液(200 g/L),摇匀,再加 2 滴酚红指示液,用氨水(1+1)调节至红色,再多加 2 滴。再加 5 ml 二硫腙-四氯化碳溶液(0.1 g/L),剧烈振摇 2 min,静置分层。将四氯化碳层移入另一分液漏斗中,水层再用少量二硫腙-四氯化碳溶液振摇提取,每次 2~3 ml,直至二硫腙-四氯化碳溶液绿色不变为止。合并提取液,用 5 ml 水洗涤,四氯化碳层用盐酸(0.02 mol/L)提取 2 次,每次 10 ml,提取时剧烈振摇 2 min,合并盐酸(0.02 mol/L)提取液,并用少量四氯化碳洗去残留的二硫腙。

吸取 0、1、2、3、4、5 ml 锌标准使用液(相当于 0、1、2、3、4、5 μg 锌),分别置于 125 ml 分液漏斗中,各加盐酸(0.02 mol/L)至 20 ml。于样品提取液、试剂空白提取液及锌标准溶液各分液漏斗中加 10 ml 乙酸-乙酸盐缓冲液、1 ml 硫代硫酸钠溶液(250 g/L),摇匀,再各加入 10 ml 二硫腙使用液,剧烈振摇 2 min。静置分层后,经脱脂棉将四氯化碳层滤入 1 cm 比色杯中,以四氯化碳调节零点,于波长 530 nm 处测吸光度,标准各点吸收值减去零点吸收值后绘制标准曲线,或计算直线回归方程,样液吸收值与曲线比较或代入方程求得含量。

(5)计算

$$X_2 = \frac{(m_3 - m_4) \times 1000}{m_2 \times (V_3/V_2) \times 1000}$$

式中:X_2——样品中锌的含量,mg/kg 或 mg/L;

m_3——测定用样品消化液中锌的质量,μg;

m_4——试剂空白液中锌的质量,μg;

m_2——样品质量(体积),g(ml);

V_2——样品消化液的总体积,ml;

V_3——测定用消化液的体积,ml。

报告平行测定的算术平均值保留二位有效数字。

任务五 食品中铅的测定

1. 铅的测定(二硫腙比色法)

(1)原理

样品经消化后,在 pH 值为 8.5~9.0 时,铅离子与二硫腙生成红色络合物,溶于三氯甲烷。加入柠檬酸铵、氰化钾和盐酸羟胺等,防止铁、铜、锌等离子干扰,与标准系列比较定量。

(2)仪器

分光光度计。

(3)试剂

①氨水(1+1)。

②盐酸(1+1):量取 100 ml 盐酸,加入 100 ml 水中。

③酚红指示液(1 g/L):称取 0.1 g 酚红,用少量多次乙醇溶解后移入 100 ml 容量瓶中

并定容至刻度。

④盐酸羟胺溶液(200 g/L)：称取 20 g 盐酸羟胺，加水溶解至 50 ml，加 2 滴酚红指示液，加氨水(1+1)，调 pH 值至 8.5～9.0(由黄变红，再多加 2 滴)，用二硫腙-三氯甲烷溶液提取至三氯甲烷层为绿色不变为止，再用三氯甲烷洗两次，弃去三氯甲烷层，水层加盐酸(1+1)至呈酸性，加水至 100 ml。

⑤柠檬酸铵溶液(200 g/L)：称取 50 g 柠檬酸铵，溶于 100 ml 水中，加 2 滴酚红指示液，加氨水(1+1)，调 pH 值至 8.5～9.0，用二硫腙-三氯甲烷溶液提取数次，每次 10～20 ml，至三氯甲烷层为绿色不变为止，弃去三氯甲烷层，再用三氯甲烷洗两次，每次 5 ml，弃去三氯甲烷层，加水稀释至 250 ml。

⑥氰化钾溶液(100 g/L)：称取 10 g 氰化钾，用水溶解后稀释至 100 ml。

⑦三氯甲烷：不应含氧化物。

⑧淀粉指示液：称取 0.5 g 可溶性淀粉，加 5 ml 水搅匀后，慢慢倒入 100 ml 沸水中，随倒随搅拌，煮沸，放冷备用。临用时配制。

⑨硝酸(1+99)：量取 1 ml 硝酸，加入 99 ml 水中。

⑩二硫腙-三氯甲烷溶液(0.5 g/L)：保存在冰箱中，必要时用下述方法纯化。

称取 0.5 g 研细的二硫腙，溶于 50 ml 三氯甲烷中，如不全溶，可用滤纸过滤于 250 ml 分液漏斗中，用氨水(1+99)提取三次，每次 100 ml，将提取液用棉花过滤至 500 ml 分液漏斗中，用盐酸(1+1)调至酸性，将沉淀出的二硫腙用三氯甲烷提取 2～3 次，每次 20 ml，合并三氯甲烷层，用等量水洗涤两次，弃去洗涤液，在 50 ℃水浴上蒸去三氯甲烷。精制的二硫腙置于硫酸干燥器中，干燥备用。或将沉淀出的二硫腙用 200、200、100 ml 三氯甲烷提取三次，合并三氯甲烷层为二硫腙溶液。

⑪二硫腙使用液：吸取 1 ml 二硫腙溶液，加三氯甲烷至 10 ml 混匀。用 1 cm 比色杯，以三氯甲烷调节零点，于波长 510 nm 处测吸光度(A)，用下式算出配制 100 ml 二硫腙使用液(70%透光率)所需二硫腙溶液的毫升数(V)。

$$V = \frac{10 \times (2-\lg 70)}{A} = \frac{1.55}{A}$$

⑫硝酸-硫酸混合液(4+1)。

⑬铅标准溶液：精密称取 0.1598 g 硝酸铅，加 10 ml 硝酸(1+99)，全部溶解后，移入 100 ml 容量瓶中，加水稀释至刻度。此溶液每毫升相当于 1 mg 铅。

⑭铅标准使用液：吸取 1 ml 铅标准溶液，置于 100 ml 容量瓶中，加水稀释至刻度。此溶液每毫升相当于 10 μg 铅。

(4)操作方法

样品预处理：

采样和制备过程中，应注意不使样品污染。

粮食、豆类去杂物后，磨碎，过 20 目筛，储于塑料瓶中，保存备用。

蔬菜、水果、鱼类、肉类及蛋类等水分含量高的鲜样，用食品加工机或匀浆机打成匀浆，储于塑料瓶中，保存备用。

样品消化(灰化法):

①粮食及其他含水分少的食品:称取 5 g 样品,置于石英或瓷坩埚中,加热至炭化,然后移入马弗炉中,500 ℃灰化 3 h,放冷,取出坩埚,加硝酸(1+1),润湿灰分,用小火蒸干,再 500 ℃灼烧 1 h,放冷,取出坩埚。加 1 ml 硝酸(1+1),加热,使灰分溶解,移入 50 ml 容量瓶中,用水洗涤坩埚,洗液并入容量瓶中,加水至刻度,混匀备用。

②含水分多的食品或液体样品:称取 5 g 或吸取 5 ml 样品,置于蒸发皿中,先在水浴上蒸干,再按①自"加热至炭化"起依法操作。

测定:

吸取 10 ml 消化后的定容溶液和同量的试剂空白液,分别置于 125 ml 分液漏斗中,各加水至 20 ml。

吸取 0、0.1、0.2、0.3、0.4、0.5 ml 铅标准使用液(相当 0、1、2、3、4、5 μg 铅),分别置于 125 ml 分液漏斗中,各加硝酸(1+99)至 20 ml。

于样品消化液、样品空白液和铅标准液中各加 2 ml 柠檬酸铵溶液(200 g/L),1 ml 盐酸羟胺溶液(200 g/L)和 2 滴酚红指示液,用氨水(1+1)调至红色,再各加 2 ml 氰化钾溶液(100 g/L),混匀。各加 5 ml 二硫腙使用液,剧烈振摇 1 min,静置分层后,三氯甲烷层经脱脂棉滤入 1 cm 比色杯中,以三氯甲烷调节零点于波长 510 nm 处测吸光度,各点减去零管吸收值后,绘制标准曲线或计算一元回归方程,样品与曲线比较。

(5)计算

$$X = \frac{(m_1 - m_2) \times 1000}{m \times \frac{V_2}{V_1} \times 1000}$$

式中:X ——样品中铅的含量,mg/kg 或 mg/L;

m_1 ——测定用样品消化液中铅的质量,μg;

m_2 ——试剂空白液中铅的质量,μg;

m ——样品质量(体积),g(ml);

V_2 ——样品消化液的总体积,ml;

V_1 ——测定用样品消化液体积,ml。

结果的表述:报告平行测定的算术平均值保留二位有效数字。

任务六 食品中总砷及无机砷的测定

1. 原理

试样经消化后,其中砷以五价形态存在,当溶液氢离子浓度大于 1 mol/L 时,加入碘化钾-硫脲并结合加热,能将五价砷还原为三价砷。在酸性条件下,硼氢化钾将三价砷还原为负三价,形成砷化氢气体,导入吸收液呈黄色,黄色深浅与溶液中砷含量成正比,与标准系列比较定量。

2. 仪器

①原子荧光光度计。

②砷化氢发生装置,如图 7-2。

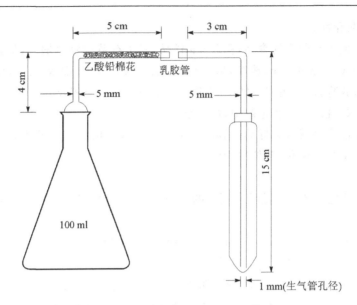

图 7-2 砷化氢发生瓶及吸收管

3. 试剂

①碘化钾(500 g/L)+硫脲溶液(50 g/L)(1+1)。

②氢氧化钠溶液(400 g/L 和 100 g/L)。

③硫酸(1+1)。

④吸收液:

硝酸银溶液(8 g/L):称取 4 g 硝酸银于 500 ml 烧杯中,加入适量水溶解后加入 30 ml 硝酸,加水至 500 ml,贮于棕色瓶中。

聚乙烯醇溶液(4 g/L):称取 0.4 g 聚乙烯醇(聚合度 1500~1800)于小烧杯中,加入 100 ml 水,沸水浴中加热,搅拌至溶解,保温 10 min,取出放冷备用。

取硝酸银溶液和聚乙烯醇溶液各一份,加入两份体积的乙醇(95%),混匀作为吸收液。使用时现配。

⑤硼氢化钾片:将硼氢化钾与氯化钠按 1:4 质量比混合磨细,充分混匀后在压片机上制成直径 10 mm,厚 4 mm 的片剂,每片为 0.5 g。避免在潮湿天气时压片。

⑥乙酸铅(100 g/L)棉花:将脱脂棉泡于乙酸铅(100 g/L)溶液中,数分钟后挤去多余溶液,摊开棉花,80 ℃烘干后贮于广口玻璃瓶中。

⑦柠檬酸(1 mol/L)-柠檬酸铵(1 mol/L):称取 192 g 柠檬酸、243 g 柠檬酸铵,加水溶解后稀释至 1000 ml。

⑧砷标准储备液:称取经 105 ℃干燥 1 h 并置干燥器中冷却至室温的三氧化二砷 0.132 g 于 100 ml 烧杯中,加入 10 ml 氢氧化钠溶液(2.5 mol/L),待溶解后加入 5 ml 高氯酸、5 ml 硫酸,置电热板上加热至出现白烟,冷却后,转入 1000 ml 容量瓶中,并用水稀释定容至刻度。此溶液每毫升含砷(五价)0.1 mg。

⑨砷标准应用液:吸取 1 ml 砷标准储备液于 100 ml 容量瓶中,加水稀释至刻度。此溶

液每毫升含砷(五价)1 μg。

⑩甲基红指示剂(2 g/L):称取0.1 g甲基红溶解于50 ml 95%乙醇中。

4. 操作方法

①样品处理:

a. 粮食类食品:称取5 g样品于250 ml三角烧瓶中,加入5 ml高氯酸、20 ml硝酸、2.5 ml硫酸(1+1),放置数小时后(或过夜),置电热板上加热,若溶液变为棕色,应补加硝酸使有机物分解完全,取下放冷,加15 ml水,再加热至冒白烟,取下,以20 ml水分数次将消化液定量转入100 ml砷化氢发生瓶中。同时作试剂空白。

b. 蔬菜、水果类:称取10~20 g样品于250 ml三角烧瓶中,加入3 ml高氯酸、20 ml硝酸、2.5 ml硫酸(1+1),以下按a."放置数小时"操作。

c. 动物性食品(海产品除外):称取5~10 g样品于250 ml三角烧瓶中,以下按a."放置数小时"操作。

d. 海产品:称取0.1~1 g样品于250 ml三角烧瓶中,加入2 ml高氯酸、10 ml硝酸、2.5 ml硫酸(1+1),以下按a."放置数小时"操作。

e. 含乙醇或二氧化碳的饮料:吸取10 ml样品于250 ml三角烧瓶中,低温加热除去乙醇或二氧化碳后加入2 ml高氯酸、10 ml硝酸、2.5 ml硫酸(1+1),以下按a."放置数小时"操作。

f. 酱油类食品:吸取5~10 ml代表性样品于250 ml三角烧瓶中,加入5 ml高氯酸、20 ml硝酸、2.5 ml硫酸(1+1),以下按a."放置数小时"操作。

②标准系列的准备:于6支100 ml砷化氢发生瓶中,依次加入砷标准应用液0、0.25、0.5、1、2、3 ml(相当于0、0.25、0.5、1、2、3 μg砷),分别加水至3 ml,再加2 ml硫酸(1+1)。

③样品及标准的测定:于样品及标准砷化氢发生瓶中,分别加入0.1 g抗坏血酸、2 ml碘化钾(500 g/L)-硫脲溶液(50 g/L),置沸水浴中加热5 min(此时瓶内温度不得超过80 ℃),取出放冷,加入甲基红指示剂(2 g/L)1滴,加入约3.5 ml氢氧化钠溶液(400 g/L),以氢氧化钠溶液(100 g/L)调至溶液刚呈黄色,加入1.5 ml柠檬酸(1 mol/L)-柠檬酸铵溶液(1 mol/L),加水至40 ml,加入一粒硼氢化钾片剂,立即通过塞有乙酸铅棉花的导管与盛有4 ml吸收液的吸收管相连接,不时摇动砷化氢发生瓶,反应5 min后再加入一粒硼氢化钾片剂,继续反应5 min。取下吸收管,用1 cm比色皿,在400 nm波长,以标准管零管吸光度为零,测定各管吸光度。将标准系列各管砷含量对比吸光度绘制标准曲线或计算回归方程。

5. 计算

$$X = \frac{A \times 1000}{m \times 1000}$$

式中:X——样品中砷的含量,mg/kg或mg/L;

A——测定用消化液从标准曲线查得的质量,μg;

m——样品质量或体积,g或ml。

任务七 食品中总汞及有机汞的测定

1. 冷原子吸收光谱法

(1) 原理

汞蒸气对波长 253.7 nm 的共振线具有强烈的吸收作用。样品经过酸消解或催化酸消解使汞转为离子状态,在强酸性介质中以氯化亚锡还原成元素汞,以氩气或干燥空气作为载体,将元素汞吹入汞测定仪,进行冷原子吸收测定,在一定浓度范围其吸收值与汞含量成正比,与标准系列比较定量。

(2) 仪器

① 双光束测汞仪。
② 恒温干燥箱。
③ 压力消解器、压力消解罐或压力溶弹。

(3) 试剂

① 硝酸。
② 盐酸。
③ 过氧化氢溶液(30%)。
④ 硝酸(0.5+99.5):取 0.5 ml 硝酸慢慢加入 50 ml 水中,然后加水稀释至 100 ml。
⑤ 高锰酸钾溶液(50 g/L):称取 5 g 高锰酸钾置于 100 ml 棕色瓶中,以水溶解稀释至 100 ml。
⑥ 硝酸-重铬酸钾溶液:称取 0.05 g 重铬酸钾溶于水中,加入 5 ml 硝酸,用水稀释至 100 ml。
⑦ 氯化亚锡溶液(100 g/L):称取 10 g 氯化亚锡溶于 20 ml 盐酸中,以水稀释至 100 ml,临用时现配。
⑧ 无水氯化钙。
⑨ 汞标准储备液:准确称取 0.1354 g 经干燥器干燥过的二氧化汞溶于硝酸-重铬酸钾溶液中,移入 100 ml 容量瓶中,以硝酸-重铬酸钾溶液稀释至刻度,混匀。此溶液每毫升含 1 mg 汞。
⑩ 汞标准使用液:由 1 mg/ml 汞标准储备液经硝酸-重铬酸钾溶液稀释成 2 μg/ml,4 μg/ml,6 μg/ml,8 μg/ml,10 μg/ml 的汞标准使用液。临用时现配。

(4) 操作方法

① 样品预处理:在采样和制备过程中,应注意不要使样品受到污染。粮食、豆类去杂质后,磨碎,过 20 目筛,储于塑料瓶中,保存备用。蔬菜、水果、鱼类、肉类及蛋类等水分含量高的先要用食品加工机或匀浆机打成匀浆,储于塑料瓶中,保存备用。

② 样品消解:

压力消解罐消解法:称取 1~3 g 样品(干样、含脂肪高的样品<1 g,鲜样<3 g 或按压力消解罐使用说明书称取样品)于聚四氟乙烯内罐,加硝酸 2~4 ml 浸泡过滤。再加过氧化氢溶液(30%)2~3 ml(总量不能超过罐容积的三分之一),盖好内盖,旋紧不锈钢外套,放入恒温干燥箱,120~140 ℃保持 3~4 h,在箱内自然冷却至室温,用滴管将消化液洗入或滤入

10 ml容量瓶中,用水少量多次洗涤消解罐,洗液合并于容量瓶中并定容至刻度,混匀备用;同时作试剂空白。

③测定:

仪器条件:打开测汞仪,预热1~2 h,并将仪器性能调至最佳状态。

标准曲线绘制:吸取上面配制的汞标准使用液2、4、6、8、10 μg/ml各5 ml(相当于10、20、30、40、50 μg汞)置于测汞仪的汞蒸气发生器的还原瓶中,分别加入1 ml还原剂氯化亚锡(100 g/L),迅速盖紧瓶塞,随后有气泡产生,在仪器读数显示的最高点测得其吸收值,然后,打开吸收瓶上的三通阀将产生的汞蒸气吸收于高锰酸钾溶液(50 g/L)中,待测汞仪上的读数达到零点时进行下一次测定,并求得吸光值与汞质量关系的一元线性回归方程。

样品测定:分别吸取样液或试剂空白各5 ml置于测汞仪的汞蒸气发生器的还原瓶中,然后加入1 ml还原剂氯化亚锡(100 g/L),迅速盖紧瓶塞,随后有气泡产生,在仪器读数显示的最高点测得其吸收值,最后,打开吸收瓶上的三通阀将产生的汞蒸气吸收于高锰酸钾溶液(50 g/L)中。

(5)计算

$$X = \frac{(A_1 - A_2) \times (V_1/V_2) \times 1000}{m \times 1000}$$

式中:X——样品中汞的含量,μg/kg 或 μg/L;

A_1——测得样品消化液中汞的质量,μg;

A_2——试剂空白液中汞的质量,μg;

V_1——样品消化液总体积,ml;

V_2——测定用样品消化液体积,ml;

m——样品质量或体积,g 或 ml。

情境八 食品中有毒有害物质的测定

自然界中,按其原来的用途正常使用导致人体生理机能、自然环境或生态平衡遭受破坏的物质或含有该物质的物料,称为有害物质。凡是以小剂量进入机体,通过化学或物理化学作用能够导致健康受损的物质,称为有毒物质。有害物质包括普通有害物质、有毒物质、致癌物质和危险物质。

食品中有毒有害物质有的来自食品原料固有毒素,有的是因为农药、兽药使用不当或环境污染,还有一些特定食品加工工艺、食品包装材料及加工、储藏、运输过程也会带来有害物质。食品中有害元素主要有铅、镉、汞、砷等,其主要来源是工业"三废"、化学农药、食品加工辅料等方面的污染。有害元素污染食品后,随食品进入人体,会危害人体健康,甚至致人终身残疾或死亡。

食品中有害物质常用的检测方法有薄层色谱法、气相色谱法、高效液相色谱法、质谱法、色-质联用、酶联免疫吸附测定法和比色法等。因比色法操作简便迅速,因此实验室中较常使用。检测食品中有害元素可以分析食品中有害元素的种类及含量,防止有害元素危害人体健康,也为加强食品生产和卫生管理提供依据。

任务一 食品中农药残留的测定

1. 概述

(1)农药和农药残留

农药是指用于预防、消灭或者控制危害农业、林业的病、虫、草及其他有害生物,以及调节植物、昆虫生长的药物总称。

农药的种类很多,目前全世界实际生产和使用的农药有上千种,其中大量使用的有100余种,主要是通过化学合成生产。我国现有主要农药生产企业近400家,已建成70万吨以上原药生产装置,可年产250多种原药、农药,产量居世界第二位,农药产量呈逐年增长的趋势。原料及中间体已经满足国内需求,但是产品结构不合理(见表8-1),个别品种老化;生产规模小,工艺技术落后,产品质量差;农药加工落后,助剂研究滞后;原药与制剂比例较低,目前为9:1,发达国家为10:1~30:1;另外,生物农药还应大力发展。

表8-1 我国和发达国家农药产品结构比例

	杀虫剂	杀菌剂	除草剂
中国	68.5%	10.4%	18.3%
发达国家	40%	20%	40%

农药按用途可分为杀虫剂、杀菌剂、除草剂、杀螨剂、植物生长调节剂、杀鼠药、昆虫不育剂等;按化学成分可分为有机磷类、氨基甲酸酯类、有机氯类、拟除虫菊酯类、苯氧乙酸类、有机锡类等;按其毒性可分为高毒、中毒、低毒三类;按农药在植物体内残留时间的长短可分为

高残留、中残留和低残留三类。

农药残留是农药使用后,残存于生物体、食品(农副产品)和环境中的微量农药原体、有毒代谢物、降解物和杂质的总称。残存的数量称为残留量,表示单位为 mg/kg 或 μg/kg(食品或食品农作物)。

农药在防治农作物病虫害、控制人类传染病、提高农畜产品的产量和质量以及确保人体健康等方面,都起着重要的作用。但是,大量广泛使用农药也会对食物造成污染。

(2)食品中农药残留的危害与限量

食品中普遍存在农药残留,残留量因食品种类及农药种类的不同而有很大差异,农药残留量超过残留限量时经常对人体或动物产生不良影响。1994 年,我国农药中毒人数已超过 10 万人,大部分是由于农药残留而引起的。由于农药的毒性都很大,有的还可以在人体内蓄积,食品中残留农药过高会导致癌症和帕金森病。

农药的残留毒性(残毒)是指残留农药在食物上达到一定的浓度(即残留量)后,人或其他高等动物长期进食这些食物,就会使农药在体内积累起来,引起慢性中毒。农药的残毒有三个来源:一是施用农药后药剂对作物的直接污染;二是作物对污染环境中农药的吸收;三是生物富集与食物链。

为提高食品的卫生质量,保证食品的安全性,保障消费者身体健康,许多国家都对食品中农药允许残留量作出了规定。我国和 WHO 制定的有机氯农药 666、DDT 在食品中的允许残留量标准见表 8-2、8-3;WHO 推荐的部分食品中有机磷农药允许残留量标准见表8-4。

表 8-2 我国主要食品中有机氯农药 666、DDT 的允许残留量标准

食物名称	BHC/(mg/kg)	DDT/(mg/kg)
粮食(成品粮)、麦乳精(含乳固体饮料)	≤0.3	≤0.2
蔬菜、水果、干食用菌	≤0.2	≤0.1
鱼类(包括其他水产品)	≤2.0	≤1.0
肉类(脂肪含量≤10%,以鲜重计)	≤0.4	≤0.2
肉类(脂肪含量>10%,以脂肪计)	≤4.0	≤2.0
蛋(去壳)	≤1.0	≤1.0
牛乳、鲜食用菌、蘑菇罐头	≤0.1	≤0.1
绿茶及红茶	≤0.4	≤0.2

注:①蛋制品按蛋折算,乳制品按牛乳折算;
②BHC 以 α、β、γ、σ 四种异构体总量计;
③DDT 以 P,P'-DDT、O,P'-DDT、P,P'-DDD、P,P'-DDE 总量计。

表 8-3 WHO 建议的有机氯农药 666、DDT 在食品中的允许残留量标准

农药名称	食品中允许残留量标准/(mg/kg)	
DDT	瓜果、蔬菜	≤7.0
	热带水果	≤3.5
	全脂奶	≤0.05
	蛋(去壳)	≤0.5

续表 8-3

农药名称	食品中允许残留量标准/(mg/kg)	
γ_t - BHC	莴苣、畜肉脂肪	≤2.0
	水果、蔬菜	≤0.5
	全脂奶、甜菜根及叶、米、蛋(去壳)	≤0.1
	马铃薯	≤0.05

表 8-4 WHO 推荐的部分有机磷农药在食品中允许残留量标准

农药	食品中允许残留量标准/(mg/kg)
内吸磷(1059)	杏、葡萄、桃子 1.0；苹果、柑橘、樱桃 0.5；李子 0.2；甜瓜、草莓 0.1
对硫磷(1605)	蔬菜(胡萝卜除外)0.7；桃、杏、柑橘 1.0；其他水果、棉籽油 0.5
甲拌磷(3911)	胡萝卜 0.5；莴苣 0.2；菜豆、芹菜、茄子、番茄、油菜籽 0.1；大麦、小麦、大豆、玉米、高粱、棉籽、花生仁、马铃薯、葡萄 0.05
杀螟松	原粮 10.0；全小麦粉 5.0；白麦粉 3.0；大米 1.0；玉米、卷心菜、莴苣、豌豆、番茄、樱桃、葡萄、草莓、茶、洋梨 0.5；白面包、韭菜、橙子、萝卜 0.2；黄瓜、葱、马铃薯 0.05；花椰菜、可可豆、茄子、大豆 0.1
倍硫磷	苹果、樱桃、柑橘、桃、洋梨、草莓、肉(脂肪)、莴苣 2.0；卷心菜、花椰菜、橄榄油、李子、香蕉 1.0；葡萄、豌豆、番茄 0.5；全奶、马铃薯 0.05；南瓜、柑橘汁 0.2；稻、小麦、菜豆、甘薯、奶制品(以脂肪计)、葱 0.1
敌敌畏	原粮、大豆、花生 2.0；莴苣 1.0；磨碎的原粮产品、蔬菜 0.5；全脂奶 0.02；水果 0.1；禽畜肉、蛋(去壳)0.05
乐果	水果 2.0；草莓、辣椒、番茄 1.0；马铃薯、甜菜块根 0.05
马拉硫磷	原粮、蔬菜 8.0；樱桃、李子、梅 6.0；柑橘类水果 4.0；卷心菜 5.0；绿叶甘蓝、番茄、芜菁 3.0；芸豆荚、苹果 2.0；芹菜、草莓、马铃薯 1.0；叶菜、豌豆、辣椒、茄子 0.5

我国已于 2007 年 1 月 1 日全面禁用 5 种高毒农药,包括甲胺磷、久效磷、甲基对硫磷、对硫磷和磷铵。

农药残毒所造成的污染是多方面的。在农药残留的分析过程中,分离技术往往占主导地位。由于各种色谱检测器的选择性,针对不同类型的有机化合物常需要不同的前处理技术。

2. 有机磷农药残留的测定

有机磷农药是含有 C-P 键或 C-O-P、C-S-P、C-N-P 键的有机化合物,包括磷酸酯类化合物及硫代磷酸酯类化合物。目前正式商品化的有机磷农药有上百种,具有代表性的有:敌敌畏、敌百虫、马拉硫磷、对硫磷、乐果、辛硫磷、甲胺磷、甲拌磷(3911)、氧化乐果、二溴磷、久效磷、磷铵、杀螟硫磷、甲基对硫磷、倍硫磷、内吸磷(1059)、双硫磷、乙酰甲胺磷、二嗪磷、丙溴磷等。

有机磷农药中,除敌百虫、乐果为白色晶体外,其余有机磷农药的工业品均为棕色油状。有机磷农药有特殊的蒜臭味,挥发性大,对光、热不稳定。大部分不溶于水,而溶于有机溶剂。在中性和酸性条件下稳定,不易水解,在碱性条件、高温、水分含量高等环境中易水解失效。如敌百虫在碱性溶液中易水解为毒性较大的敌敌畏；硫代磷酸酯类农药在溴作用下或在紫外线照射下，分子中的 S 易被 O 取代，生成毒性较大的硫酸酯类农药。

接触可造成中毒，它们的毒性依赖于其结构和功能团。例如，含 P=O 键（如敌百虫、对氧磷）的毒性通常比含 P=S 键的农药（如马拉硫磷）大。这些化合物主要是抑制生物体内胆碱酯酶的活性，导致乙酰胆碱这种传导介质代谢紊乱，产生迟发型神经毒性，引起运动失调、昏迷、呼吸中枢麻痹甚至死亡。

有机磷杀虫剂具有高效光谱、易被水、酶及微生物所降解，很少残留毒性，半衰期短，人体、动物体内不易储积等优势，因此目前在杀虫剂的使用方面，它依然起主要作用。常见几种有机磷农药的比较见表 8-5。

表 8-5 几种有机磷农药比较表

名称	毒性	残效期/d	用途与特点	我国允许残留量标准/(mg/kg)		
				粮食	蔬菜、水果	植物油
甲拌磷	剧	30~40	拌种	0.2	ND	ND
杀螟磷硫	低	短	粮食作物	0.4	0.4	ND
倍硫磷	低	短	水果、蔬菜、粮食	0.05	0.05	0.01
乐果	低	5	使用范围广		1.0	
敌敌畏	剧	短	煎煮破坏	N	0.2	
对硫磷	剧	7	粮食作物	0.1	ND	0.1
马拉硫磷	低	短	粮食熏蒸	3	N	

注：N-暂不定；ND-不得检出

由于某些有机磷农药急性毒性强，常因使用、保管、运输等不慎，污染食品，造成人畜急性中毒，因此食品中需要测定有机磷农药残留。

1）定性测定（速测卡法）

蔬菜中有机磷的快速检测方法依据国家标准——《蔬菜中有机磷和氨基甲酸酯类农药残留量的快速检测》(GB/T 5009.199—2003) 中的速测卡法（纸片法）。

(1) 原理

胆碱酯酶可催化淀粉乙酸酯（红色）水解为乙酸与淀粉（蓝色），有机磷或氨基甲酸酯类农药对胆碱酯酶有抑制作用，使催化、水解、变色过程发生改变，由此可判断出样品中是否存在有机磷或氨基甲酸酯类农药残留。

(2) 试剂

① 固化有胆碱酯酶和淀粉乙酸酯试剂的卡片（速测卡）。

② pH=7.5 的磷酸盐缓冲液：分别称取 15 g 磷酸氢二钠（$Na_2HPO_4 \cdot 12H_2O$）与 1.59 g 无水磷酸二氢钾（KH_2PO_4）用 500 ml 蒸馏水溶解。

(3) 仪器

称量天平。

(4) 实验步骤

① 整体测定法：

选取具有代表性的蔬菜样品，擦去表面泥土，剪成 1 cm² 左右的方形碎片，取 5 g 放入带盖瓶中,加入 10 ml 缓冲溶液,振荡 50 次,静置 2 min 以上。

取一片速测卡,用白色药片蘸取提取液,放置 10 min 以上进行预反应,有条件时在 37 ℃ 恒温装置中放置 10 min。预反应后的药片表面必须保持湿润。

将速测卡对折用手捏 3 min 或用恒温装置恒温 3 min,使红色药片与白色药片叠合发生反应。

每批测定应设一个缓冲液的空白对照卡。

②表面测定法(粗筛法):擦去蔬菜表面泥土,滴 3~4 滴缓冲液在蔬菜表面,用另一片蔬菜在滴液处轻轻摩擦。

取一张速测卡,将蔬菜上的液滴滴在白色药片上。

放置 10 min 以上进行预反应,有条件时在 37 ℃ 恒温装置中放置 10 min。预反应后的药品表面必须保持湿润。

将速测卡对折,用手捏 3 min 或用恒温装置恒温 3 min,使红色药片与白色药片叠合发生反应。

(5)结果判断

结果以酶被有机磷或氨基甲酸酯类农药抑制(阳性)、未抑制(阴性)表示。

与空白对照卡比较,白色药片不变色或略有浅蓝色均为阳性结果;白色药片变为天蓝色或与空白对照卡相同,为阴性结果。

对阳性结果的样品,可用其他方法进一步确定具体农药品种和含量。

(6)注意事项及说明

葱、蒜、萝卜、韭菜、香菜、茭白、蘑菇和番茄汁液中,含有对酶有影响的植物次生物质,容易产生假阳性。处理样品时,可采取整株(体)蔬菜浸提或采用表现测定法。对一些含叶绿素较高的蔬菜,也可采取整株(体)蔬菜浸提法,减少色素的干扰。

当温度低于 37 ℃ 时,酶反应速度随之放慢,药片加液后反应的时间也相对延长,延长时间的确定,应以空白对照卡用手指(体温)捏 3 min 时可以变蓝为准,之后即可往下操作。注意样品放置的时间应与空白对照卡放置的时间一致,才有可比性。空白对照卡不变色的原因:一是药片表面缓冲溶液加的少以及反应后的药片表面不够湿润;二是温度太低。

红色药片与白色药片叠合反应时间以 3 min 为准,3 min 后蓝色会逐渐加深,24 h 后颜色会逐渐褪去。

速测卡对部分农药检出限见表 8-6。

表 8-6　部分农药的检出限

农药名称	检出限/(mg/kg)	农药名称	检出限/(mg/kg)	农药名称	检出限/(mg/kg)
甲胺磷	1.7	乙酰胺酸磷	3.5	久效磷	2.5
对硫磷	1.7	敌敌畏	0.3	甲萘威	2.5
水胺硫磷	3.1	敌百虫	0.3	好年冬	1.0
马拉硫磷	2.0	乐果	1.3	呋喃丹	0.5
氧化乐果	2.3				

2)定量测定(气相色谱法)

国际分析家协会(AOAC)在20世纪80年代就对大部分有机磷农药建立了气相色谱分析方法,我国食品理化检验国家标准方法也采用了气相色谱法检测有机磷杀虫剂。

随着气相色谱仪的普及,对可能存在有机磷农药残留的样品,如食品、果蔬、饲料、水产品、土壤、水体等都建立了气相色谱分析办法。

蔬菜和水果中有机磷农药多残留检测办法依据国家农业行业标准——《蔬菜和水果中有机磷、有机氯、拟除虫菊酯和氨基甲酸酯类农药多残留的测定》(NY/T761—2008)第一部分:气相色谱法。此部分规定了蔬菜和水果中敌敌畏、甲拌磷、乐果、对氧磷、对硫磷、甲基对硫磷、杀螟硫磷、异柳磷、乙硫磷、喹硫磷、伏杀硫磷、敌百虫、氧化乐果、磷胺、甲基嘧啶磷、马拉硫磷、辛硫磷、亚胺硫磷、甲胺磷、二嗪磷、甲基毒死蜱、毒死蜱、倍硫磷、杀扑磷、乙酰甲胺磷、胺丙畏等54种农药残留量的检测。

(1)原理

试样中有机磷类农药经乙腈提取,提取溶液经过滤、浓缩后,用丙酮定容,用双自动进样器同时注入气相色谱的两个进样口。样品中农药组分经不同极性的两根毛细管柱分离,用火焰光度检测器(FPD磷滤光片)检测。用双柱的保留时间定性,外标法定量。此方法的检出限在0.01~0.3 mg/kg。

(2)试剂

①乙腈。

②丙酮,重蒸。

③氯化钠,140 ℃烘烤4 h。

④滤膜,0.2 μm,有机溶剂膜。

⑤铝箔。

⑥农药标准品,见表8-7。

表8-7 54种有机磷农药标准品

组别	农药名称	纯度	溶剂
Ⅰ	敌敌畏、乙酰甲胺磷、百治磷、乙拌磷、乐果、甲基对硫磷、毒死蜱、嘧啶磷、倍硫磷、辛硫磷、灭菌霜、三唑磷、亚胺硫磷	≥96%	丙酮
Ⅱ	敌百虫、灭残磷、甲拌磷、氧乐果、二嗪磷、地虫硫磷、甲基毒死蜱、对氧磷、杀螟硫磷、溴硫磷、乙基溴硫磷、丙溴磷、乙硫磷、吡菌磷、绳毒磷	≥96%	丙酮
Ⅲ	甲胺磷、治螟磷、特丁硫磷、久效磷、除线磷、皮绳磷、甲基嘧啶磷、对硫磷、异柳磷、杀扑磷、甲基磷环磷、伐灭磷、伏杀硫磷、益棉磷	≥96%	丙酮
Ⅳ	二溴磷、述灭磷、胺丙畏、磷铵、地霉磷、马拉硫磷、水胺硫磷、喹硫磷、杀虫畏、硫环磷、苯硫磷、保棉磷	≥96%	丙酮

(3)农药标准溶液配制

①单一农药标准溶液:准确称取一定量(精确至0.1 mg)某农药标准品,用丙酮当溶剂,逐一配制成1000 mg/L的单一农药标准储备液,储备在-18 ℃以下冰箱中。使用时根据各农药在对应检测器上的响应值,吸取适量的标准储备液,用丙酮稀释配制成所需的标准工作液。

②混合农药标准溶液:将54种农药分为4组,按照表8-7中的组别,根据各农药在仪器上的响应值,逐一准确吸取一定体积的同组别的单个农药储备液分别注入同一容量瓶中,用丙酮稀释至刻度,采取同样方法配制成4组混合农药标准储备溶液。使用前用丙酮稀释成所需浓度的标准工作液。

(4)仪器设备

气相色谱仪,带有双火焰光度检测器(FPD磷滤光片),双自动进样器,双分流/不分流进样口;分析实验室常用仪器设备;食品加工器;旋涡混合器;匀浆机;氮吹仪。

(5)分析步骤

①试样制备:取不少于1000 g的蔬菜、水果样品,取可食部分,用干净纱布轻轻擦去样品表面的附着物,采用对角线分割法,取对角部分,经缩分后,将其切碎,充分混匀放入食品加工器粉碎,制成待测样,放入分装容器中,于-20~-16 ℃条件下保存,备用。

②提取:准确称取25 g试样放入匀浆机中,加入50 ml乙腈,在匀浆机中高速匀浆2 min后用滤纸过滤,滤液收集到装有5~7 g氯化钠的100 ml具塞量筒中,收集滤液40~50 ml,盖上塞子,剧烈震摇1 min,在室温下静置30 min,使已腈相和水相分层。

③净化:从具塞量筒中吸取10 ml乙腈溶液,放入150 ml烧杯中,将烧杯放在80 ℃水浴锅上加热,杯内缓缓通入氮气或空气流,蒸发近干,加入2 ml丙酮,盖上铝箔,备用。

将上述备用液完全转移至15 ml刻度离心管中,再用约3 ml丙酮分三次冲洗烧杯,并转移至离心管,最后定容至5 ml,在旋涡混合器上混匀,分别移入两个2 ml自动进样器样品瓶中,供色谱测定。如定容后的样品溶液过于混浊,应用0.2 μm滤膜过滤后再进行测定。

④测定:

色谱参考条件:

色谱柱:预柱为1 m,0.53 mm内径,脱活石英毛细管柱。采用两根色谱柱,分别为:A柱,50%聚苯基甲基硅氧烷(DB-17或HP-50+)柱,30 m×0.53 mm×1 μm,或相当者;B柱,100%聚甲基硅氧烷(DB-1或HP-1)柱,30 m×0.53 mm×1.5 μm,或相当者。

温度:进样口温度:220 ℃;检测器温度:250 ℃;柱温:150 ℃(保持2 min)以8 ℃/min加热至250 ℃(保持12 min)。

气体及流量:载气为氮气,纯度≥99.999%,流速为10 ml/min;燃气为氢气,纯度≥99.999%,流速为75 ml/min;助燃气为空气,流速为100 ml/min。

进样方式:不分流进样。样品溶液一式两份,由双自动进样器同时进样。

色谱分析:

由自动进样器分别吸取1 μL标准混合溶液和净化后的样品溶液注入色谱仪中,以双柱保留时间定性,以A柱获得的样品溶液峰面积与标准溶液峰面积比较定量。

(6)结果表述

①定性分析:双柱测得的样品中未知组分的保留时间(RT)分别与标准溶液在同一色谱柱上的的保留时间(RT)相比较,如果样品中某组分的两组保留时间与标准溶液中某一农药的两组保留时间相差都在±0.05 min内,可认定为该农药。

②定量结果计算:试样中被测农药残留量以质量分数ω计,单位以毫克每千克(mg/kg)表示,按下式计算。

$$\omega = \frac{V_1 \times A \times V_3}{V_2 \times A_S \times m} \times \rho$$

式中：ρ——标准溶液中农药的质量浓度，mg/L；

A——样品溶液中被测农药的峰面积；

A_S——农药标准溶液中被测农药的峰面积；

V_1——提取溶剂总体积，ml；

V_2——吸取出用于检测的提取溶液的体积，ml；

V_3——样品溶液定容体积，ml；

m——试样的质量，g。

计算结果保留两位有效数字，当结果大于 1 mg/kg 时保留三位有效数字。

3. 氨基甲酸酯类农药残留的测定

氨基甲酸酯类农药是氨基甲酸的衍生物，杀虫力强，作用迅速，对虫体有较强的选择性，对人畜毒性较低并易分解失效，在体内无蓄积中毒作用。氨基甲酸是极不稳定的，会自动分解为二氧化碳和水，但氨基甲酸的盐和酯均相当稳定。

大多数氨基甲酸酯类的纯品为无色或白色晶状固体，易溶于多种有机溶剂，但在水中溶解度较小，只有少数如涕灭威，灭多虫等例外。氨基甲酸酯一般没有腐蚀性，其储存稳定性很好，只是在水中能缓慢分解，提高温度和碱性时分解加快。

常见的氨基甲酸酯类农药有西维因（甲萘威）、呋喃丹、涕灭威、速灭威、害扑威、灭杀威、异丙威（叶蝉散）、抗蚜威、灭草、灭草猛等，在农业生产与日常生活中，主要用作杀虫剂、杀螨剂、除草剂、杀软体动物剂、杀线虫剂等。20 世纪 70 年代以来，由于有机氯农药受到禁用或限用，且抗有机磷农药的昆虫品种日益增多，因而氨基甲酸酯的用量逐年增加，这就使得氨基甲酸酯的残留情况备受关注。

目前 WHO 和我国仅对西维因的残留量有规定，见表 8-8。

表 8-8　各类食品中西维因的最高残留量　　　　　　　　单位：mg/g

食品种类	最高残留量	食品种类	最高残留量
稻米和小麦	5.0	全麦粉和根茎类	2.0
家禽和蛋类	0.5	马铃薯和白面粉	0.2
畜禽肉	0.2	奶制品	0.1

1）定性测定（速测卡法）

同前面介绍的速测卡法。

2）定量测定（高效液相色谱法）

蔬菜和水果中氨基甲酸酯类农药多残留检测方法依据国家农业行业标准——《蔬菜和水果中有机磷、有机氯、拟除虫菊酯和氨基甲酸酯类农药多残留的测定》（NY/T 761—2018）第三部分：液相色谱法。此部分规定了蔬菜和水果中的涕灭威砜、涕灭威亚砜、灭多威、3-羟基克百威、涕灭威、克百威、西维因、异丙威、速灭威等 10 种农药残留量的检测。

（1）原理

样品中氨基甲酸酯类农药及其代谢物用乙腈提取，提取液经过滤、浓缩后，采用固相萃取技术分离、净化，淋洗液经浓缩后，使用带荧光检测器和柱后衍生系统的高效液相色谱进行检测。以保留时间定性,外标法定量。此方法检出限为 0.008~0.02 mg/kg。

(2)试剂

①乙腈。

②丙酮,重蒸。

③甲醇,色谱纯。

④氯化钠,140 ℃烘烤 4 h。

⑤柱后衍生试剂:

0.05 mol/L 氢氧化钠溶液:Pickering(cat. No CB130)(可用等效产品);

OPA 稀释溶液:Pickering(cat. No CB910);

邻苯二甲醛:Pickering(cat. No 0120);

巯基乙醇:Pickering(cat. No 3700-2000)。

⑥固相萃取柱:氨基柱,容积 6 ml,填充物 500 mg。

⑦滤膜:0.2 μm,0.45 μm,溶剂膜。

⑧农药标准品,见表 8-9。

表 8-9 10 种氨基甲酸酯类农药标准品

序号	农药名称	纯度	溶剂	序号	农药名称	纯度	溶剂
1	涕灭威亚砜	≥96%	甲醇	6	速灭威	≥96%	甲醇
2	涕灭威砜	≥96%	甲醇	7	克百威	≥96%	甲醇
3	灭多威	≥96%	甲醇	8	西维因	≥96%	甲醇
4	3-羟基克百威	≥96%	甲醇	9	异丙威	≥96%	甲醇
5	涕灭威	≥96%	甲醇	10	仲丁威	≥96%	甲醇

(3)农药标准溶液配制

①单一农药标准溶液:准确称取一定剂量(精确至 0.1 mg)农药标准品,用甲醇做溶剂,逐一配制成 1000 mg/L 的单一农药标准储备液,储存在 -18 ℃的冰箱中,使用时根据各农药在对应检测器上的影响值,吸取适量的标准储备液,用甲醇稀释配制成所需的标准工作液。

②混合农药标准溶液:根据各农药在仪器上的响应值,逐一准确吸取一定体积的单一农药储备液分别注入同一容量瓶中,用甲醇稀释至刻度配制成混合农药标准储备溶液,使用前用甲醇稀释成所需浓度的标准工作液。

(4)仪器设备

液相色谱仪,可进行梯度淋洗,配有柱后衍生反应装置和荧光检测器(FLD);食品加工器;匀浆机;氮吹仪。

(5)测定步骤

①试样制备。同有机磷农药残留的定量测定——气相色谱法。

②提取。同有机磷农药残留的定量测定——气相色谱法。

③净化。从 100 ml 具塞量筒中准确吸取 10 ml 乙腈相溶液,放入 150 ml 的烧杯中,将烧杯放在 80 ℃水溶锅上加热,杯内缓缓通入氮气或空气流,将乙腈蒸发近干。加入 2 ml 的甲醇+二氧甲烷(1+99)溶解残渣,盖上铝箔,待净化。

将氨基柱用 4 ml 甲醇+二氯甲烷(1+99)预洗,当溶剂液面到达柱吸附层表面时,立即加入上述待净化溶液,用 15 ml 离心管收集洗脱液,用 2 ml 甲醇+二氯甲烷(1+99)洗烧杯后过柱,并重复一次,将离心管置于氮吹仪上,水浴温度 50 ℃,氮吹蒸发至近干,用甲醇准确定容至 2.5 ml,在混合器上混匀后,用 0.2 μm 滤膜过滤,待测。

(6)色谱参考条件

色谱柱:预柱为 C18,4.6 mm×4.5 cm;分析柱为 C8,4.6 mm×25 cm,5 μm 或 C18,4.6 mm×25 cm,5 μm。

柱温:42 ℃。

荧光检测器,λ_{ex}=330 nm,λ_{em}=465 nm。

溶剂梯度与流速见表 8-10。

表 8-10 溶剂梯度与流速

时间/min	水/%	甲醇/%	流速/(ml/min)
0.00	85	15	0.5
2.00	75	25	0.5
8.00	75	25	0.5
9.00	60	40	0.8
10.00	55	45	0.8
19.00	20	80	0.8
25.00	20	80	0.8
26.00	85	15	0.5

柱后衍生:0.05 mol/L 氢氧化钠溶液,流速 0.3 ml/min;OPA 试剂,流速 0.3 ml/min。

反应器温度:水解温度,100 ℃;衍生温度,室温。

(7)色谱分析

分别吸取 20 μL 标准混合溶液和净化后的样品溶液注入色谱仪中,以保留时间定性,以样品溶液峰面积与标准溶液峰面积比较定量。

(8)结果计算

试样中被检测农药残留量以质量分数 ω 计,单位以毫克每千克(mg/kg)表示,按下式计算。

$$\omega = \frac{V_1 \times A \times V_3}{V_2 \times A_S \times m} \times \rho$$

式中:ρ——标准溶液中农药的质量浓度,mg/L;

A——样品溶液中被测农药的峰面积;

A_S——农药标准溶液中被测农药的峰面积;

V_1——提取溶液总体积,ml;

V_2——吸取出用于检测的提取溶液的体积,ml;

V_3——样品溶液定容体积 ml;

m——试样的质量,g。

计算结果保留两位有效数字,当结果大于 1 mg/kg 时保留三位有效数字。

4. 拟除虫菊酯类农药残留的鉴定

除虫菊酯科植物可以产生除虫菊酯成分，对昆虫具有高效速杀作用。拟除虫菊酯农药就是仿天然除虫菊酯化学合成的杀虫剂，是近年来发展较快的一类重要的杀虫剂，具有高效、广谱、低毒和低残留等特性。

拟除虫菊酯分子较大，亲酯性强，可溶于多种有机溶剂，在水中的溶解度小，在酸性条件下稳定，在碱性条件下易分解，在化学结构上的特点之一是分子中含有数个不对称的碳原子，因而包含多个光学和立体异构体，它们具有不同的生物活性，即使同一种拟除虫菊酯，总酯含量相同，若包含的异构体的比例不同，杀虫效果也不同。

目前，已合成的菊酯数以万计，迄今已商品化的拟除虫菊酯有40余个品种，在全世界的杀虫剂销售额中占20%左右。常见的拟除虫菊酯有：烯丙菊酯、胺菊酯、醚菊酯、氯菊酯、氯氰菊酯、溴氰菊酯、氰菊酯、甲氰菊酯、氰戊菊酯、氟氰菊酯、氟胺菊酯、氟氰戊菊酯等。拟除虫菊酯主要应用在农业上，如防治棉花、蔬菜和果树的食叶、食果害虫，特别是在有机磷、氨基甲酸酯出现抗药性的情况下，其优点更为明显，除此之外，拟除虫菊酯还作为家庭用杀虫剂被广泛应用，它可防治蚊蝇、蟑螂及牲畜寄生虫等。

在动物源食品中溴氰菊酯的最高残留量(MRL)见表8-11。我国农业部规定的氰戊菊酯和氟氯苯氰菊酯在动物源食品中的允许残留量标准见表8-12。

表8-11 动物源食品中溴氰菊酯的最高残留量

食品种类	最高残留量/(mg/kg)	食品种类	最高残留量/(mg/kg)
牛羊猪肌肉	0.03	脂肪	0.5
肝肾	0.05	牛奶和鸡蛋	0.03

表8-12 氰戊菊酯和氟氯苯氰菊酯在动物源食品中的允许残留标准

兽药名称	食品种类	食品中允许残留量标准/(mg/kg)
氰戊菊酯	牛羊猪肌肉、脂肪	≤1.00
	副产品	≤0.02
	牛奶	≤0.01
氟氯苯氰菊酯	牛肌肉、肾	≤0.01
	肝	≤0.02
	奶	≤0.03
	脂肪	≤0.15

蔬菜和水果中有机氯和拟除虫菊酯类农药多残留检测方法依据国家农业行业标准——《蔬菜和水果中有机磷、有机氯、拟除虫菊酯和氨基甲酸脂类农药多残留的测定》(NY/T 761—2018)第二部分：气相色谱法。此部分规定了蔬菜和水果中 α-666、β-666、δ-666、o,p'-DDE、p,p'-DDE、o,p'-DDD、p,p'-DDD、o,p'-DDT、p,p'-DDT、七氯、艾氏剂、异菌脲、联苯菊酯、顺式氯菊酯、氯菊酯、氟氯氰菊酯、西玛津、莠去津、五氯硝基苯、林丹、乙烯菌核利、敌稗、三氯杀螨醇、硫丹、高效氯氟氰菊酯、氯硝胺、六氯苯、百菌清、三唑酮、腐霉利、丁草胺、狄氏剂、异狄氏剂、胺菊酯、甲氰菊酯、乙酯杀螨醇、氟胺氰菊酯、氟氰戊菊酯、氯氰菊

酯、氰戊菊酯、溴氰菊酯等 41 种有机氯类、拟除虫菊酯类农药的多残留气相色谱检测方法，适用于蔬菜和水果中上述农药残留量的检测。此方法检出限为 0.0001～0.01 mg/kg。

检测仪器一般用气相色谱带电子捕获检测器，也可用高效液相色谱仪。气相色谱测定一般采用非极性至弱极性柱。拟除虫菊酯类农药热稳定性较高，使用毛细管色谱柱在高温区段（250～280 ℃）有利于分离，杂质干扰较少，用 ECD 检测灵敏度较高，可以满足食品中拟除虫菊酯类农药残留量的测定。将有机氯和拟除虫菊酯类农药同时测定时，在一般情况下，有机氯出峰在前，而拟除虫菊酯出峰在后。

(1) 原理

样品中有机氯类、拟除虫菊酯类农药用乙腈提取，提取液经过滤、浓缩后，采取固相萃取柱分离、净化，淋洗液经浓缩后，用双塔自动进样器同时将样品溶液注入气相色谱的两个进样口，农药组分经不同极性的两根毛细管柱分离，用电子捕获检测器（ECD）检测。用双柱保留时间定性，外标法定量。

(2) 试剂

此方法所用试剂，除非另有说明，均使用确认为分析纯的试剂；水为《分析实验室用水规格和试验方法》（GB/T 6682—2008）中规定的至少二级水。

① 乙腈。
② 丙酮，重蒸。
③ 乙烷，重蒸。
④ 氯化钠，140 ℃烘烤 4 h。
⑤ 固相萃取柱，弗罗里矽柱（Florisil®），容积 6 ml，填充物 1000 mg。
⑥ 铝箔。
⑦ 农药标准品，见表 8 - 13。

表 8 - 13 有机氯农药及拟除虫菊酯类农药标准品

组别	农药名称	纯度	溶剂
I	α - 666、西玛津、莠去津、δ - 666、七氯、艾氏剂、o,p′- DDE、p,p′- DDE、o,p′-DDD、p,p′-DDT、异菌脲、联苯菊酯、顺式氯菊酯、氟氯氰菊酯、氟氨氰菊酯、β - 666	≥96%	正己烷
II	林丹、五氯硝基苯、敌稗、乙烯菌核利、硫丹、p,p′- DDD、三氯杀螨醇、高效氯氟氰菊酯、氯菊酯、氟氰戊菊酯、氯硝胺	≥96%	正己烷
III	六氯苯、百菌清、三唑酮、腐霉利、丁草胺、狄氏剂、异狄氏剂、乙酯杀螨醇、p,p′-DDT、胺菊酯、甲氰菊酯、氯氰菊酯、氰戊菊酯、溴氰菊酯	≥96%	正己烷

⑧ 农药标准溶液配制：

单一农药标准溶液配制：准确称取一定量（准确至 0.1 mg）某农药标准品，用正己烷稀释，逐一配制成 1000 mg/L 的单一农药标准储备液，储存在 −18 ℃的冰箱中。使用时根据各农药在对应检测器上的响应值，准确吸取适量的标准储备液，用正己烷稀释配置成所需的标准工作液。

混合农药标准溶液：将 41 种农药分成 3 组，按照表 8 - 14 中的分组，根据各农药在仪器上的响应值，逐一吸取一定体积的同组别的单个农药储备液分别注入同一容量瓶中，用正己烷稀释至刻度,采用同样方法配置成3组混合农药标准储备溶液。使用前用正己烷稀释成所需质量浓度的标准工作液。

(3)分析仪器

气相色谱仪,配有双电子捕获检测器(ECD);双塔自动进样器,双分流/不分流进样口;分析实验室常用仪器设备;食品加工器;旋涡混合器;匀浆机;氮吹仪。

(4)分析步骤

①试样制备。同有机磷农药残留的定量测定——气相色谱法。

②提取。同有机磷农药残留的定量测定——气相色谱法。

③净化。从100 ml具塞量筒中吸取10 ml乙腈蒸发近干,放入150 ml烧杯中,将烧杯放入80 ℃水浴锅中加热,杯内缓缓通入氮气或空气流,将乙腈蒸发近干;加入2 ml正己烷,盖上铝箔,待净化。

将弗罗里矽柱用5 ml丙酮+正己烷(10+90)、5 ml正己烷预淋洗,条件化,当溶剂液面到达吸附层表面时,立即倒入上述待净化溶液,用15 ml刻度离心管接收洗脱液,用5 ml丙酮+正己烷(10+90)冲洗烧杯后淋洗弗罗里矽柱,并重复一次。将盛有淋洗液的离心管置于氮吹仪上,在水浴温度50 ℃条件下,氮吹蒸发至小于5 ml,用正乙烷准确定容至5 ml,在旋涡混合器上混匀,分别移入两个2 ml自动进样器样品瓶中,待测。

④测定:

色谱参考条件:

色谱柱:预柱为1 m,0.25 mm内径,脱活石英毛细管柱。分析柱采用两根色谱柱,分别为:A柱,100%聚甲基硅氧烷(DB-1或HP-1)柱,30 m×0.25 mm×0.25 μm,或相当者;B柱,50%聚苯基甲基硅氧烷(DB-17或HP-50+)柱,30 m×0.25 mm×0.25 μm,或相当者。

温度:进样口温度,200 ℃;检测器温度,320 ℃;柱温,150 ℃(保持2 min)以6 ℃/min加热至270 ℃(保持8 min,测定溴氰菊酯保持23 min)。

气体及流量:载气为氮气,纯度≥99.999%,流速为1 ml/min;辅助气为氮气,纯度≥99.999%,流速为60 ml/min。

进样方式:分流进样,分流比10:1,样品溶液一式两份,由双塔自动进样器同时进样。

色谱分析:

由自动进样器分别吸取1 μL标准混合溶液和净化后的样品溶液注入色谱仪中,以双柱保留时间定性,以A柱获得的样品溶液峰面积与标准溶液峰面积比较定量。

(5)结果

①定性分析:双柱测得的样品溶液中未知组分的保留时间(RT)分别与标准溶液在同一色谱柱上的保留时间(RT)相比较,如果样品溶液中某组分的两组保留时间与标准溶液中某一农药的两组保留时间相差都在±0.05 min内,可认定为含有该农药。

②定量结果计算:试样中被检测农药残留量以质量分数ω计,单位以毫克每千克(mg/kg)表示,按下式计算。

$$\omega = \frac{V_1 \times A \times V_3}{V_2 \times A_S \times m} \times \rho$$

式中:ρ——标准溶液中农药的质量浓度,mg/L;

A ——样品溶液中被测农药的峰面积；

A_S ——农药标准溶液中被测农药的峰面积；

V_1 ——提取溶剂总体积，ml；

V_2 ——吸取出用于检测的提取溶液的体积，ml；

V_3 ——样品溶液定容体积，ml；

m ——试样的质量，g。

计算结果保留两位有效数字，当结果大于 1 mg/kg 时保留三位有效数字。

任务二　食品中兽药残留的测定

1. 概述

（1）兽药和兽药残留

兽药是指用于预防、治疗、诊断动物疾病或有目的地调节动物生理机能的物质（含药物饲料添加剂）。兽药的主要用途有防病治病、促进生长、提高生产性能、改善动物性食品的品质等。

兽药残留是指对食用动物用药后动物产品的任何食用部分中的原型药物以及其代谢产物，兽药最高残留限量是指对食用动物用药后产生的允许存在于食品表面或内部的该兽药残留的最高量（浓度，单位 mg/kg 或 μg/kg，以鲜重计）。

兽药残留主要有抗生素类药物、磺胺类药物、硝基呋喃类药物、激素类药物和抗寄生虫类药物。

（2）食品中兽药残留的危害

在食用动物饲养过程中广泛使用药物和药物滥用，会造成药物残留在可食用产品中。动物性食品的药物残留会对人类健康产生影响。

另外，休药期（指畜禽停止给药到允许屠宰或动物性产品如肉蛋奶等上市的时间间隔）过短，就会造成动物性产品兽药残留过量，危害消费者健康。兽药在动物性食品中残留超标会给人体健康带来不利影响，主要表现为毒性作用、过敏反应、变态反应、细菌耐药性、菌群失调、致畸作用、致突变作用、激素作用等。如果样品中确实存在违规的药物残留，就需要使用分析方法来确认，如薄层色谱法、气相色谱法、高效液相色谱法等。

2. 抗生素残留量的测定

抗生素类药物多为天然酵母产物，是临床应用最多的一类抗菌药物，如青霉素类、氨基糖苷类、大环内酯类、四环素类、土霉素、金霉素、螺旋霉素、链霉素等。青霉素类最容易引起超敏反应，四环素类有时也能引起超敏反应。轻度及中度的超敏反应一般表现为短时间内出现血压下降、皮疹、身体发热、血管神经性水肿、血清病样反应等，极度超敏反应可能导致过敏性休克甚至死亡。

抗生素残留量的测定依据国家标准——《可食动物肌肉中土霉素、四环素、金霉素、强力霉素残留量的测定 液相色谱-紫外检测法》（GB/T 20764—2006）。此标准规定了牛肉、羊肉、猪肉、鸡肉和兔肉中土霉素、四环素、金霉素、强力霉素残留量的液相色谱-紫外检测法，适用于牛肉、羊肉、猪肉、鸡肉和兔肉中的土霉素、四环素、金霉素、强力霉素残留量的测定。

(1)原理

用 0.1 mol/L Na$_2$EDTA-McIlvaine(pH=4.0±0.05)缓冲溶液提取可食动物肌肉中四环素族抗生素残留，提取液经离心后，上清液用 Oasis HLB 或相当的固相萃取柱和羧酸型阳离子交换柱净化，用液相色谱-紫外检测器测定，以外标法定量。此方法检出限：土霉素、四环素、金霉素、强力霉素均为 0.005 mg/kg。

(2)仪器与试剂

仪器：

①高效液相色谱仪：配有紫外检测器。

②分析天平：感量 0.1 mg，0.01 g。

③液体混匀器。

④固相萃取装置。

⑤储液器：50 ml。

⑥高速冷冻离心机：最大转速 13000 r/min。

⑦刻度样品管：5 ml。

⑧真空泵：真空度应达到 80 kPa。

⑨振荡器。

⑩平底烧瓶：100 ml。

⑪pH 计：测量精度±0.02。

试剂：

除另有说明外，所用试剂均为分析纯；水为《分析实验室用水规格和试验方法》(GB/T 6682—2008)中规定的一级水。

①甲醇：色谱纯。

②乙腈：色谱纯。

③乙酸乙酯：色谱纯。

④磷酸氢二钠：优级纯。

⑤柠檬酸(C$_6$H$_8$O$_7$·H$_2$O)。

⑥乙二胺四乙酸二钠(Na$_2$EDTA·2H$_2$O)。

⑦草酸。

⑧磷酸氢二钠溶液(0.2 mol/L)：称取 28.41 g 磷酸氢二钠，用水溶解，定容至 1000 ml。

⑨柠檬酸溶液(0.1 mol/L)：称取 21.01 g 柠檬酸，用水溶解，定容至 1000 ml。

⑩McIlvaine 缓冲溶液：将 1000 ml 0.1 mol/L 柠檬酸溶液与 625 ml 0.2 mol/L 磷酸氢二钠溶液混合，必要时用氢氧化钠或盐酸调 pH=4.0±0.05。

⑪Na$_2$EDTA-McIlvaine 缓冲溶液(0.1 mol/L)：称取 60.5 g 乙二胺四乙酸二钠放入 1625 ml McIlvaine 缓冲溶液中，使其溶解，摇匀。

⑫甲醇+水(1+19)：量取 5 ml 甲醇与 95 ml 水混合。

⑬流动相：乙腈+甲醇+0.01 mol/L 草酸溶液(2+1+7)。

⑭土霉素、四环素、金霉素、强力霉素标准物质：纯度≥95%。

⑮土霉素、四环素、金霉素、强力霉素标准储备溶液(0.1 mg/ml)：准确称取适量的土霉素、四环素、金霉素、强力霉素标准物质，分别用甲醇配成 0.1 mol/L 的标准储备溶液。储备

溶液于 −18 ℃储存。

⑯土霉素、四环素、金霉素、强力霉素混合标准工作溶液：根据需要用流动相将土霉素、四环素、金霉素、强力霉素稀释成 5 μg/ml、10 μg/ml、50 μg/ml、100 μg/ml、200 μg/ml 不同浓度的混合标准工作溶液，混合标准工作溶液当天配制。

⑰Oasis HLB 固相萃取柱或相当者：500 mg，6 ml。使用前分别用 5 ml 甲醇和 10 ml 水预处理，保持柱体湿润。

⑱阳离子交换柱：羧酸型，500 mg，3 ml。使用前用 5 ml 乙酸乙酯预处理，保持柱体湿润。

(3)操作步骤

试样的制备与保存：

①试样的制备：从全部样品中取出有代表性样品约 1 kg，充分绞碎，混匀，均分成两份，分别装入洁净容器内。密封作为试样，标明标记。在抽样和制样的操作过程中，应防止样品受到污染或发生残留物含量的变化。

②试样的保存：将试样于 −18 ℃冷冻保存。

测定步骤：

①提取。称取 6 g 试样，置于 50 ml 具塞聚丙烯离心管中，加入 30 ml 0.1 mol/L Na_2EDTA-McIlvaine 缓冲溶液(pH=4)，于液体混匀器上快速混合 1 min，再用振荡器振荡 10 min，以 10000 r/min 离心 10 min，上清液倒入另一离心管中，残渣中再加入 20 ml 缓冲溶液，重复提取一次，合并上清液。

②净化。将上述上清液倒入下接 Oasis HLB 固相萃取柱的储液器中，上清液以≤3 ml/min 的流速通过固相萃取柱，待上清液完全流出后，用 5 ml 甲醇+水洗柱，弃去全部流出液。在 65 kPa 的负压下，减压抽干 40 min，最后用 15 ml 乙酸乙酯洗脱，收集洗脱液于100 ml 平底烧瓶中。

将上述洗脱液在减压条件下以≤3 ml/min 的流速通过羧酸型阳离子交换柱，待洗脱液全部流出后，用 5 ml 甲醇洗柱，弃去全部流出液。在 65 kPa 的负压下，减压抽干 5 min，再用4 ml 流动相洗脱，收集洗脱液于 5 ml 样品管中，定容至 4 ml，供液相色谱-紫外检测器测定。

测定：

①液相色谱条件：

色谱柱：Mightsil RP-18 GP，3 μm，150 mm×4.6 mm 或者相当者。

流动相：乙腈+甲醇+0.01 mol/L 草酸溶液(2+1+7)。

流速：0.5 ml/min。

柱温：25 ℃。

检测波长：350 nm。

进样量：60 μl。

②液相色谱测定。将混合标准工作溶液分别进样，以浓度为横坐标，峰面积为纵坐标，绘制标准工作曲线，用标准工作曲线对样品进行定量，样品溶液中土霉素、四环素、金霉素、强力霉素的响应值均应在仪器测定的线性范围内。在上述色谱条件下，土霉素、四环素、金霉素、强力霉素的参考保留时间见表 8-14。

表 8-14　土霉素、四环素、金霉素、强力霉素的参考保留时间

药物名称	保留时间/min
土霉素	4.816
四环素	5.420
金霉素	10.323
强力霉素	15.445

平行试验：
按以上步骤，对同一试样进行平行试验测定。
空白试验：
除不称取试样外，均按上述步骤同时完成空白试验。
（4）结果计算
按下式计算：

$$X = c \times \frac{V}{m} \times \frac{1000}{1000}$$

式中：X ——试样中被测组分残留量，mg/kg；
　　　c ——从标准工作曲线得到的被测组分溶液浓度，μg/ml；
　　　V ——试样溶液定容体积，ml；
　　　m ——试样溶液所代表试样的质量，g。
注：计算结果应扣除空白值。

任务三　食品中黄曲霉毒素的测定

黄曲霉毒素（Alfatoxin，简称 AFT 或 AT）是黄曲霉和寄生曲霉的代谢产物。黄曲霉是我国粮食和饲料中常见的真菌，由于黄曲霉毒素的强致癌性，因而受到重视，但并非所有的黄曲霉都是产毒菌株，即使是产毒菌株也必须在适合产毒的环境条件下才能产毒。

黄曲霉毒素的化学结构是一个二呋喃环和一个氧杂萘邻酮。现已分离出 B1、B2、G1、G2、M1、M2、P1 等十几种，其中以 B1 的毒性和致癌性最强，它的毒性比氰化钾大 10 倍，仅次于肉毒毒素，是真菌毒素中最强的；致癌作用比已知的化学致癌物都强。黄曲霉毒素具有耐热的特点，裂解温度为 280 ℃，在水中溶解度很低，能溶于油脂和多种有机溶剂。

黄曲霉毒素污染可发生在多种食品上，如粮食、油料、水果、干果、调味品、乳和乳制品、蔬菜、肉类等，其中以玉米、花生和棉籽油最易受到污染，其次是稻谷、小麦、大麦、豆类等。花生和玉米等谷物是黄曲霉毒素菌株适宜生长并产生黄曲霉毒素的基质。花生和玉米在收获前就可能被黄曲霉污染，使成熟的花生不仅污染黄曲霉而且可能带有毒素，玉米果穗成熟时，不仅能从果穗上分离出黄曲霉，并能够检出黄曲霉毒素。

在我国，长江沿岸以及长江以南等高温高湿地区黄曲霉毒素污染较严重，北方地区污染较轻。而在世界范围内，一般高温高湿地区（热带和亚热带地区）食品污染较重，而且也是花生和玉米污染较严重。

1. 适用范围

本方法适用于粮食、花生及其制品、薯类、豆类、发酵食品及酒类等各种食品中黄曲霉毒

素 B1 的测定。

薄层板上黄曲霉毒素 B1 的最低检出量为 0.0004 μg,最低检出浓度为 5 μg/kg。

2. 原理

样品中黄曲霉毒素 B1 经提取、浓缩、薄层分离后,在波长 365 nm 紫外光下产生蓝紫色荧光,根据其在薄层上显示荧光的最低检出量来测定含量。

3. 试剂

①三氯甲烷。

②正己烷或石油醚(沸程 30～60 ℃或 60～90 ℃)。

③甲醇。

④苯。

⑤乙腈。

⑥无水乙醚或乙醚经无水硫酸钠脱水。

⑦丙酮。

以上试剂在试验时先进行一次试剂空白试验,如不干扰测定即可使用,否则需逐一进行重蒸。

⑧硅胶 G:薄层色谱用。

⑨三氟乙酸。

⑩无水硫酸钠。

⑪氯化钠。

⑫苯-乙腈混合液:量取 98 ml 苯,加 2 ml 乙腈,混匀。

⑬甲醇水溶液:甲醇:水＝55:45。

⑭黄曲霉毒素 B1 标准溶液。

仪器校正:测定重铬酸钾溶液的摩尔消光系数,以求出使用仪器的校正因素。准确称取 25 mg 经干燥的重铬酸钾(基准级),用硫酸(0.5＋1000)溶解后准确稀释至 200 ml,相当于 c (重铬酸钾)＝0.0004 mol/L。再吸取 25 ml 此稀释液于 50 ml 容量瓶中,加硫酸(0.5＋1000)稀释至刻度,相当于 0.0002 mol/L 重铬酸钾溶液。再吸取 25 ml 此稀释液于 50 ml 容量瓶中,加硫酸(0.5＋1000)稀释至刻度,相当于 0.0001 mol/L 重铬酸钾溶液。用 1 cm 石英杯,在最大吸收峰的波长(接近 350 nm 处)用硫酸(0.5＋1000)作空白,测得以上三种不同浓度的摩尔溶液的吸光度,并按下式计算出以上三种浓度的摩尔消光系数的平均值。

$$E_1 = \frac{A}{c}$$

式中:E_1 ——重铬酸钾溶液的摩尔消光系数;

A ——测得重铬酸钾溶液的吸光度;

c ——重铬酸钾溶液的摩尔浓度。

再以此平均值与重铬酸钾的摩尔消光系数值 3160 比较,即可求出使用仪器的校正因素,按下式进行计算。

$$f = \frac{3160}{E}$$

式中:f ——使用仪器的校正因素;

E——测得的重铬酸钾摩尔消光系数平均值。

若 f 大于 0.95 或小于 1.05,则使用仪器的校正因素可略而不计。

黄曲霉毒素 B1 标准溶液的制备:准确称取 1~1.2 mg 黄曲霉毒素 B1 标准品,先加入 2 ml 乙腈溶解后,再用苯稀释至 100 ml,避光,置于 4 ℃冰箱保存。该标准溶液约为 10 μg/ml。用紫外分光光度计测此标准溶液的最大吸收峰的波长及该波长的吸光度值。

计算:

$$X = \frac{A \times M \times 1000 \times f}{E_2}$$

式中:X ——黄曲霉毒素 B1 标准溶液的浓度,μg/ml;

　　　A——测得的吸光度值;

　　　f——使用仪器的校正因素;

　　　M——黄曲霉毒素 B1 的分子量,312;

　　　E_2——黄曲霉毒素 B1 在苯-乙腈混合液中的摩尔消光系数,19800。

根据计算,用苯-乙腈混合液调到标准溶液浓度恰为 10 μg/ml,并用分光光度计核对其浓度。

纯度的测定:取 5μL 10 μg/ml 黄曲霉毒素 B1 标准溶液,滴加于涂层厚度 0.25 mm 的硅胶 G 薄层板上,用甲醇-三氯甲烷(4+96)与丙酮-三氯甲烷(8+92)展开剂展开,在紫外光灯下观察荧光的产生,必须符合以下条件:

a. 在展开后,只有单一的荧光点,无其他杂质荧光点;

b. 原点上没有任何残留的荧光物质。

⑮黄曲霉毒素 B1 标准使用液:准确吸取 1 ml 标准溶液(10 μg/ml)于 10 ml 容量瓶中,加苯-乙腈混合液至刻度,混匀。此溶液每毫升相当于 1 μg 黄曲霉毒素 B1。吸取 1 ml 此稀释液,置于 5 ml 容量瓶中,加苯-乙腈混合液稀释至刻度,此溶液每毫升相当于 0.2 μg 黄曲霉毒素 B1。再吸取黄曲霉毒素 B1 标准溶液(0.2 μg/ml)1 ml 置于 5 ml 容量瓶中,加苯-乙腈混合液稀释至刻度。此溶液每毫升相当于 0.04 μg 黄曲霉毒素 B1。

⑯次氯酸钠溶液(消毒用):取 100 g 漂白粉,加入 500 ml 水,搅拌均匀。另将 80 g 工业用碳酸钠($Na_2CO_3 \cdot 10H_2O$)溶于 500 ml 温水中,再将两液混合、搅拌,澄清后过滤。此滤液含次氯酸浓度约为 25 g/L。若用漂粉精制备,则碳酸钠的量可以加倍。所得溶液的浓度约为 50 g/L。污染的玻璃仪器用 25 g/L 次氯酸钠溶液浸泡半天或用 50 g/L 次氯酸钠溶液浸泡片刻后,即可达到消毒效果。

4. 仪器

①小型粉碎机。

②样筛。

③电动振荡器。

④全玻璃浓缩器。

⑤玻璃板:5 cm×20 cm。

⑥薄层板涂布器。

⑦展开槽:内长 25 cm、宽 6 cm、高 4 cm。

⑧紫外光灯:100~125 W,带有波长 365 nm 滤光片。

⑨微量注射器或血色素吸管。

5. 分析步骤

(1)取样

样品中污染黄曲霉毒素高的霉粒一粒就可以左右测定结果,而且有毒霉粒的比例小,同时分布不均匀。为避免取样带来的误差,必须大量取样,并将该大量样品粉碎,混合均匀,才有可能得到确能代表一批样品的相对可靠的结果,因此采样必须注意以下几点。

①根据规定采取有代表性样品。

②对局部发霉变质的样品检验时,应单独取样。

③每份分析测定用的样品应从大样经粗碎与连续多次用四分法缩减至 0.5~1 kg,然后全部粉碎。粮食样品全部通过 20 目筛,混匀。花生样品全部通过 10 目筛,混匀。或将好、坏分别测定,再计算其含量。花生油和花生酱等样品不需制备,但取样时应搅拌均匀。必要时,每批样品可取 3 份大样作样品制备及分析测定用,以观察所采样品是否具有一定的代表性。

(2)提取

①玉米、大米、小麦、面粉、薯干、豆类、花生、花生酱等。

a. 甲法:称取 20 g 粉碎过筛样品(面粉、花生酱不需粉碎),置于 250 ml 具塞锥形瓶中,加 30 ml 正己烷或石油醚和 100 ml 甲醇水溶液,在瓶塞上涂上一层水,盖严防漏。振荡 30 min,静置片刻,以快速定性滤纸过滤于分液漏斗中,待下层甲醇水溶液分清后,放出甲醇水溶液于另一具塞锥形瓶内。取 20 ml 甲醇水溶液(相当于 4 g 样品)置于另一 125 ml 分液漏斗中,加 20 ml 三氯甲烷,振摇 2 min,静置分层,如出现乳化现象可滴加甲醇促使分层。放出三氯甲烷层,经盛有约 10 g 预先用三氯甲烷湿润的无水硫酸钠的定量慢速滤纸过滤于 50 ml 蒸发皿中,再加 5 ml 三氯甲烷于分液漏斗中,重复振摇提取,三氯甲烷层一并滤于蒸发皿中,最后用少量三氯甲烷洗过滤器,洗液并于蒸发皿中。将蒸发皿放在通风柜,于 65 ℃ 水浴上通风挥干,然后放在冰盒上冷却 2~3 min 后,准确加入 1 ml 苯-乙腈混合液(或将三氯甲烷用浓缩蒸馏器减压吹气蒸干后,准确加入 1 ml 苯-乙腈混合液)。用带橡皮头的滴管的管尖将残渣充分混合,若有苯的结晶析出,将蒸发皿从冰盒上取出,继续溶解、混合,晶体即消失,再用此滴管吸取上清液转移于 2 ml 具塞试管中。

b. 乙法(限于玉米、大米、小麦及其制品):称取 20 g 粉碎过筛样品于 250 ml 具塞锥形瓶中,用滴管滴加约 6 ml 水,使样品湿润,准确加入 60 ml 三氯甲烷,振荡 30 min,加 12 g 无水硫酸钠,振摇后,静置 30 min,用快速定性滤纸过滤于 100 ml 具塞锥形瓶中。取 12 ml 滤液(相当于 4 g 样品)于蒸发皿中,在 65 ℃ 水浴上通风挥干,准确加入 1 ml 苯-乙腈混合液,以下按 a. 自"用带橡皮头的滴管的管尖将残渣充分混合"起,依法操作。

②花生油、香油、菜籽油等:称取 4 g 样品置于小烧杯中,用 20 ml 正己烷或石油醚将样品移于 125 ml 分液漏斗中。用 20 ml 甲醇水溶液分次洗烧杯,洗液一并移入分液漏斗中,振摇 2 min,静置分层后,将下层甲醇水溶液移入第二个分液漏斗中,再用 5 ml 甲醇水溶液重复振摇提取一次,提取液一并移入第二个分液漏斗中,在第二个分液漏斗中加入 20 ml 三氯甲烷,以下按 a. 自"振摇 2 min,静置分层"起,依法操作。

③酱油、醋:称取 10 g 样品于小烧杯中,为防止提取时乳化,加 0.4 g 氯化钠,移入分液漏斗中,用 15 ml 三氯甲烷分次洗涤烧杯,洗液并入分液漏斗中。以下按 a. 自"振摇 2 min,

静置分层"起,依法操作,最后加入 2.5 ml 苯-乙腈混合液,此溶液每毫升相当于 4 g 样品。

或称取 10 g 样品,置于分液漏斗中,再加 12 ml 甲醇(以酱油体积代替水,故甲醇与水的体积比仍约为 55+45),用 20 ml 三氯甲烷提取,以下按 a. 自"振摇 2 min,静置分层"起,依法操作。最后加入 2.5 ml 苯-乙腈混合液。此溶液每毫升相当于 4 g 样品。

④干酱类(包括豆豉、腐乳制品):称取 20 g 研磨均匀的样品,置于 250 ml 具塞锥形瓶中,加入 20 ml 正己烷或石油醚与 50 ml 甲醇水溶液。振荡 30 min,静置片刻,以快速定性滤纸过滤,滤液静置分层后,取 24 ml 甲醇水层(相当于 8 g 样品,其中包括 8 g 干酱类本身约含有 4 ml 水的体积在内)置于分液漏斗中,加入 20 ml 三氯甲烷,以下按 a. 自"振摇 2 min,静置分层"起,依法操作。最后加入 2 ml 苯-乙腈混合液。此溶液每毫升相当于 4 g 样品。

⑤发酵酒类:同③处理方法,但不加氯化钠。

(3)测定

①单向展开法:

a. 薄层板的制备:称取约 3 g 硅胶 G,加相当于硅胶量 2~3 倍的水,用力研磨 1~2 min 至糊状后立即倒于涂布器内,推成 5 cm×20 cm,厚度约 0.25 mm 的薄层板三块。在空气中干燥约 15 min 后,在 100 ℃条件下活化 2 h,取出,放干燥器中保存。一般可保存 2~3 d,若放置时间较长,可再进行活化后使用。

b. 点样:将薄层板边缘附着的吸附剂刮净,在距薄层板下端 3 cm 的基线上用微量注射器或血色素吸管滴加样液。一块板可滴加 4 个点,点距边缘和点间距约为 1 cm,点直径约 3 mm。在同一板上滴加点的大小应一致,滴加时可用吹风机用冷风边吹边加。滴加样式如下:

第一点:10 μL 黄曲霉毒素 B1 标准使用液(0.04 μg/ml)。

第二点:20 μL 样液。

第三点:20 μL 样液+10 μL 0.04 μg/ml 黄曲霉毒素 B1 标准使用液。

第四点:20 μL 样液+10 μL 0.2 μg/ml 黄曲霉毒素 B1 标准使用液。

c. 展开与观察:在展开槽内加 10 ml 无水乙醚,预展 12 cm,取出挥干。再于另一展开槽内加 10 ml 丙酮-三氯甲烷(8+92),展开 10~12 cm,取出。在紫外光下观察结果,方法如下。

由于在样液点上加滴黄曲霉毒素 B1 标准使用液,可使黄曲霉毒素 B1 标准点与样液中的黄曲霉毒素 B1 荧光点重叠。如样液为阴性,薄层板上的第三点中黄曲霉毒素 B1 为 0.0004 μg,可用作检查在样液内黄曲霉毒素 B1 最低检出量是否正常出现;如为阳性,则起定性作用。薄层板上的第四点中黄曲霉毒素 B1 为 0.002 μg,主要起定位作用。

若第二点在与黄曲霉毒素 B1 标准点的相应位置上无蓝紫色荧光点,表示样品中黄曲霉毒素 B1 含量在 5 μg/kg 以下;如在相应位置上有蓝紫色荧光点,则需进行确证试验。

d. 确证试验:为了证实薄层板上样液荧光是由黄曲霉毒素 B1 产生的,可以加滴三氟乙酸,产生黄曲霉毒素 B1 的衍生物,展开后此衍生物的比移值约在 0.1 左右。于薄层板左边依次滴加两个点。

第一点:10 μL 0.04 μg/ml 黄曲霉毒素 B1 标准使用液。

第二点:20 μL 样液。

于以上两点各加一小滴三氟乙酸盖于其上,反应 5 min 后,用吹风机吹热风 2 min,使热风吹到薄层板上的温度不高于 40 ℃。再于薄层板上滴加以下两个点。

第三点：10 μL 0.04 μg/ml 黄曲霉毒素 B1 标准使用液。

第四点：20 μL 样液。

再展开，在紫外光灯下观察样液是否产生与黄曲霉毒素 B1 标准点相同的衍生物。未加三氟乙酸的三、四两点，可依次作为样液与标准的衍生物空白对照。

e. 稀释定量：样液中的黄曲霉毒素 B1 荧光点的荧光强度如与黄曲霉毒素 B1 标准点的最低检出量(0.0004 μg)的荧光强度一致，则样品中黄曲霉毒素 B1 含量即为 5 μg/kg。如样液中荧光强度比最低检出量强，则根据其强度估计减少滴加微升数或将样液稀释后再滴加不同微升数，直至样液点的荧光强度与最低检出量的荧光强度一致为止。滴加试样如下：

第一点：10 μL 黄曲霉毒素 B1 标准使用液(0.04 μg/ml)。

第二点：根据情况滴加 10 μL 样液。

第三点：根据情况滴加 15 μL 样液。

第四点：根据情况滴加 20 μL 样液。

f. 计算：

$$X = 0.0004 \times \frac{V_1 \times D}{V_2} \times \frac{1000}{m_1}$$

式中： X ——样品中黄曲霉毒素 B1 的含量，μg/kg；

V_1 ——加入苯-乙腈混合液的体积，ml；

V_2 ——出现最低荧光时滴加样液的体积，ml；

D ——样液的总稀释倍数；

m_1 ——加入苯-乙腈混合液溶解时相当样品的质量，g；

0.0004——黄曲霉毒素 B1 的最低检出量，μg。

结果的表述：保留报告测定值的整数位。

②双向展开法：如用单向展开法展开后，薄层色谱由于杂质干扰掩盖了黄曲霉毒素 B1 的荧光强度，需采用双向展开法。薄层板先用无水乙醚作横向展开，将干扰的杂质展至样液点的一边而黄曲霉毒素 B1 不动，然后再用丙酮-三氯甲烷(8+92)作纵向展开，样品在黄曲霉毒素 B1 相应处的杂质底色大量减少，因而提高了方法灵敏度。如用双向展开中滴加两点法展开仍有杂质干扰时，则可改用滴加一点法。

a. 滴加两点法：

点样：取薄层板三块，在距下端 3 cm 基线上滴加黄曲霉毒素 B1 标准使用液与样液。即在三块板的距左边缘 0.8～1 cm 处各滴加 10 μL 黄曲霉毒素 B1 标准使用液(0.04 μg/ml)，在距左边缘 2.8～3 cm 处各滴加 20 μL 样液，然后在第二块板的样液点上加滴 10 μL 黄曲霉毒素 B1 标准使用液(0.04 μg/ml)，在第三块板的样液点上加滴 10 μL 0.2 μg/ml 黄曲霉毒素 B1 标准使用液。

横向展开：在展开槽内的长边置一玻璃支架，加 10 ml 无水乙醚，将上述点好的薄层板靠标准点的长边置于展开槽内展开，展至板端后，取出挥干，或根据情况需要时可再重复展开 1～2 次。

纵向展开：挥干的薄层板以丙酮-三氯甲烷(8+92)展开至 10～12 cm 为止。丙酮与三氯甲烷的比例根据不同条件自行调节。

在紫外光灯下观察第一、二板,若第二板的第二点在黄曲霉毒素 B1 标准点的相应处出现最低检出量,而第一板在与第二板的相同位置上未出现荧光点,则样品中黄曲霉毒素 B1 含量在 5 μg/kg 以下。

若第一板在与第二板的相同位置上出现荧光点,则将第一板与第三板比较,看第三板上第二点与第一板上第二点的相同位置上的荧光点是否与黄曲霉毒素 B1 标准点重叠,如果重叠,再进行确证试验。在具体测定中,第一、二、三板可以同时做,也可按照顺序做。如按顺序做,当在第一板出现阴性时,第三板可以省略,如第一板为阳性,则第二板可以省略,直接做第三板。

确证试验:另取薄层板两块,于第四、第五两板距左边缘 0.8~1 cm 处各滴加 10 μL 黄曲霉毒素 B1 标准使用液(0.04 μg/ml)及 1 小滴三氟乙酸;在距左边缘 2.8~3 cm 处,于第四板滴加 20 μL 样液及 1 小滴三氟乙酸;于第五板滴加 20 μL 样液、10 μL 黄曲霉毒素 B1 标准使用液(0.04 μg/ml)及 1 小滴三氟乙酸,反应 5 min 后,用吹风机吹热风 2 min,使热风吹到薄层板上的温度不高于 40 ℃。再用双向展开法展开后,观察样液是否产生与黄曲霉毒素 B1 标准点重叠的衍生物。观察时,可将第一板作为样液的衍生物空白板。如样液黄曲霉毒素 B1 含量高时,则将样液稀释后,按(3)测定①单向展开法 d. 完成确证试验。

稀释定量:如样液黄曲霉毒素 B1 含量高时,按(3)测定①单向展开法 e. 稀释定量操作。如黄曲霉毒素 B1 含量低,稀释倍数小,在定量的纵向展开板上仍有杂质干扰,影响结果的判断,可将样液再做双向展开法测定,以确定含量。

计算:同单向展开法。

b. 滴加一点法:

点样:取薄层板三块,在距下端 3 cm 基线上滴加黄曲霉毒素 B1 标准使用液与样液。在三块板距左边缘 0.8~1 cm 处各滴加 20 μL 样液,在第二板的点上加滴 10 μL 黄曲霉毒素 B1 标准使用液(0.04 μg/ml),在第三板的点上加滴 10 μL 黄曲霉毒素 B1 标准溶液(0.2 μg/ml)。

展开:同单向展开法。

观察及评定结果:在紫外光灯下观察第一、二板,如第二板出现最低检出量的黄曲霉毒素 B1 标准点,而第一板与其相同位置上未出现荧光点,则样品中黄曲霉毒素 B1 含量在 5 μg/kg 以下。如第一板在与第二板黄曲霉毒素 B1 相同位置上出现荧光点,则将第一板与第三板比较,看第三板上与第一板相同位置的荧光点是否与黄曲霉毒素 B1 标准点重叠,如果重叠再进行以下确证试验。

确证试验:另取两板,于距左边缘 0.8~1 cm 处,第四板滴加 20 μL 样液、1 滴三氟乙酸;第五板滴加 20 μL 样液、10 μL 0.04 μg/ml 黄曲霉毒素 B1 标准使用液及 1 滴三氟乙酸。产生衍生物及展开方法同上述方法。再将以上两板在紫外光灯下观察,以确定样液点是否产生与黄曲霉毒素 B1 标准点重叠的衍生物,观察时可将第一板作为样液的衍生物空白板。经过以上确证试验定为阳性后,再进行稀释定量,如含黄曲霉毒素 B1 低,不需稀释或稀释倍数小,杂质荧光仍有严重干扰,可根据样液中黄曲霉毒素 B1 荧光的强弱,直接用双向展开法定量。

计算:同单向展开法。

情境九　食品微生物检验

任务一　食品微生物检验概述

1. 食品微生物检验的意义

食品微生物检验是食品检验的重要组成部分。

食品的微生物污染情况是食品卫生质量的重要指标之一。通过微生物检验，可以判断食品的卫生质量(微生物指标方面)及是否可食用，从而也可以判断食品的加工环境和食品原料及其在加工过程中被微生物污染及微生物生长的情况，为食品环境卫生管理和食品生产管理及对某些传染病的防疫措施提供科学依据，以防止人类因摄入被污染的食物而发生微生物性中毒或感染，保障人类健康。

食品微生物检验就是应用微生物学及其相关学科的理论与方法，研究外界环境和食品中微生物的种类、数量、性质、活动规律及其对人体健康的影响。

2. 食品微生物检验的种类

感官检验：通过观察食品表面有无霉斑、霉状物、粒状物、粉状物及毛状物等，色泽是否变灰、变黄等，有无霉味及其他异味，食品内部是否霉变，从而确定食品的霉变程度。

直接镜检：对送检样品在显微镜下进行菌体测定计数。

培养检验：根据食品的特点和分析目的选择适宜的培养方法求得带菌量。

3. 食品微生物检验中样品的采集

(1)采样工具

灭菌探子、铲子、匙、采样器、吸管、广口瓶、剪刀、开罐器等。

(2)样品的采集

在食品检验中，所采集的样品必须有代表性。食品的加工批号、原料情况(来源、种类、地区、季节等)、加工方法、运输条件、保藏条件、销售中的各个环节及销售人员的责任心和卫生认识水平等均会影响食品卫生质量，因此必须考虑周全。

①样品种类：样品种类可分为大样、中样、小样三种。大样指一整批，中样是从样品各部分取得的混合样品，小样指做分析用的检样。定型包装及散装食品均采样250 g。

②采样方法：采样必须在无菌操作下进行。

根据样品种类(袋装、瓶装和罐装食品)，应采完整未开封的样品。如果样品很大，则需用无菌采样器取样；固体粉末样品，应边取边混合；液体样品通过振摇混匀；冷冻食品应保持冷冻状态(可放在冰块内、冰箱的冰盒内或低温冰箱内保存)，非冷冻食品需在0~5 ℃中保存。

③采样数量：根据不同种类，采样数量有所不同，见表9-1。

表 9-1　各种样品采样数量

检样种类	采样数量	备注
肉及肉制品	生肉：取屠宰后两腿内侧肌肉或背部最长肌 250 g； 脏器：根据检样目的而定； 家禽：每份样品一只； 熟肉制品：熟禽、肴肉、烧烤肉、肉灌肠、酱卤肉、熏煮火腿，取 250 g； 熟肉干制品：肉松、油酥肉松、肉松粉、肉干、肉脯、肉糜脯，其他熟肉干制品等，取 250 g	要在不同部位采取
乳及乳制品	鲜乳：250 ml； 干酪：250 g； 消毒、灭菌乳：250 ml； 乳粉：250 g； 稀奶油、奶油：250 g； 酸奶：250 g(ml)； 全脂炼乳：250 g； 乳清粉：250 g	每批样品按千分之一采样，不足千件者抽 250 g
蛋品	巴氏杀菌冰全蛋、冰蛋黄、冰蛋白：每件各采样 250 g； 巴氏杀菌冰全蛋粉、蛋黄粉、蛋白片：每件各采样 250 g	一日或一班生产为一批，检验沙门氏菌按 5% 抽样，每批不少于三个检样； 测定菌落总数和大肠菌群：每批按装箱过程前、中、后流动取样三批，每次 100 g，每批合为一个样品
	皮蛋、糟蛋、咸蛋等：每件各采样 250 g	
水产食品	鱼、大贝甲类：每个为一件（不少于 250 g）； 小虾蟹类：每件样品均取样 250 g； 鱼糜制品：鱼丸、虾丸等每件样品均取样 250 g； 即食动物性水产干制品：鱼干、鱿鱼干每件样品均取样 250 g； 腌醉制生食动物性水产品、即食藻类食品：每件样品均取 250 g	
罐头	可采取下述方法之一： 1. 按杀菌锅抽样： (1) 低酸性食品罐头杀菌冷却后抽样两罐，3 kg 以上大罐每锅抽样一罐； (2) 酸性食品罐头每锅抽一罐，一般一个班的产品组成一个检验批，各锅的样罐组成一个样批组，每批每个品种取样基数不得少于三罐； 2. 按生产班（批）次抽样： (1) 取样数为班产量的 1/6000，尾数超过 2000 罐者增取一罐，每班（批）每个品种不得少于三罐； (2) 某些产品班产量较大，则以 30000 罐为基数，其取样数按 1/6000；超过 30000 罐以上的按 1/20000；尾数超过 4000 罐者增取一罐； (3) 个别产品量过小，同品种同规格可合并班次为一批取样，但并班总数不得超过 5000 罐，每个批次样数不得少于三罐	产品如按锅分别堆放，在遇到由于杀菌操作不当引起问题时，也可以按锅处理

续表

检样种类	采样数量	备注
冷冻饮品	冰棍、雪糕:每批不得少于三件,每件不得少于三支; 冰淇淋:原装四杯为一件,散装 250 g; 食用冰块:每件样品取 250 g	班产量 20 万支以下者,一班为一批;以上者以工作台为一批
饮料	瓶(桶)装饮用纯净水:原装一瓶(不少于 250 ml); 瓶(桶)装饮用水:原装一瓶(不少于 250 ml); 茶饮料、碳酸饮料、低温复原果汁、含乳饮料、乳酸菌饮料、植物蛋白饮料、果蔬汁饮料:原装一瓶(不少于 250 ml) 固体饮料:原装一瓶(或)袋(不少于 250 g); 可可粉固体饮料:原装一瓶(或)袋(不少于 250 g); 茶叶:罐装取一瓶(不少于 250 g),散装取 250 g	
调味品	酱油:原装一瓶(不少于 250 ml); 干酱类:原装一瓶(不少于 250 ml); 食醋:原装一瓶(不少于 250 ml); 袋装调味料:原装一袋(不少于 250 g); 水产调味品:鱼露、蚝油、虾油、虾酱等原装一瓶(不少于 250 g)	
糕点、蜜饯、糖果	糖果、糕点、饼干、面包、巧克力、淀粉糖等:每件样品各取 250 g; 蜂蜜、胶母糖、果冻、食糖等:每件样品各取 250 g	
酒类	鲜啤酒、熟啤酒、葡萄酒、果酒、黄酒等瓶装酒两瓶为一件	
非发酵豆制品及面筋、发酵豆制品	非发酵豆制品及面筋:定性包装取一袋(不少于 250 g); 发酵豆制品:原装一瓶(不少于 250 g)	
方便面	采取 250 g	
油炸小食品、膨化食品	采取 250 g	
果冻	采取 250 g	
酱腌菜	采取 250 g	
速冻预包装面、米食品、麦片	采取 250 g	

④采样标签:采样前或后应立即贴上标签,每件样品必须标记清楚,如样品名称、来源、数量、采样地点、采样人及采样时间等。

4. 食品微生物检验中样品的处理

①固体样品:用灭菌刀、剪或镊子称取不同部位的样品 10 g,剪碎放入灭菌容器内,加一定量的水(不易剪碎的可加海砂研磨)混匀,制成 1∶10 混悬液,进行检验。在处理蛋制品时,加入约 30 个玻璃球,以便振荡均匀。生肉及内脏,先进行表面消毒,再剪去表面样品采集深层样品。

(2) 液体样品

①原包装样品：用点燃的酒精棉球消毒瓶口，再用经石碳酸或来苏尔消毒液消毒过的纱布将瓶口盖上，用经火焰消毒的开罐器开启。摇匀后用无菌吸管吸取。

②含有二氧化碳的液体样品：按上述方法开启瓶盖后，将样品倒入无菌磨口瓶中，盖上消毒纱布，经盖开一缝，轻轻摇动，使气体逸出后进行检验。

③冷冻食品：将冷冻食品放入无菌容器内，融化后检验。

(3) 罐头

①密闭试验：将被检验罐头置于85℃以上的水浴中，使罐头沉入水面以下5 cm，观察5 min，如有小气泡连续上升，表明漏气。

②膨胀试验：将罐头放在37±2 ℃环境下7天，如是水果、蔬菜罐头，放在20~25 ℃环境下7天，观察其盖和底有无膨胀现象。

③检验：先用酒精棉球擦去罐上油污，然后用点燃的酒精棉球消毒开口的一端。用经来苏尔消毒液消毒的纱布盖上，再用灭菌的开罐器打开罐头，除去表层，用灭菌匙或吸管取出中间部分的样品进行检验。

5. 食品微生物检验的范围和指标

(1) 食品微生物检验的范围

①生产环境的检验：包括车间用水、空气、地面、墙壁等的微生物学检验。

②原辅料的检验：包括主料、辅料、添加剂等一切原辅材料的微生物学检验。

③食品加工、储藏、销售环节的检验：包括生产工人的卫生状况、加工工具、运输车辆、包装材料等的微生物学检验。

④食品的检验：重点是对出厂食品、可疑食品及食物中毒食品的检验，这是食品微生物检验的重点范围。

(2) 食品微生物检验的指标

①菌落总数：食品中细菌总数通常以每克、每毫升或每平方厘米面积食品上的细菌数来计算，但不考虑其种类。根据所用检测计数方法不同，有两种表示方法。一是在严格规定的条件下（样品处理、培养基及其pH值、培养温度与时间、计数方法等），使适应这一条件的每一个活菌总数细胞必须而且只能生成一个肉眼可见的菌落，经过计数所获得的结果称为该食品的菌落总数。二是将食品经过适当处理（溶解和稀释），在显微镜下对细菌细胞数进行直接计数。这样计数的结果中，既包括活菌，也包括尚未被分解的死菌体，因此称为细菌总数。目前我国的食品卫生标准中规定的细菌总数实际上是指菌落总数。

检测食品中菌落总数可用以判断食品被污染的程度，还可预测食品存放的期限。根据相关研究，在0 ℃条件下，每平方厘米菌落总数为105个的鱼只能保存6天，如果菌落总数为70个，则可延至12天。

菌落总数必须与其他检测指标配合，才能对食品的质量作出正确判断，原因是尽管有时食品中的菌落总数很高，但食品不一定会出现腐败变质的现象。

②大肠杆菌：大肠杆菌是指一群好氧及兼性厌氧，在37 ℃、24 h能分解乳糖产酸产气的革兰氏阴性无芽孢菌。主要包括埃希菌属，称为典型大肠杆菌；其次还有柠檬细菌属、肠杆菌属、克雷伯菌属等，习惯上称为非典型大肠杆菌。

大肠杆菌能在很多培养基和食品上繁殖，在－2~50 ℃范围内，均能生长。适应pH值范围也较广,为 4.4～9.0。大肠杆菌能在只有一种有机碳(如葡萄糖)和一种氮源(如硫酸铵)以及一些无机盐类组成的培养基上生长。在肉汤培养基上,37 ℃培养 24 h,出现可见菌落。它们能够在含有胆盐的培养基上生长(胆盐能抑制革兰氏阳性杆菌)。大肠杆菌的一个最显著特点是能分解乳糖并且产酸产气。利用这一点能够把大肠杆菌与其他细菌区别开来。

检测大肠杆菌既可作为食品被粪便污染的指标,也可作为肠道致病菌污染食品的指标菌。

大肠杆菌检验结果,中国和其他许多国家均采用每 100 ml(g)样品中大肠杆菌最近似数来表示,简称为大肠杆菌 MPN,它是按一定方案检验结果的统计数值。这种检验方案,在我国统一采用样品两个稀释度各三管的乳糖发酵三步法。根据各种可能的检验结果,编制相应的大肠杆菌 MPN 检索表供实际查阅用。

③致病菌:致病菌指肠道致病菌、致病性球菌、沙门氏菌等。食品卫生标准规定食品中不得检出致病菌,否则人们食用后会发生食物中毒,危害身体健康。

由于致病菌种类多,特性不一,在食品中进行致病菌检验时不可能对各种致病菌都进行检验,而应根据不同的食品或不同场合选检某一种或几种致病菌。如罐头食品常选检肉毒梭状芽孢杆菌、蛋及蛋制品选检沙门氏菌、金黄色葡萄球菌等。当某种疾病流行时,则有必要选检引起该病的病原菌。

肝炎病毒、口蹄疫病毒、猪瘟病毒等与人类健康有直接关系的病毒类微生物在一定场合也是食品微生物检验的指标。

任务二 菌落总数的测定

菌落总数是指食品检样经过处理,在一定条件下培养后,所得 1 g 或 1 ml 或 1 cm^2 表面积检样中所含细菌菌落的总数。

菌落总数主要作为判定食品被污染程度的标志,也可以应用这一方法观察细菌在食品中繁殖的动态,以便在对被检样品进行卫生学评价时提供依据。每种细菌都有一定的生理特性,培养时,应用不同的营养条件及其他生理条件(如温度、培养时间、pH 值、需氧性质等)去满足其要求,才能分别将各种细菌培养出来。但在实际工作中,一般只用一种常用的方法去做细菌菌落总数的测定。如用标准平板培养计数法,所得结果只包括一群能在营养琼脂上发育的嗜中温性需氧菌的菌落总数;又如用显微镜直接计数法,所得结果包括所有的细菌(但在食品检验中除少数食品外此法通常不适用);再如嗜冷菌计数法所得结果则只包括嗜冷菌。

1. 标准平板培养计数法

按国家标准方法规定,菌落总数指在需氧情况下,37 ℃培养 48 h,能在普通营养琼脂平板上生长的细菌菌落总数,所以厌氧或微需氧菌、有特殊营养要求以及非嗜中温的细菌,由于现有条件不能满足其生理需求,故难以繁殖生长。因此菌落总数并不表示实际中的所有细菌总数,菌落总数并不能区分其中细菌的种类,所以有时被称为杂菌数、需氧菌数等。

(1)设备和材料

①冰箱:0～4 ℃。

②恒温培养箱:36±1 ℃。

③恒温水浴锅:46±1 ℃。
④均质器或灭菌乳钵。
⑤天平:0~500 g,精确至0.5 g。
⑥菌落计数器。
⑦放大镜:4×。
⑧灭菌吸管:1 ml(具0.01刻度)、10 ml(具0.1 ml刻度)。
⑨灭菌锥形瓶:500 ml。
⑩灭菌玻璃珠:直径约5 mm。
⑪灭菌培养皿:直径为90 mm。
⑫灭菌试管:16 mm×160 mm。
⑬灭菌刀、剪刀、镊子等。

(2)培养基和试剂

营养琼脂培养基制法:将10 g蛋白胨,3 g牛肉膏,5 g氯化钠溶解于1000 ml蒸馏水中,加入15%氢氧化钠溶液约2 ml,校正pH值至7.2~7.4。加入15~20 g琼脂,加热煮沸,使琼脂溶化。分装烧瓶,121 ℃高压灭菌15 min。

注:此培养基可供一般细菌培养之用,也可倾注平板或制成斜面。如用于菌落计数,琼脂量为1.5%;如制成平板或斜面,则应为2%。

磷酸盐缓冲稀释液:

①储存液制法:先将34 g磷酸二氢钾溶解于500 ml蒸馏水中,用1 mol/L氢氧化钠溶液校正pH值至7.2后,再用蒸馏水稀释至1000 ml。

②稀释液制法:取储存液1.25 ml,用蒸馏水稀释至1000 ml。分装每瓶100 ml或每管10 ml,121 ℃高压灭菌15 min。

0.85%灭菌生理盐水。

75%乙醇。

(3)检验程序

菌落总数的检验程序见图9-1。

(4)操作步骤

检样稀释及培养:

①以无菌操作将检样25 g(或ml)剪碎放于含有225 ml灭菌生理盐水或其他稀释液的灭菌玻璃瓶(瓶内预置适当数量的玻璃珠)或灭菌乳钵内,经充分振摇或研磨做成1:10的均匀稀释液。

固体检样在加入稀释液后,最好置于均质器中以8000~10000 r/min的速度处理1 min,做成1:10的均匀稀释液。

②用1 ml灭菌吸管吸取1:10稀释液1 ml,沿管壁徐徐注入含有9 ml灭菌生理盐水或其他稀释液的试管内(注意吸管尖端不要触及管内稀释液),振摇试管,混合均匀,做成1:100的稀释液。

③另取1 ml灭菌吸管,按上条操作顺序,做10倍递增稀释液,如此每递增稀释一次,即换用1支1 ml灭菌吸管。

④根据食品卫生标准要求或对标本污染情况的估计,选择2~3个适宜稀释度,分别在做10倍递增稀释的同时,以吸取该稀释度的吸管移1 ml稀释液于灭菌培养皿内,每个稀释

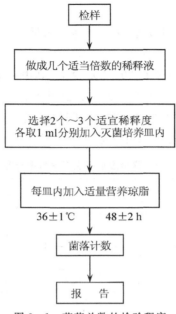

图 9-1 菌落总数的检验程序

度做两个培养皿。

⑤稀释液移入培养皿后,应及时将凉至 46 ℃的营养琼脂培养基(可放置于 46±1 ℃水浴保温)注入培养皿约 15 ml,并转动培养皿使混合均匀。同时将营养琼脂培养基倾入加有 1 ml 稀释液的灭菌培养皿内进行空白对照。

⑥待琼脂凝固后,翻转平板,置 36±1 ℃温箱内培养 48±2 h。

菌落计数方法:

做平板菌落计数时,可用肉眼观察,必要时用放大镜检查,以防遗漏。在记下各平板的菌落数后,求出同稀释度的各平板平均菌落总数。

菌落计数的报告:

①平板菌落数的选择:选取菌落数在 30～300 之间的平板作为菌落总数测定标准。一个稀释度使用两个平板,应采用两个平板的平均数,其中一个平板有较大片状菌落生长时,则不宜采用,而应以无片状菌落生长的平板统计该稀释度的菌落数,若片状菌落不到平板的一半,而其余一半中菌落分布又很均匀,即可计算半个平板后乘以 2,代表全皿菌落数。培养皿内如有链状菌落生长时(菌落之间无明显界线),若仅有一条链,可视为一个菌落;如果有不同来源的几条链,则应将每条链作为一个菌落计。

②稀释度的选择:

a. 应选择菌落数在 30～300 之间的稀释度,乘以稀释倍数报告之(见表 9-2 中例次 1)。

b. 若有两个稀释度,其生长的菌落数均在 30～300 之间,则视两者之比来决定。若其比值小于或等于 2,应报告其平均数;若大于 2 则报告其中较小的数字(见表 9-2 中例次 2 及例次 3)。

c. 若所有稀释度的菌落数均大于 300,则应按稀释度最高的菌落数乘以稀释倍数报告之(见表 9-2 中例次 4)。

d. 若所有稀释度的菌落数均小于 30,则应按稀释度最低的菌落数乘以稀释倍数报告之

(见表9-2中例次5)。

e. 若所有稀释度均无菌落生长,则以小于1乘以最低稀释倍数报告之(见表9-2中例次6)。

f. 若所有稀释度的菌落数均不在30~300之间,其中一部分大于300或小于30时,则以最接近30或300的菌落数乘以稀释倍数报告之(见表9-2中例次7)。

③菌落数的报告:菌落数在100以内时,按其实有数报告,大于100时,只保留前两位有效数字,或采用科学计数法(见表9-2中"报告方式"栏)。

表9-2 稀释度选择及菌落数报告方式

例次	稀释度及菌落数			两稀释液之比	菌落总数/[CFU/g(ml)]	报告方式/[CFU/g(ml)]
	10^{-1}	10^{-2}	10^{-3}			
1	多不可计	164	20	—	16400	16000 或 1.6×10^4
2	多不可计	295	46	1.6	37750	38000 或 3.8×10^4
3	多不可计	271	60	2.2	27100	27000 或 2.7×10^4
4	多不可计	多不可计	313	—	313000	313000 或 3.1×10^5
5	27	11	5	—	270	270 或 2.7×10^2
6	0	0	0		$<1\times10$	<10
7	多不可计	305	12	—	30500	31000 或 3.1×10^4

(5)注意事项

为了正确地反映食品中各种需氧和兼性厌氧菌存在的情况,检验时必须遵循以下要求和规定。

①检验中所用玻璃器皿,如培养皿、吸管、试管等必须是完全灭菌的,并在灭菌前彻底洗涤干净,不得残留有抑菌物质。

②用作样品稀释的液体,每批都要有空白对照。如果在琼脂对照平板上出现几个菌落时,要追加对照平板,以判定是空白稀释液用于倾注平皿的培养基,还是平皿、吸管或空气可能存在的污染。

③检样的稀释液可用灭菌盐水或蒸馏水。如果对含盐量较高的食品进行稀释,则宜采用蒸馏水。

④注意每递增稀释一次,必须另换一支1ml灭菌吸管,这样所得检样的稀释倍数方为准确。吸管在进出装有稀释液的玻璃瓶和试管时,不要触及瓶口及试管口的外侧部分,因为这些部分都可能接触过手或其他污染物。

⑤在做10倍递增稀释中,吸管插入检样稀释液内不能低于液面2.5cm;吸入液体时,应先高于吸管刻度,然后提起吸管尖端离开液面,将尖端贴于玻璃瓶或试管的内壁使吸管内液体调至所要求的刻度,这样取样较准确,而且在吸管从稀释液内取出时不会有多余的液体黏附于管外。当用吸管将检样稀释液加至另一装有9ml空白稀释液的管内时,应小心沿管壁加入,不要触及管内稀释液,以防吸管尖端外侧部分黏附的检液也混入其中。

⑥营养琼脂底部带有沉淀的部分应弃去。

⑦为了防止细菌增殖及产生片状菌落,在检液加入平皿后,应在20 min内倾入琼脂,并立即

使其与琼脂混合均匀。检样与琼脂混合时,可将皿底在平面上先前后左右摇动,然后按顺时针方向和逆时针方向旋转,使其充分混匀。混合过程中应多加小心,不要使混合物溅到皿边的上方。

⑧皿内琼脂凝固后,在数分钟内应将平皿翻转,进行培养,这样可避免菌落蔓延生长。

⑨为了控制和了解污染,在取样进行检验的同时,于工作台上打开一块琼脂平板,其暴露的时间,应与该检样从制备、稀释到加入平皿时所暴露的最长的时间相当,然后与加有检样的平皿一并置于温箱内培养,以了解检样在检验操作过程中有无受到来自空气的污染。

⑩培养温度,应根据食品种类而定。肉、乳、蛋类食品用37 ℃培养,水产品用30 ℃培养。培养时间为48±2 h。其他食品,如清凉饮料、调味品、糖果、糕点、果脯、酒类、豆制品和酱腌菜均采用37 ℃,24±2 h培养。培养温度和时间之所以有所不同是因为在制定这些食品卫生标准中关于菌落总数的规定时,分别采用了不同的温度和培养时间所取得的数据。水产品因来自淡水或海水,水底温度较低,因而制定水产品细菌方面的卫生标准时,采用30 ℃作为培养的温度。

⑪加入平皿内的检样稀释液(特别是10^{-1}的稀释液),有时带有食品颗粒,在这种情况下,为了避免与细菌菌落发生混淆,可做一检样稀释液与琼脂混合的平皿,不经培养,于4 ℃环境中放置,以便在计数检样菌落时用作对照。

⑫如果稀释度大的平板上菌落数反比稀释度小的平板上菌落数高,则系检验工作中发生的差错,属实验失误。此外,也可能因抑菌剂混入样品中所致,均不可用作检样计数报告的依据。

⑬如果平板上出现链状菌落,菌落之间没有明显的界限,这是在琼脂与检样混合时,一个细菌块被分散所造成的。应把一条链作为一个菌落计,如有来源不同的几条链,每条链作为一个菌落计,不要把链上生长的各个菌落分开来数。

⑭检样如系微生物类制剂(如酸牛乳、酵母制酸性饮料),则平板计数中应相应地将有关微生物排除,不可并入检样的菌落总数内做报告。一般在校正检样的pH值至7.6后,再进行稀释和培养,此类嗜酸性微生物往往不易生长,并可以用革兰氏法染色鉴别。染色鉴别时,要用不校正pH值的检样做成相同稀释度的稀释液培养所生成的菌落涂片染色作对照,以此辨别。酵母菌呈卵圆形,远比细菌大,大小为2~5 μm×3~5 μm,革兰氏阳性着色。乳酸杆菌在24 h内,于普通营养琼脂平板上在有氧条件下培养,通常是不生长的。

2. 其他菌落总数的测定方法

标准平板培养计数法是国家制定的菌落总数测定方法,能反映多数食品的卫生质量,但对某些食品却不适用,这是因为不同细菌的生长温度、生长pH值和营养条件有差异,并且能否形成菌落也和培养时间有关。如引起新鲜鱼贝类食品腐败变质的细菌常常是低温细菌,为了了解这类食品的新鲜度,就必须采取低温培养;又如罐装食品,其中可能存在的细菌一般是嗜热菌,所以就必须以测定嗜热菌的多少来判定含菌的情况,即必须用较高的培养温度。如果食品中混杂有多种细菌,菌种之间生长的速度就会存在差异,为了尽可能正确地反映出食品的卫生质量,就希望尽可能使更多的细菌能在平板上产生菌落。另外,培养的时间与培养的温度有关,一般培养温度低,培养的时间就长。现介绍几种其他菌落总数的测定方法。

(1)嗜冷菌计数

采样后应尽快进行冷藏、检验,用无菌吸管吸取冷检样液0.1 ml或1 ml于表面已十分干燥的TS琼脂或CVT琼脂平板上,继以用无菌L形玻璃棒进行涂布,放置片刻,使水分被琼脂吸入,然后将平皿倒置于7±1 ℃的冰箱或其他设备中培养,10 d后进行菌落计数。

TS琼脂：

胰蛋白胨	15 g
大豆蛋白胨	15 g
氯化钠	5 g
琼脂	15 g
蒸馏水	1000 ml
pH值	7.1～7.5

CVT琼脂：于平板计数琼脂或下述葡萄糖-胰蛋白胨琼脂内，加入1 mg/kg结晶紫或0.5 mg/kg四氯唑(TTS)，121 ℃灭菌15 min(用本培养基培养计数时应以红色菌落计算)。

葡萄糖-胰蛋白胨琼脂：

溴甲酚紫	0.04 g
胰蛋白胨	10 g
葡萄糖	5 g
琼脂	15 g
蒸馏水	1000 ml
pH值	6.8～7.0

(2)嗜热菌(芽孢)计数

将检样25 g加入到盛有225 ml无菌水的三角烧瓶内，迅速煮沸5 min以杀死细菌繁殖体及耐热性低的芽孢，然后将烧瓶浸于冷水中冷却。

①平酸菌计数：在5只无菌培养皿中各注入2 ml上述已处理过的样品，用葡萄糖-胰蛋白胨琼脂做倾注平板，凝固后在50～55 ℃培养48～72 h，计算5个平板上菌落的平均数。

平酸菌在上述琼脂平板上的菌落为圆形。直径2～5 mm，具不透明的中心及黄色晕，晕很狭，产酸弱的细菌其菌落周围不存在或不易观察到。平板从培养箱内取出后应立即进行计数，因为黄色会很快消退。如在培养48 h后不易辨别是否产酸，则可培养到72 h。

②不产生硫化氢的嗜热性厌氧菌检验：将上述已处理过的样品加入等量新制备的去氧肝汤(总量为20 ml)中，以无菌2%琼脂封顶，先加热到50～55 ℃，然后在55 ℃中培养72 h，当有气体生成(琼脂塞破裂，气味似干酪)时，可以认为有嗜热性厌氧菌存在。

③产生硫化氢的嗜热性厌氧菌计数：将上述处理过的样品加入到已熔化的亚硫酸盐琼脂试管中(总量20 ml)，共6份。将试管浸于冷水中，培养基固化后，加热到50～55 ℃，然后在55 ℃培养48 h。能产生硫化氢的细菌会在亚硫酸盐琼脂管内形成特征性的黑色小片(因为硫化氢被转化为硫化铁等硫化物)。计算黑色小片数目。某些嗜热菌不生成硫化氢，但代之以生成强还原性氢，使全部培养基变成黑色。

亚硫酸盐琼脂：

胰蛋白胨	10 g
亚硫酸钠	1 g
琼脂	20 g

硫乙醇酸钠	5 g
5%柠檬酸铁溶液	10 ml
蒸馏水	1000 ml
121 ℃高压灭菌	20 min
pH 值	7.0～7.1

(3)厌氧菌计数

将检样稀释液 1 ml,注入于已熔化并晾至 45～50 ℃的硫乙醇酸钠琼脂试管内,摇匀,倾注平板。冷凝后,在其上再叠一层 3% 无菌琼脂,凝固后,在 37 ℃培养 96 h,计数菌落。

硫乙醇酸钠琼脂:

胰消化干酪素	15 g
L-胱氨酸	0.5 g
酵母浸膏	5 g
葡萄糖	5 g
氯化钠	2.5 g
硫乙醇酸钠	0.5 g
刃天青	0.001 g
琼脂	15 g
蒸馏水	1000 ml
pH 值	7.0～7.1
121 ℃高压灭菌	15 min

(4)革兰氏阴性菌计数

倾注 15～20 ml 平板计数用琼脂于无菌培养皿中,凝固后,在 37 ℃烘干表面水分。吸注检样稀释液 0.1 ml 于平板上,共 2 份。立即用无菌 L 形玻璃棒涂开,放置片刻,再层叠已熔化并凉到 45～50 ℃的 VRB 琼脂 3～4 ml。在 30 ℃培养 48 h 后,计数菌落。

VRB 琼脂:

胰蛋白胨	7 g
酵母浸膏	5 g
氯化钠	5 g
乳糖	10 g
胆盐	1.5 g
中性红	0.03 g
结晶紫	0.002 g
琼脂	15 g
蒸馏水	1000 ml
pH 值	7.4±0.2

加热熔化后,再煮沸 2 min,不可高压。

任务三 大肠菌群的测定

大肠菌群是指一群能发酵乳糖、产酸产气、需氧和兼性厌氧的革兰氏阴性无芽胞杆菌。该菌主要来自于人畜粪便,故以此作为粪便污染指标来评价食品的卫生质量,推断食品是否有污染肠道致病菌的可能。

食品中大肠菌群数以 100 ml(g)检样内大肠菌群最可能数(MPN)表示。

1. 乳糖发酵法

(1)设备和材料

①冰箱:0~4 ℃。

②恒温培养箱:36±1 ℃。

③恒温水浴锅:46±1 ℃。

④显微镜:10×~100×。

⑤均质器或灭菌乳钵。

⑥天平:0~500 g,精确至 0.5 g。

⑦灭菌吸管:1 ml(具 0.01 刻度)、10 ml(具 0.1 ml 刻度)。

⑧灭菌锥形瓶:500 ml。

⑨灭菌玻璃珠:直径约 5 mm。

⑩灭菌培养皿:直径为 90 mm。

⑪灭菌试管:16 mm×160 mm。

⑫灭菌刀、剪刀、镊子等。

(2)培养基和试剂

乳糖胆盐发酵管制法:将 20 g 蛋白胨、5 g 猪胆盐及 10 g 乳糖溶于水中,校正 pH 值至 7.4,加入 25 ml 0.04%溴甲酚紫指示剂,分装每管 10 ml,并放入一个小导管,115 ℃高压灭菌 15 min。

注:双料乳糖胆盐发酵管除蒸馏水外,其他成分加倍。

伊红美蓝琼脂平板制法:将 20 g 蛋白胨、2 g 磷酸氢二钾和 10 g 琼脂溶解于 1000 ml 蒸馏水中,校正 pH 值至 7.1,分装于烧瓶内,121 ℃高压灭菌15 min备用。临用时加入 10 g 乳糖并加热熔化琼脂,冷至 50~55 ℃,加入 20 ml 2%伊红溶液和 10 ml 0.65%美蓝溶液,摇匀,倾注平板。

乳糖发酵管制法:将 20 g 蛋白胨及 10 g 乳糖溶于水中,校正 pH 值至 7.4,加入 20 ml 0.04%溴甲酚紫指示剂,按检验要求分装 30 ml、10 ml 或 3 ml,并放入一个小导管,115 ℃高压灭菌 15 min。

注:双料乳糖发酵管除蒸馏水外,其他成分加倍。30 ml 和 10 ml 乳糖发酵管专供酱油及酱类检验用,3 ml 乳糖发酵管供大肠菌群证实试验用。

EC 肉汤制法:将 20 g 蛋白胨,5 g 猪胆盐,20 g 胰蛋白胨,1.5 g 3 号胆盐,5 g 乳糖,4 g 磷酸氢二钾,1.5 g 磷酸二氢钾,5 g 氯化钠混合,溶解于 1000 ml 蒸馏水后,分装有发酵导管的试管中,121 ℃高压灭菌 15 min,最终 pH 值为 6.9±0.2。

磷酸盐缓冲稀释液:

①储存液制法:先将 34 g 磷酸二氢钾溶解于 500 ml 蒸馏水中,用 1 mol/L 氢氧化钠溶

液校正 pH 值至 7.2 后,再用蒸馏水稀释至 1000 ml。

②稀释液制法:取储存液 1.25 ml,用蒸馏水稀释至 1000 ml。分装每瓶 100 ml 或每管 10 ml,121 ℃高压灭菌 15 min。

0.85%灭菌生理盐水。

革兰氏染色液。

(3)检验程序

大肠菌群检验程序见图 9-2。

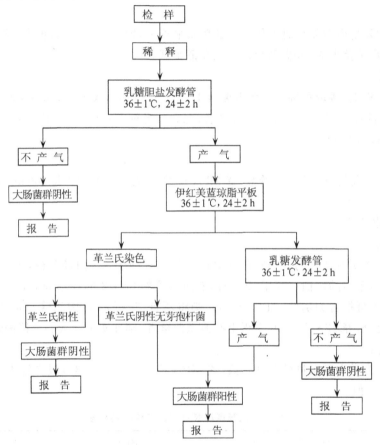

图 9-2 大肠菌群检验程序

(4)操作步骤

检样稀释:

①以无菌操作将检样 25 ml(或 g)放于有 225 ml 灭菌生理盐水或其他稀释液的灭菌玻璃瓶内(瓶内预置适当数量的玻璃珠)或灭菌乳钵内,经充分摇或研磨做成 1:10 的均匀稀释液。固体检样最好用均质器,以 8000～10000 r/min 的速度处理 1 min,做成 1:10 的均匀稀释液。

②用 1 ml 灭菌吸管吸取 1:10 稀释液 1 ml,注入含有 9 ml 灭菌生理盐水或其他稀释液的试管内,振摇试管混匀,做成 1:100 的稀释液。

③另取 1 ml 灭菌吸管,按上述操作依次做 10 倍递增稀释液,每递增稀释一次,换用 1 支

1 ml 灭菌吸管。

④根据食品卫生标准要求或对检样污染情况的估计,选择三个稀释度,每个稀释度接种3管。

乳糖发酵试验:

将待检样品接种于乳糖胆盐发酵管内,接种量在 1 ml 以上者,用双料乳糖胆盐发酵管,1 ml 及 1 ml 以下者,用单料乳糖胆盐发酵管。每一稀释度接种3管,置 36±1 ℃ 温箱内,培养 24±2 h,如所有乳糖胆盐发酵管都不产气,则可报告为大肠菌群阴性,如有产气者,则按下列程序进行。

分离培养:

将产气的发酵管分别转种在伊红美蓝琼脂平板上,置 36±1 ℃ 温箱内,培养 18~24 h,然后取出,观察菌落形态,并做革兰氏染色和证实试验。

证实试验:

在上述平板上,挑取可疑大肠菌群菌落 1~2 个进行革兰氏染色,同时接种乳糖发酵管,置 36±1 ℃ 温箱内培养 24±2 h,观察产气情况。凡乳糖管产气、革兰氏染色为阴性的无芽胞杆菌,即可报告为大肠菌群阳性。

报告:

根据证实为大肠菌群阳性的管数,查 MPN 检索表(表 9-3),报告每 100 ml(g)大肠菌群的 MPN 值。

(5)粪大肠菌群

试验方法:

用接种环将所有产气的乳糖胆盐发酵管培养物转种于 EC 肉汤管内,置 44.5±0.2 ℃ 水浴箱内(水浴箱内的水面应高于 EC 肉汤液面),培养 24±2 h,经培养后,如所有 EC 肉汤管均不产气,则可报告为阴性;如有产气者,则将所有产气的 EC 肉汤管分别转种于伊红美蓝琼脂平板上,培养 18~24 h,凡平板上有典型菌落者,则证实为粪大肠菌群阳性。

结果报告:

根据证实为粪大肠菌群的阳性管数,查 MPN 检索表(表 9-3),报告每 100 ml(g)粪大肠菌群的 MPN 值。

表 9-3 大肠菌群最可能数(MPN)检索表

阳性管数			MPN	95%可信限	
1 ml(g)×3	0.1 ml(g)×3	0.01 ml(g)×3	100 ml(g)	下限	上限
0	0	0	<30	<5	90
0	0	1	30		
0	0	2	60		
0	0	3	90		
0	1	0	30	<5	130
0	1	1	60		
0	1	2	90		
0	1	3	120		

续表

阳性管数			MPN	95%可信限	
1 ml(g)×3	0.1 ml(g)×3	0.01 ml(g)×3	100 ml(g)	下限	上限
0	2	0	60	—	—
0	2	1	90		
0	2	2	120		
0	2	3	160		
0	3	0	90	—	—
0	3	1	130		
0	3	2	160		
0	3	3	190		
0	0	0	40		
1	0	1	70	<5	200
1	0	2	110	10	210
1	0	3	150		
1	1	0	70		
1	1	1	110	10	230
1	1	2	150	30	360
1	1	3	190		
1	2	0	110		
1	2	1	150	30	360
1	2	2	200		
1	2	3	240		
1	3	0	160	—	—
1	3	1	200		
1	3	2	240		
1	3	3	290		
2	0	0	90		
2	0	1	140	10	360
2	0	2	200	30	370
2	0	3	260		
2	1	0	150		
2	1	1	200	30	440
2	1	2	270	70	890
2	1	3	340		

续表

阳性管数			MPN	95%可信限	
1 ml(g)×3	0.1 ml(g)×3	0.01 ml(g)×3	100 ml(g)	下限	上限
2	2	0	210	40	470
2	2	1	280	100	1500
2	2	2	350		
2	2	3	420		
2	3	0	290	—	—
2	3	1	360		
2	3	2	440		
2	3	3	530		
3	0	0	230	40	1200
3	0	1	390	70	1300
3	0	2	640	150	3800
3	0	3	950		
3	1	0	430	70	2100
3	1	1	750	140	2300
3	1	2	1200	300	3800
3	1	3	1600		
3	2	0	930	150	3800
3	2	1	1500	300	4400
3	2	2	2100	350	4700
3	2	3	2900		
3	3	0	2400	360	13000
3	3	1	4600	710	24000
3	3	2	11000	1500	48000
3	3	3	≥24000		

注1：本表采用3个稀释度分别为1 ml(g)、0.1 ml(g)和0.01 ml(g)，每种稀释度三管。

注2：表内所列检样量如改用10 ml(g)、1 ml(g)和0.1 ml(g)时，表内数字应相应降低10倍；如改用0.1 ml(g)、0.01 ml(g)和0.001 ml(g)时，则表内数字应相应增加10倍。其余可类推。

2. LTSE 快速检验法

由于国标中乳糖发酵法需3 d，为了快速检测的需要，国家卫生部于1999年1月21日颁布LTSE快速检验法，此法与国标法符合率很高，达99%以上。

(1)原理

不同的细菌以不同途径分解糖类，在其代谢过程中均能产生丙酮酸及转变为各种酸类，大肠菌群能分解乳糖，由于具有甲酸解氢酶作用于甲酸，产生氢和二氧化碳气体，因此气体的产生是在产酸的同时进一步分解酸而形成的。根据这个原理，将样品接种到LTSE培养基肉汤内 15 h,看结果有无产气现象,然后加氧化酶试验和涂片革兰氏染色镜检结果综合判断是否有大肠菌群的存在。

(2)设备与材料

①高压蒸汽灭菌锅。

②干热灭菌箱。

③恒温箱。

④天平。

⑤均质器。

⑥显微镜。

⑦冰箱。

⑧接种环。

⑨载玻片。

⑩试管、童汉氏小管、刻度吸管等,置于干热灭菌箱中 160 ℃灭菌 2 h。

(3)培养基和试剂

LTSE 培养基肉汤制法:将 5 g 乳糖,20 g 胰蛋白胨,0.5 g 十二烷基硫酸钠,5 g 氯化钠,5.74 g 磷酸氢二钠,1 g 磷酸二氢钾加到 1000 ml 蒸馏水中,加热溶解,pH 值为 7.0±1.0。冷却后再加微量元素溶液 0.5 ml,边加边摇匀,分装入有童汉氏小管的试管各 5 ml。双料成分均加倍,即将上述 LTSE 肉汤液浓缩 2 倍配制,分装入有童汉氏小管的试管各 10 ml(仅分装 30 ml 的供酱油及酱类检验用),置高压蒸汽灭菌器中以 115 ℃灭菌 20~30 min,贮存于 4 ℃冰箱或阴凉处备用。

氧化酶试剂。

革兰氏染液。

本方法中,除生化试剂是化学纯外,其他所用的化学试剂均为分析纯;试剂用水为蒸馏水。

(4)检验程序

大肠菌群 LTSE 快速检验法检验程序如图 9-3 所示。

(5)操作步骤

检样稀释:

实验步骤按照本情境中任务三、大肠菌群的测定中检样稀释的操作步骤完成。

预测试验:

将待检样品接种于 LTSE 发酵管内,接种在 10 ml 或 10 ml 以上者,用双料 LTSE 发酵管,1 ml 及 1 ml 以下者,用单料 LTSE 发酵管。预测试验采用9管法,每一稀释度接种3管,置 37±1 ℃试管内,培养 15±1 h 观察结果,如有混浊并产气者,即表示为阳性管。

以上阳性管继续按下列程序做证实试验。

证实试验:

①菌液涂片:用直径 3~4 mm 的接种环挑取菌液 2~3 环进行革兰氏染色,镜检。有革兰氏阴性无芽孢杆菌,而杂菌无或少。

②氧化酶试验:产气管取约 0.5~1 ml 培养物,滴加氧化酶试剂 2~3 滴摇匀,显粉红色或深红色表示为氧化酶阳性,不变色或呈试剂的本色为阴性。

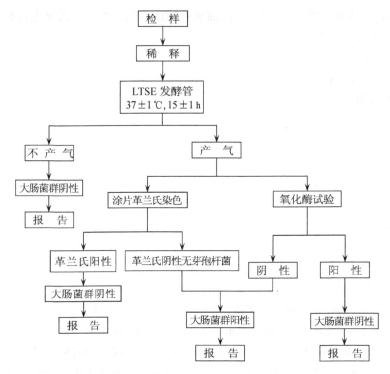

图 9-3 大肠菌群 LTSE 快速检验法检验程序

(6)结果判断和报告

如有产气、氧化酶阴性并从形态上见到革兰氏阴性的无芽孢杆菌,表示有大肠菌群存在,然后查 MPN 检查表计算 MPN 值。

(7)操作注意事项及经验介绍

①检样要严格遵守操作规程,避免技术操作的差错。由于大肠菌群是呈分裂繁殖生长,在水中往往具有聚集性,出现分布不均匀的现象,因此检样前固体和液体检样要同常规法一样经前处理,注意稀释固体(或液体)样时,要充分溶解摇匀,使其目的菌分布均匀,每次取样加入 LTSE 发酵管前要先自混匀,避免或尽量减少取样误差。

②培养基灭菌后,童汉氏小管应无气泡方能使用;做氧化酶试验的小试管要清洁干净。

③本方法灵敏度高,37 ℃ 15 h 培养与常规法符合率基本一致(即 99%～100%),超过 15 h 可提高检出率。

④如果初次观察试管氧化酶试验难以辨别真假阳性结果,可采用氧化酶阳性结果的非肠杆菌科菌株做阳性对照,如绿脓杆菌、脑膜炎双球菌、弧菌科菌株等。

任务四 常见致病菌的测定

自然界有许多微生物存在,其中有少数微生物对人类、动物或植物有病害作用,这类微生物就称为致病微生物或病原微生物,简称致病菌或病原菌。引起人类病害的微生物有多种,其中一部分是因侵入消化道而引起疾病的,这就是与食品卫生有关的一类致病菌,这些致病微生物分别属于细菌和病毒,其中尤以细菌最为常见。

本部分主要介绍食品原料及食品中各种致病菌的检验方法,如金黄色葡萄球菌、溶血性链球菌、沙门氏菌、志贺氏菌及大肠杆菌等。

食品中致病菌检验通常是采用具有选择性作用的培养基对样品进行增菌培养(若样品受致病微生物污染严重,则可以不经增菌培养),然后对培养液进行分离培养,根据分离培养后的菌落生长情况、菌体形态和生化特性进行初步推断,最后经过微生物的生理生化试验、血清凝集试验及动物试验等,根据微生物的形态特征、生理生化特性、抗原特性及动物试验结果等判定样品是否被致病微生物污染,并对致病微生物进行定性和定量。

1. 大肠杆菌的检验

致泻大肠埃希菌俗称大肠杆菌,属肠杆菌科埃希菌属,大肠杆菌是埃希菌属的代表,与非病原性大肠埃希菌一样都是人畜的肠道细菌,可随粪便一起污染环境和食品。检验步骤如下。

(1)增菌

样品采集后应尽快检验,除易腐食品在检验之前应预冷藏外,一般不冷藏。

以无菌手续称取检样 25 g,加在 225 ml 营养肉汤中,以均质器打碎 1 min 或用乳钵加灭菌砂磨碎。取出适量,接种乳糖胆盐培养基,以测定大肠菌群 MPN 值,其余的移入 500 ml 广口瓶内,于 36±1 ℃ 培养 6 h,取出一接种环,接种于一管 30 ml 肠道菌增菌肉汤内,于 42 ℃ 培养 18 h。

(2)分离

将乳糖发酵阳性的乳糖胆盐发酵管和增菌液分别划线接种于麦康凯或伊红美蓝琼脂平板。污染严重的检样,可将检样直接划线接种于麦康凯或伊红美蓝琼脂平板,于 36±1 ℃ 培养 18~24 h,观察菌落。不但要注意乳糖发酵的菌落,同时也要注意不发酵和迟缓发酵的菌落。

(3)生化试验

①自鉴别平板上直接挑取数个菌落分别接种于三糖铁琼脂(TSI)或克式双糖铁琼脂(KI)上。同时将这些培养物分别接种于蛋白胨水、半固体琼脂、pH=7.2 尿素琼脂、KCN 肉汤和赖氨酸脱羧酶试验培养基。以上培养物均在 36 ℃ 培养过夜。

②TSI 斜面产酸或不产酸、底层产酸,硫化氢阴性,KCN 阴性和尿素阴性的培养物为大肠杆菌。

TSI 底层不产酸,或硫化氢、KCN、尿素等试验中有任一项为阳性培养物,均非大肠杆菌。必要时可做氧化酶试验和革兰氏染色。

(4)血清学试验

①假定试验:挑取经生化试验证实为大肠杆菌的琼脂培养物,用致病性大肠杆菌、侵袭性大肠杆菌和产肠毒素大肠杆菌多价 O 血清和出血大肠杆菌 O157 血清做玻片凝集试验。当与某一种多价血清凝集时,再与该多价血清所包含的单价 O 血清做凝集试验。如与某一单价 O 血清呈现强凝集反应,即为假定试验阳性。

大肠杆菌所包括的 O 抗原群有 EPEC、EHEC(如 O157)、EIEC 和 ETEC 诸类群,参见有关大肠杆菌的 O 抗原菌群。

②证实试验:制备 O 抗原悬液,稀释至与 Mac Farland 3 号比浊管相当的浓度。原效价为 1:160~1:320 的 O 血清,用 0.5% 盐水稀释至 1:40。稀释血清与抗原悬液在 10 mm×

75 mm试管内等量混合,做单凝集试验。混匀后放入 50 ℃水浴箱内,经 16 h 后观察结果。如出现凝集,可证实含有该 O 抗原。

2. 沙门氏菌的检验

用于沙门氏菌的检验方法包括五个基本步骤:①前增菌;②选择性增菌;③选择性平板分离;④生化试验,鉴定到属;⑤血清学分型鉴定。

(1)前增菌和选择性增菌

冻肉、蛋品、乳品及豆类等加工食品均应经过前增菌。各称取检样 25 g,加在装有 225 ml 缓冲蛋白胨水的 500 ml 广口瓶内。固体食品可先应用均质器,以 8000~10000 r/min 打碎 1 min 或用乳钵加灭菌砂磨碎,粉状食品用灭菌匙或玻璃棒研磨使之匀化。于 36±1 ℃培养 4 h(干蛋品需培养 18~24 h),移取 10 ml,接种于 100 ml 氯化镁孔雀绿(MM)增菌液或四硫磺酸钠煌绿(TTB)增菌液内,于 42 ℃培养 18~24 h。同时,另取 10 ml,加于 100 ml 亚硒酸盐胱氨酸(SC)增菌液内,于 36±1 ℃培养 18~24 h。

鲜肉、鲜蛋、鲜乳或其他未经加工的食品不必经过增菌,各称取 25 g(25 ml)加入灭菌生理盐水 25 ml,按前法做成检样匀液。取其半量接种于 100 ml MM 增菌液或 TTB 增菌液内,于 42 ℃培养 24 h;另半量接种于 100 ml SC 增菌液内,于 36±1 ℃培养 18~24 h。

(2)选择性平板分离

取增菌液 1 环,划线接种于 1 个亚硫酸铋(BS)琼脂平板和 1 个 DHL 琼脂平板(或 HE、WS、SS 琼脂平板)。两种增菌液可同时划线接种在同一平板上,于 36±1 ℃培养 18~24 h (DHL、HE、WS、SS)或 40~48 h(BS),观察各个平板上生长的菌落。沙门氏菌群Ⅰ、Ⅱ、Ⅳ、Ⅴ、Ⅵ和Ⅲ在各个平板上的菌落特征见表 9-4。

表 9-4 沙门菌属各群在各种选择性琼脂平板上的菌落特征

选择性琼脂平板	Ⅰ、Ⅱ、Ⅳ、Ⅴ、Ⅵ	Ⅲ(亚利桑那菌)
亚硫酸铋琼脂	产硫化氢菌落为黑色有金属光泽,棕褐色或灰色,菌落周围培养基可呈黑色或棕色。有些菌株不产生硫化氢,形成灰绿色菌落,周围培养基不变	黑色有金属光泽
DHL 琼脂	无色半透明;产硫化氢菌落中心带呈黑色或几乎全黑色	乳糖迟缓阳性或阴性的菌株,与亚属Ⅰ、Ⅱ、Ⅳ、Ⅴ、Ⅵ相同;乳糖阳性的菌落为粉红色,中心带呈黑色
HE 琼脂 WS 琼脂	蓝绿色或蓝色;多数菌株产硫化氢,菌落中心呈黑色或几乎全黑色	乳糖阳性的菌株为黄色,中心呈黑色或几乎全黑色;乳糖迟缓阳性或阴性的菌落为蓝绿色或蓝色,中心呈黑色或几乎全黑色
SS 琼脂	无色半透明,产硫化氢菌株中有的菌落中心带呈黑色,但不如以上培养基明显	乳糖迟缓阳性或阴性的菌落,与亚属Ⅰ、Ⅱ、Ⅳ、Ⅴ、Ⅵ相同;乳糖阳性的菌落为粉红色,中心带呈黑色,但中心无黑色形成时,大肠埃希菌不能区别

(3)生化试验

①挑取选择琼脂平板上的可疑菌落,接种三糖铁琼脂。一般应多挑几个菌落,以防遗漏。在三糖铁琼脂内,各个菌属的主要反应见表 9-5。

表 9-5 肠杆菌科各菌属在三糖铁琼脂内的反应结果

斜面	底层	产气	硫化氢	可能的菌属和种
－	＋	＋/－	－	沙门氏菌属,变形杆菌属,酸弗劳地枸橼杆菌,缓慢爱德华菌
＋	＋	＋/－	＋	沙门氏菌Ⅲ,弗劳地枸橼杆菌,普通变形杆菌
－	＋	＋	＋	沙门氏菌属,埃希菌属,蜂窝哈夫尼亚菌,摩根菌,普罗菲登斯菌属
－	＋	－	＋	伤寒沙门氏菌,鸡沙门氏菌,志贺菌属,大肠埃希菌,蜂窝哈夫尼亚菌,摩根菌,普罗菲登斯菌属
＋	＋	＋/－	－	埃希菌属,肠杆菌属,克雷博菌属,沙雷菌属,弗劳地枸橼杆菌

注:＋/－表示多数阳性,少数阴性。

表 9-5 说明在三糖铁琼脂内只有斜面产酸并同时硫化氢阴性的菌株可以排除,其他的反应结果均有沙门氏菌的可能,因此都需要做几项最低限度的生化试验。必要时做图片染色镜检应为革兰氏阴性短杆菌,做氧化酶试验应为阴性。

②在接种三糖铁琼脂的同时,进行接种蛋白胨水(供作靛基质试验)、尿素琼脂(pH＝7.2)、氰化钾培养基和赖氨酸脱羧酶试验培养基及对照培养基各一管,于 36 ± 1 ℃培养 18～24 h,必要时可延长至 48 h,按表 9-6 判断结果。按反应序号分类,沙门氏菌属的结果应属于 A1、A2 和 B1,其他五种反应结果均可排除。

表 9-6 肠杆菌科各属生化反应初步鉴别表

反应序号	硫化氢(H_2S)	靛基质	pH＝7.2 尿素	氰化钾(KCN)	赖氨酸脱羧酶	判定菌属
A1	＋	－	－	－	＋	沙门氏菌属
A2	＋	＋	－	－	＋	沙门氏菌属(少见),缓慢爱德华菌
A3	＋	＋	＋	＋	－	弗劳地枸橼杆菌,奇异变形杆菌
A4	＋	＋	＋	＋	－	普通变形杆菌
B1	－	－	－	－	＋	沙门氏菌属、大肠埃希菌
B1	－	－	－	－	－	甲型副伤寒沙门氏菌、大肠埃希菌、志贺氏菌
B2	－	＋	－	－	＋	大肠埃希菌
B2	－	＋	－	－	－	大肠埃希菌、志贺氏菌
B3	－	－	＋/－	＋	＋	克雷博菌族各属
B3	－	－	＋	＋	－	阴沟肠杆菌,弗劳地枸橼杆菌
B4	－	＋	＋/－	＋	－	摩根菌、普罗菲登斯菌属

注:1. 三糖铁琼脂底层均应产酸,不产酸者可排除,斜面产酸与产气与否均不限。2. KCN 和赖氨酸可选用其中一项,但不能划定结果时,仍需补做另一项。

反应序号 A1:典型反应,判定为沙门氏菌属。如尿素、KCN 和赖氨酸三项中有一项异常,按表 9-7 可判定为沙门氏菌。如有两项异常,则按 A3 判定为弗劳地枸橼杆菌。

反应序号 A2:可先做血清学鉴定,当 A-F 多价 O 血清不凝集时,补做甘露醇和山梨醇,按表9-8判定结果。

反应序号 B1:补做 ONPG。若 ONPG(+),为大肠埃希菌;若 ONPG(-),即为沙门氏菌。同时沙门氏菌应为赖氨酸(+),若赖氨酸(-),即为甲型副伤寒沙门氏菌,如表9-7。
必要时可按表9-9进行沙门氏菌生化群的鉴别。

表9-7 沙门氏菌鉴别表一

pH=7.2尿素	氰化钾(KCN)	赖氨酸	判定结果
−	−	−	甲型副伤寒沙门氏菌(要求血清学鉴定结果)
−	+	+	沙门氏菌属Ⅳ或Ⅴ(要求符合本群生化特性)
+	−	+	沙门氏菌个别变体(要求血清学鉴定结果)

表9-8 沙门氏菌鉴别表二

甘露醇	山梨醇	判定结果
+	+	沙门氏菌属靛基质阳性变体(要求血清学鉴定结果)
−	−	缓慢爱德华菌

表9-9 沙门氏菌属各生化群的鉴别

项目	Ⅰ	Ⅱ	Ⅲ	Ⅳ	Ⅴ	Ⅵ
卫矛醇	+	+	−	−	+	−
山梨醇	+	+	+	+	+	−
水样苷	−	−	−	+	−	−
ONPG	−	−	+	−	+	−
丙二酸盐	−	+	+	−	−	−
KCN	−	−	−	+	+	−

3. 志贺氏菌的检验

志贺氏菌在食品中的存活期较短,目前仍缺少理想的增菌方法,但其重要性不可忽视。检验步骤如下。

(1)增菌

称取检样25 g,加入装有225 ml GN 增菌液的500 ml 广口瓶内。固体食品可先应用均质器,以8000~10000 r/min 打碎1 min,或用乳钵加灭菌砂磨碎,粉状食品用灭菌匙或玻璃棒研磨使之匀化,于36±1 ℃培养6~8 h。

(2)分离

取增菌液1环,划线接种于 HE 琼脂平板或 SS 琼脂平板一个,麦康凯琼脂平板或伊红美蓝琼脂平板一个,于36±1 ℃培养18~24 h。志贺氏菌在这些培养基上是呈现无色透明不发酵乳糖的菌落。

(3)生化试验

挑取平板上的可逆菌落,接种三糖铁琼脂和半固体各一管。一般应多挑几个菌落以防遗漏。志贺菌属在三糖铁琼脂内的反应结果为底层产酸不产气,斜面产碱,不产生硫化氢,无动力,在半固体管内沿穿刺线生长。具有以上特性的菌株,疑为志贺氏菌,可做血清凝集试验。

在做血清学试验的同时,应进一步做 V-P、苯丙氨酸脱氨酶、赖氨酸脱羧酶、西蒙柠檬酸盐和葡萄糖铵试验,志贺菌属均为阴性反应。必要时应做革兰氏染色检查和氧化酶试验,应为氧化酶阴性的革兰氏阴性杆菌,并以生化试验方法做 4 个生化群的鉴定,见表 9-10。

表 9-10 志贺菌属 4 个群的生化特性

生化群	5%乳糖	甘露醇	棉籽糖	甘油	靛基质
A 群:痢疾志贺菌	−	−	−	(+)	−/+
B 群:富氏志贺菌	−	+	+	−	(+)
C 群:鲍氏志贺菌	−	+	−	(+)	−/+
D 群:宋内志贺菌	+/(+)	+	+	d	−

注:+阳性;−阴性;−/+多数阴性,少数阳性;(+)迟缓阳性;d 有不同生化型。富氏志贺菌 6 型生化特征与 A 群或 C 群相似。

(4)血清学试验

必要时,可将生化试验分群鉴定的菌株及实验记录,送至上级检验机构进行血清学鉴定。

4. 金黄色葡萄球菌的检验

葡萄球菌在自然界分布极广,空气、土壤、水、饲料、食品(剩饭、糕点、牛奶、肉制品等)以及人和动物的体表黏膜等处均有存在,大部分是不致病的腐物寄生菌,也有一些致病的球菌。食品中生长有金黄色葡萄球菌,是食品卫生的一种潜在危险,因为金黄色葡萄球菌可以产生肠毒素,食用后能引起食物中毒。因此,检查食品中金黄色葡萄球菌具有实际意义。

(1)检样处理、增菌及分离培养

将 25 g 检样加 225 ml 灭菌生理盐水或吸取液体检样 5 ml 接种于 7.5%氯化钠肉汤 50 ml,同时挑取混悬液接种血平板及 Baird-Parker 培养基,置 36±1 ℃培养 24 h,7.5%氯化钠肉汤经增菌后转种上述平板。挑取金黄色葡萄球菌菌落进行革兰氏染色镜检及血浆凝固酶试验。

(2)形态

本菌为革兰氏阳性球菌,排列呈葡萄状,无芽孢,无荚膜,致病性葡萄球菌菌体较小,直径约为 0.5~1 μm。

(3)培养特性

在肉汤中呈混浊生长,血平板上菌落呈金黄色,大而凸起,圆形,不透明,表面光滑,周围有溶血圈。在 Baird-Parker 培养基上为圆形,光滑,凸起,湿润,直径为 2~3 mm,颜色呈灰色到黑色,边缘为淡色,周围为一混浊带,在其外层有一透明带。用接种针接触菌落似有奶油树胶的硬度。偶然会遇到非脂肪溶解的类似菌落,但无混浊带及透明带。长期保存的冷冻或干燥食品中所分离的菌落比典型菌落所产生的黑色较淡些,外观可能粗糙并干燥。

(4)血浆凝固酶试验

吸取 1:1 新鲜兔血浆 0.5 ml,放入小试管中,再加入培养 24 h 的葡萄球菌肉浸液肉汤培养物 0.5 ml 振荡混匀,放 36±1 ℃温箱或水浴内每半小时观察一次,观察 6 h,如呈现凝块即为阳性。同时以已知阳性和阴性的葡萄球菌菌株及肉浸液肉汤作为对照。

5. 溶血性链球菌的检验

链球菌在自然界分别较广,可存在于水、空气、尘埃、牛奶、粪便及人的咽喉和病灶中,根据其抗原结构,族特异性"C"抗原的不同,可进行血清学分群。按其在血平板上溶血的情况可分为甲型溶血性链球菌、乙型溶血性链球菌和丙型溶血性链球菌。与人类疾病有关的大多属于乙型溶血性链球菌,其血清型90%属于A群链球菌,常可引起皮肤和皮下组织的化脓性炎症及呼吸道感染,还可通过食品引起猩红热、流行性咽炎的暴发性流行。溶血性链球菌的检样步骤如下。

(1) 检验处理

称取25 g固体检样,加入225 ml灭菌生理盐水,研磨成匀浆制成混悬液;液体检样可直接培养。

(2) 一般培养

将上述混悬液或液体检样直接划线于血平板,并吸取5 ml接种于50 ml葡萄糖肉浸液肉汤内,如检样污染较严重,可同时按上述量接种匹克肉汤,经36±1 ℃培养24 h,接种血平板。置36±1 ℃培养24 h,挑取乙型溶血圆形突起的细小菌落,在血平板上分离纯化,然后观察溶血情况及革兰染色,并进行链激酶试验及杆菌肽敏感试验。

(3) 形态与染色

本菌呈球形或卵圆形,直径 $0.5 \sim 1$ μm,链状排列,链长短不一,短者由4～8个细胞组成,长者20～30个。链的长短常与细菌的种类及生长环境有关;在液体培养中易呈长链;在固体培养基中常呈短链;不形成芽孢,无鞭毛,不能运动。

(4) 培养特性

该菌营养要求较高,在普通培养基上生长不良,在加有血液、血清培养基中生长较好。溶血性链球菌在血清肉汤中生长时,管底呈絮状或颗粒状沉淀。血平板上菌落呈灰白色,半透明或不透明,表面光滑,有乳光,直径约0.5～0.75 mm,为圆形突起的细小菌落,乙型溶血性链球菌周围有2～4 mm界限分明、无色透明的溶血圈。

(5) 链激酶试验

致病性溶血性链球菌能产生链激酶(即溶纤维蛋白酶),此酶能激活正常人体血液中血浆蛋白酶原,使之成为血浆蛋白酶,而后溶解纤维蛋白。

吸取草酸钾血浆0.2 ml(草酸钾0.01 g,加入5 ml人血混匀,经离心沉淀吸取上清液即为血浆)、加入0.8 ml灭菌生理盐水,混匀,再加入18～24 h链球菌肉汤培养物0.5 ml及0.25%氯化钙0.25 ml,振荡摇匀。置36±1 ℃水浴中每隔数分钟观察一次(一般约10 min即可凝固),血浆凝固后,再注意观察及记录溶化的时间。溶化时间越短,表示该菌产生的链激酶越多,含量多时,20 min内凝固的血浆即可完全溶解。如无变化,应在水浴中持续放置2 h,不溶解者仍放入水浴24 h后再观察,如凝块全部溶解者为阳性,24 h后仍不溶解者为阴性。

(6) 杆菌肽敏感试验

挑取乙型溶血性链球菌浓菌液,涂布于血平板(肉浸液琼脂加入5%人血)上,用灭菌镊子夹取含有0.04单位的杆菌肽纸片,放于上述平板上,于36±1 ℃培养18～24 h。如有抑菌带出现即为阳性,可初步鉴定为A群链球菌。同时用已知阳性菌株作为对照。

情景十　食品包装材料的检测

食品包装是食品商品的组成部分,也是食品生产过程中的主要工程之一。它保护食品,使食品在离开工厂后的流通过程中,防止生物的、化学的、物理的外来因素的损害,它也有保持食品本身稳定质量的功能,它方便食品的食用,又是首先表现食品外观,吸引消费者的形象,具有物质成本以外的价值。因此,食品包装也是食品制造系统工程不可或缺的部分。但食品包装制造的通用性又使它有相对独立的自我体系。

食品容器与食品包装材料主要有纸、竹、木、金属、塑料、橡胶、搪瓷、陶瓷以及各种复合材料等,在储存和包装食品的过程中,这些容器与食品包装材料中的某些成分可转移到食品中,造成食品的化学污染,引起机体损伤。

任务一　食品包装材料分类

食品包装可按包装材料分为金属、玻璃、纸质、塑料、复合材料等,可按包装形式分为罐、瓶、包、袋、卷、盒、箱等,可按包装方式分为罐藏、瓶装、包封、袋装、裹包以及灌注、整集、封口、贴标、喷码等;可按产品层次分为内包装、二级包装、三级包装……外包装等。由于对食品安全的更多关注,更高要求,一些国家对食品包装的法规管理更加强化。从实施营养标准法规、间接添加剂规定等到推行可降解绿色包装、电子扫描条码等,都在促进食品包装的新发展。

食品包装分类方法很多。如按技法分为:防潮包装、防水包装、防霉包装、保鲜包装、速冻包装、透气包装、微波杀菌包装、无菌包装、充气包装、真空包装、脱氧包装、泡罩包装、贴体包装、拉伸包装、蒸煮袋包装等。上述各种包装皆是由不同复合材料制成的,其包装特点是对应不同食品的要求,能有效地保证食品品质。常见食品包装材料和容器分类见表10-1。

表10-1　食品包装材料和容器分类

包装材料	包装容器类型
塑料	塑料薄膜袋、中空包装容器、编织袋、周转箱、片材热成型容器、热收缩膜包装、软管、软塑箱、钙塑箱
橡胶	奶嘴、容器和管道的垫圈等
纸与纸板	纸盒、纸箱、纸袋、纸杯、纸质托盘、纸浆模塑制品
玻璃、陶瓷	瓶、罐、坛、缸等
金属	马口铁或无锡钢板等制成的金属罐、桶等,铝箔罐、软管、软包装袋
木材	木箱、板条箱、胶合板箱、花格木箱
复合材料	纸、塑料薄膜、铝箔等组合而成的复合软包装材料制成的包装袋、复合软管等
其他	麻袋、布袋、草制或竹制包装容器等

任务二　食品包装纸的检测

1. 纸中有害物质的来源

纯净的纸是无毒的,但由于原料受到污染,或经过加工处理,纸和纸板中通常会有一些杂质、细菌和化学残留物,从而影响包装食品的安全性。纸中有害物质的来源主要有以下几个方面:

①造纸原料中的污染物;

②造纸过程中添加的助剂残留;

③浸蜡包装纸中的多环芳烃;

④纸表面杂质及微生物污染;

⑤彩色或印刷图案中油墨的污染。

2. 食品包装纸的卫生要求

由于包装纸存在的安全问题,大多数国家均规定了包装用纸材料有害物质的限量标准。我国食品包装用纸材料卫生标准见表10-2。

表10-2　我国食品包装用纸材料卫生标准

项　目	标　准
感官指标	色泽正常、无异味、无污染
铅含量(以Pb计)/(mg/L)(4%醋酸浸泡液中)	<5.0
砷含量(以Pb计)/(mg/L)(4%醋酸浸泡液中)	<1.0
荧光性物质(波长为365 nm及254 nm)	不得检出
脱色试验(水、正己烷)	阴性
致病菌(系指肠道致病菌、致病性球菌)	不得检出
大肠菌群/(个/100 g)	<3.0

我国对食品包装用纸卫生要求规定:①食品包装用原纸不得采用社会回收废纸用做原料,禁止添加荧光增白剂等有害助剂;②食品包装用原纸的印刷油墨、颜料应符合食品卫生要求,油墨、颜料不得印刷在接触食品的一面;③食品包装用石蜡应采用食品级石蜡,不得使用工业级石蜡。

3. 食品包装纸试样水分的测定

①将装有试样的容器,放入能使温度保持在105±2 ℃的烘箱中烘干。烘干时,可将容器的盖子打开,也可将试样取出来摊开,但试样和容器应在同一烘箱中同时烘干(注:当烘干试样时,应保证烘箱中不放入其他试样)。

②当试样已完全烘干时,应迅速将试样放入容器中并盖好盖子,然后将容器放入干燥器中冷却,冷却时间可根据不同的容器估算。将容器的盖子打开并马上盖上,以使容器内外的空气压力相等,然后称量装有试样的容器,并计算出干燥试样的质量。重复上述操作,第二次烘干时间应至少为第一次烘干时间的一半。当连续两次在规定的时间间隔下,称量的差值不大于烘干前试样质量的0.1%时,即可认为试样已达恒重。对于纸张试样,第一次烘干

时间应不少于 2 h;对于纸浆试样,应不少于 3 h。

③计算方法:水分 $X(\%)$ 应按下式进行计算。

$$X = \frac{m_1 - m_2}{m_1} \times 100$$

式中:m_1——烘干前的试样质量,g;

m_2——烘干后的试样质量,g。

同时进行两次测定,取其算术平均值作为测定结果。测定结果应修约至小数点后第一位,且两次测定值间的绝对误差应不超过 0.4。

4. 食品包装纸中荧光染料的检测

(1)原理

样品中荧光染料具有不同的发射光谱特性,将其发射光谱图与标准荧光染料对照,可以进行定性和定量分析。

(2)检验方法

①样品处理:将 5 cm×5 cm 纸样置于 80 ml 氨水中(pH 值 7.5～9.0),加热至沸腾后,继续微热 2 h,并不断地补加氨水使溶液保持 pH 值 7.5～9.0。用玻璃棉滤入 100 ml 容量瓶中,用水洗涤。如果纸样在紫外灯照射下还有荧光,则再加入 50 ml 氨水,如同上述处理。两次滤液合并,浓缩至 100 ml,稀释至刻度,混匀。

②定性:吸取 2～5 μL 样液在纤维素薄层上点样,同时分别点取荧光染料 VBL 标准溶液(2.5 μL/ml)和荧光染料 BC 标准溶液(5 μL/ml)各 2 μL。在此两标准点上再点加标准维生素 B2 溶液(10 μL/ml)各 2 μL。将薄层板放入层析槽中,用 10% 氨水展开至 10 cm 处,取出,自然干燥后,接通仪器及记录器电源,光源与仪器稳定后,将薄层板面向下,置于薄层层析附件装置内的板架上,并固定好。转动手动轮移动板架至激发样点上,激发波长固定在365 nm 处,选择适当的灵敏度、扫描速度、纸速和狭缝,将测定样品点的发射光谱与标准荧光染料发射光谱相对比,鉴定出纸样中的荧光染料的类型。

③定量:样液经点样、展开,确定其荧光染料种类后,用荧光分光光度计测定发射强度。仪器操作条件如下:光电压 700 V;灵敏度粗调 0.1 档;激发波长 365 nm;发射波长 370～600 nm;激发狭缝 10 nm;发射狭缝 10 nm;纸速 15 mm/min;扫描速度 10 nm/min。

然后由荧光染料 VBL($C_{40}H_{40}N_{12}Na_4O_{12}S_4$,荧光增白剂)或 BC($C_{32}H_{26}N_{12}Na_2O_6S_2$,荧光增白剂)的标准含量测得的发射强度,相应地求出样品中荧光染料 VBL 或 BC 的含量。

5. 食品包装纸中铅含量的测定

(1)原理

样品经过处理后,导入原子吸收分光光度计中,经原子化以后,吸收 283.3 nm 共振线,其吸收量与铅含量成正比,可与标准系列比较定量。

(2)仪器与试剂

原子吸收分光光度计。

硝酸。

过硫酸铵。

石油醚。

6N 硝酸:量取 38 ml 硝酸,加水稀释至 100 ml。

0.5%硝酸:量取 1 ml 硝酸,加水稀释至 200 ml。

10%硝酸:量取 10 ml 硝酸,加水稀释至 100 ml。

0.5%硫酸钠:称取 0.5 g 无水硫酸钠,加水溶解至 100 ml。

铅标准溶液:准确称取 1 g 金属铅(99.99%),分次加入 6N 硝酸溶解,总量不超过 37 ml,移入 1000 ml 容量瓶中加水稀释至刻度,此溶液每毫升相当于 1 mg 铅。

铅标准使用液:吸取 10 ml 铅标准溶液,置于 100 ml 容量瓶中,加 0.5%硝酸稀释至刻度。

(3)操作步骤

样品处理:

采用定温灰化法。将试样置于蒸发皿中或坩埚内,在空气中,于一定温度范围(500~550 ℃)内加热分解、灰化,所得残渣用适当溶剂溶解后进行测定。

测定:

①铅标准稀释液制备:吸取 0、0.5、1、2、3、4 ml 铅标准使用液,分别置于 100 ml 容量瓶中,加 0.5%硝酸稀释至刻度,混匀即相当于 0、5、10、20、30、40 μg/ml 铅浓度。

②测定条件:仪器狭缝,空气及乙烯的流量,灯头高度,元素灯电流等均按使用的仪器说明调至最佳状态。

③将处理后的样液、试剂空白液和各容量瓶中铅标准稀释液分别导入火焰进行测定。

(4)结果计算

以各浓度标准溶液与对应的吸光度绘制标准曲线,测定用样品液及试剂空白液由标准曲线查出浓度值 A_3 及 A_4,再按下式计算:

$$X = \frac{(A_3 - A_4) \times V_3 \times 1000}{m_2 \times 1000 \times 1000}$$

式中:X——样品中铅的含量,mg/kg;

A_3——测定用样品中铅的含量,μg;

A_4——试剂空白液中铅的含量,μg;

V_3——样品处理后的总体积,ml;

m_2——样品质量(体积),g(ml)。

(5)注意事项

①所用玻璃仪器均以 10%~20%硝酸浸泡 24 h 以上,用水反复冲洗,最后用去离子水冲洗晾干后,方可使用。

②所用试剂应使用优级纯,水应使用去离子水。

6. 食品包装纸中砷含量的测定

(1)原理

砷蒸气对波长 193.7 nm 共振线具有强烈的吸收作用。试样经过酸消解或催化酸消解使砷转为离子状态,再由硼氢化钾或硼氢化钠还原成原子态汞,由载气(氩气)带入原子化器中,在特制砷空心阴极灯照射下,基态砷原子被激发至高能态,原子化后砷吸收 193.7 nm 共振线,在一定浓度范围,其吸收值与砷含量成正比,与标准系列比较定量。

(2)试剂和仪器

硝酸:优级纯。

高氯酸:优级纯。

硝酸(0.5 mol/L):量取 3.2 ml 硝酸加入 50 ml 水中,稀释至 100 ml。

硝酸(1 mol/L):量取 6.4 ml 硝酸加入 50 ml 水中,稀释至 100 ml。

磷酸二氢铵溶液(20 g/L):称取 2 g 磷酸二氢铵,以水溶并稀释至 100 ml。

1%硼氢化钠溶液和 0.3%氢氧化钠溶液。

混合酸:硝酸+高氯酸(4+1),量取 4 份硝酸与 1 份高氯酸混合。

砷标准储备液:由国家标准物质研究中心提供。

所用玻璃仪器均需以硝酸(1+5)浸泡过夜,用水反复冲洗,最后用去离子水冲洗干净。原子吸收分光光度计(附石墨炉、氢化物发生器及砷空心阴极灯)。可调式电热板。可调式电炉。

(3)试样预处理

在采样和制备过程中,应注意不使试样污染。

采用定温灰化法。将试样置于蒸发皿中或坩埚内,在空气中,于一定温度范围(500~550 ℃)内加热分解、灰化,所得残渣用适当溶剂溶解后进行测定。

湿式消解法:称取试样 1~5 g 于锥形瓶或高脚烧杯中,放数粒玻璃珠,加 10 ml 混合酸,加盖浸泡过夜,加一小漏斗在电炉上消解,若变棕黑色,再加混合酸,直至冒白烟,消化液呈无色透明或略带黄色,放冷用滴管将试样消化液洗入或过滤入(视消化后试样的盐分而定)10~25 ml 容量瓶中,用水少量多次洗涤锥形瓶或高脚烧杯,洗液合并于容量瓶中并定容至刻度,混匀备用;同时进行试剂空白。

(4)测定

仪器条件:采用适宜的氢化物发生器,以含 1%硼氢化钠和 0.3%氢氧化钠的溶液(临用前配置)作为还原剂,盐酸溶液(1→100)为载体,氩气为载体,检测波长为 193.7 nm,背景校正为氘灯。

砷标准储备液的制备:由国家标准物质研究中心提供。

标准曲线绘制:分别精密量取砷标准储备液,每 1 ml 分别含有 0 μg、5 μg、10 μg、20 μg、30 μg、40 μg 的溶液,置 25 ml 容量瓶中,加 25%碘化钾溶液(临用前配置)1 ml,摇匀,用盐酸溶液(20→100)稀释至刻度,摇匀,密塞,置 80 ℃ 水浴中加热 3 分钟,取出,放冷。取适量,放入氢化物发生装置,测量吸收值,以峰面积(或吸光度)为纵坐标,浓度为横坐标,绘制标准曲线。

试样测定:精密吸取空白溶液与供试品各 10 μL,照标准曲线的绘制项下,自"加 25%碘化钾溶液(临用前配置)1 ml"起,依法测定。从标准曲线上读出供试品溶液中砷的含量,计算,即得。

(5)结果计算

试样中砷含量按下式进行计算。

$$X = \frac{(C_1 - C_0) \times V \times 1000}{m \times 1000}$$

式中:X ——试样中砷含量,μg/kg 或 μg/L;

C_1 ——测定样液中砷含量,μg/ml;

C_0 ——空白液中砷含量,μg/ml;

V ——试样消化液定量总体积,ml;

m ——试样质量或体积,g/ml。

计算结果保留两位有效数字。

(6) 精密度

在重复性条件下获得的两次独立测定结果的绝对差值不得超过算术平均值的20%。

7. 食品包装纸脱色试验

取待检验食品包装纸，用沾有冷餐油、乙醇(65%)的棉花，在接触食品部位的小面积内，用力往返擦拭10次，棉花上不得染有颜色。

任务三 食品包装塑料的检测

塑料是由大量小分子的单位通过共价键聚合成的化合物，其小分子单位称为单体。分子量在1万到10万之间属于高分子化合物，其中单纯由高分子聚合物构成的称为树脂，而加入添加剂以后就是塑料。按性质可以把塑料分为热塑性塑料与热固性塑料两大类。

常用于食品包装材料的热塑性塑料有聚乙烯(PE)、聚丙烯(PP)、聚苯乙烯(PS)、聚氯乙烯(PVC)、聚对苯二甲酸乙二醇酯(PET)、聚碳酸酯(PC)等；热固性塑料有三聚氰胺甲醛、脲醛树脂与酚醛树脂等，但用作食品容器的仅三聚氰胺甲醛，脲醛树脂与酚醛树脂主要用做工程材料。

1. 常用食品塑料包装材料

(1) 聚乙烯(PE)和聚丙烯(PP)

由于这两种塑料都是饱和的聚烯烃，它们和其他元素的相容性很差，故能够加入其中的添加剂包括色料的种类很少，因而薄膜的固体成形品都很难印刷上鲜艳的图案。毒性也较低，属于低毒级物质。

高压聚乙烯质地柔软，多制成薄膜，其特点是具透气性、不耐高温、耐油性也差。低压聚乙烯坚硬、耐高温，可以煮沸消毒。聚丙烯透明度好、耐热，具有防潮性(其透气性差)，常用于制成薄膜、编织袋和食品周转箱等。

(2) 聚苯乙烯(PS)

聚苯乙烯也属于聚烯烃，但由于在每个乙烯单元中含有一个苯核，因而比重较大，C:H比例为1:1，燃烧时冒黑烟。聚苯乙烯塑料有透明聚苯乙烯和泡沫聚苯乙烯两个品种(后者在加工中加入发泡剂制成，如快餐饭盒)。

由于聚苯乙烯属于饱和烃，因而相容性差，可使用的添加剂种类很少，其卫生问题主要是单体苯乙烯及甲苯、乙苯和异丙苯等。当在一定剂量时，则具毒性。如苯乙烯每天摄入超过400 mg/kg可致肝肾重量减轻，抑制动物的繁殖能力。

以聚苯乙烯容器储存牛奶、肉汁、糖液及酱油等可产生异味；储存发酵奶饮料后，可能有极少量苯乙烯移入饮料，其移入量与储存温度、时间成正比。

(3) 聚氯乙烯(PVC)

聚氯乙烯是氯乙烯的聚合物。聚氯乙烯塑料的相容性比较广泛，可以加入多种塑料添加剂。

聚氯乙烯在安全性方面存在的主要问题是：①未参与聚合的游离的氯乙烯单体；②含有多种塑料添加剂；③热解产物。

氯乙烯可在体内与DNA结合而引起毒性作用。主要作用于神经系统、骨骼和肝脏，也被证实是一种致癌物质,因而许多国家均制订有聚氯乙烯及其制品中氯乙烯含量的控制标准。

聚氯乙烯透明度较高,但易老化和分解。一般用于制作薄膜(大部分为工业用)、盛装液体用瓶,硬聚氯乙烯可制作管道。

(4)聚碳酸脂塑料(PC)

聚碳酸脂塑料具有无味、无毒、耐油脂的特点,广泛用于食品包装,可用于制造食品的模具、婴儿奶瓶等。美国食品药品监管局允许此种塑料接触多种食品。

(5)聚偏二氯乙烯(PVDC)

聚偏二氯乙烯塑料由聚偏二氯乙烯和少量增塑剂、稳定剂等添加剂组成。聚偏二氯乙烯树脂是由偏二氯乙烯单体聚合而成的高分子化合物。它具有极好的防潮性和气密性。聚偏二氯乙烯薄膜主要用于制造火腿肠、鱼香肠等灌肠类食品的肠衣。

聚偏二氯乙烯塑料残留物主要是偏二氯乙烯(VDC)单体和添加剂。

偏二氯乙烯单体从毒理学试验表现其代谢产物为致突变阳性。日本试验结果表明,聚偏二氯乙烯的单体偏二氯乙烯残留量小于 6 mg/kg 时,就不会迁移进入食品中,因此日本规定偏二氯乙烯残留量应小于 6 mg/kg。

聚偏二氯乙烯塑料所用的稳定剂和增塑剂在包装脂溶性食品时可能溶出,造成危害,因此添加剂的选择要谨慎,同时要控制残留量。按 GB 4806.1—2016 规定,氯乙烯和偏二氯乙烯残留应分别低于 2 mg/kg 和 10 mg/kg。

(6)丙烯腈共聚塑料

丙烯腈共聚塑料是一类含丙烯腈单体的聚合物,被广泛应用于食品容器和食品包装材料的制作,尤其以橡胶改性的丙烯腈-丁二烯-苯乙烯(ABS)和丙烯腈-苯乙烯塑料(AS)最常应用。

丙烯腈-丁二烯-苯乙烯塑料和丙烯腈-苯乙烯塑料的残留物主要是丙烯腈单体。动物毒性试验表明,丙烯腈对动物急性中毒表现为兴奋、呼吸快而浅、气短、窒息、抽搐甚至死亡。口服丙烯腈单体还可造成循环系统、肾脏损伤和血液物质的改变。不同的国家所做试验中丙烯腈残留量不尽相同,所以制定的残留量标准也不一样。日本规定聚丙烯腈中单体丙烯腈溶出量应小于 0.05 $\mu g/ml$。

(7)三聚氰胺甲醛塑料与脲醛塑料

三聚氰胺甲醛塑料又名密胺塑料(Melamine),为三聚氰胺与甲醛缩合热固而成。脲醛塑料为脲素与甲醛缩合热固而成,称为电玉,二者均可制食具,且可耐 120 ℃高温。

由于聚合时,可能有未充分参与聚合反应的游离甲醛,后者仍是此类塑料制品的卫生问题。甲醛含量则往往与模压时间有关,时间越短则含量越高。

(8)聚对苯二甲酸乙二醇脂塑料

聚对苯二甲酸乙二醇脂塑料可制成直接或间接接触食品的容器和薄膜,特别适合于制成复合薄膜。在聚合中使用含锑、锗、钴和锰的催化剂,因此应防止这些催化剂的残留。

(9)不饱和聚脂树脂及玻璃钢制品

不饱和聚脂树脂加入过氧甲乙酮为引发剂,环烷酸钴为催化剂,玻璃纤维为增强材料可以制成玻璃钢。主要用于盛装肉类、水产、蔬菜、饮料以及制做酒类等食品的储槽,也大量用作饮用水的水箱。

2. 塑料包装材料对食品的污染

塑料包装材料的主要卫生问题是塑料单体、塑料添加剂及甲醛和二噁英对食品的污染。

(1) 塑料单体

①聚苯乙烯单体：聚苯乙烯的单体为苯乙烯，在摄入量大于 400 mg 时，能抑制大鼠的生育，并造成肝、肾重量的减轻。此外，聚苯乙烯还存在苯、甲苯等挥发性成分，这些成分能移行到食品中。

②聚氯乙烯单体的毒性：聚氯乙烯的单体为氯乙烯，在人体内氯乙烯可与 DNA 结合产生毒性。毒性主要表现为神经系统、骨骼和肝脏的损伤。

(2) 塑料添加剂

塑料添加剂种类很多，主要有增塑剂、稳定剂、抗氧化剂、抗静电剂、润滑剂、着色剂等，塑料添加剂对于保证塑料制品的质量非常重要，但有些添加剂对人体可能有毒害作用，选用时必须加以注意。

①增塑剂：增塑剂，或称塑化剂、可塑剂，是一种增加材料柔软性等特性的添加剂。它不仅使用在塑料制品的生产中，也会添加在一部分混凝土、墙板泥灰、水泥与石膏等材料中。在不同的材料中，塑化剂所起的作用也不同。在塑料里，它可以使塑料制品更加柔软、具有韧性和弹性、更耐用。

增塑剂可以增加塑料制品的可塑性，使其能在较低温度下加工，一般多采用化学性质稳定，在常温下为液态并易与树脂混合的有机化合物。如邻苯二甲酸酯类是应用最广泛的一种，其毒性较低，其中二丁酯，二辛酯在许多国家都允许使用。

②稳定剂：防止塑料制品在空气中长期受光直射，或长期在较高温度下降解的一类物质。大多数为金属盐类，如三盐基硫酸铝、二盐基硫酸铝或硬脂酸铅盐、钡盐、锌盐及镉盐，其中铅盐耐热性强。但铅盐、钡盐和镉盐对人体危害较大，一般不用这类稳定剂于食品加工、用具和容器的塑料中。锌盐稳定剂在许多国家均允许使用，其用量规定为 1% 到 3%。有机锡稳定剂工艺性能较好，毒性较低（除二丁基锡外），一般二烷基锡碳链越长，毒性越小，二辛基锡可以认为经口无毒。

③其他添加剂：抗氧化剂如丁基羟基茴香醚（BHA）、2,6-二叔丁基-4-甲基苯酚（BHT）；抗静电剂一般为表面活性剂，有阴离子型如烷基苯磺酸盐、α-烯烃磺酸盐，毒性均较低；阳离子型如月桂醇，非离子型有醚类和酯类，醚类毒性大于酯类；润滑剂主要是一些高级脂肪酸、高级醇类和脂肪酸酯类；着色剂主要是染料及颜料。

(3) 甲醛

三聚氰胺甲醛与脲醛树脂能游离出甲醛而迁移入食品，造成食品的甲醛污染。甲醛的溶出量和塑料的膜压时间成反比。

甲醛属于细胞原浆毒，可造成神经、肌肉等组织器官的损伤，大剂量时可导致死亡。

(4) 二噁英

含氯塑料包装材料可在加热及作为城市垃圾焚烧时产生二噁英，对人类健康构成潜在危险。

3. 塑料包装材料的卫生要求及标准

各种塑料由于原料、加工成型变化及添加剂种类和用量的不同，对不同塑料应有不同的要求，但总的要求是对人体无害。根据我国有关规定，对塑料制品提出了树脂和成型品的卫生标准。其中规定了必须进行溶液浸泡的溶出实验：包括3%～4%醋酸(模拟食醋)、己烷或庚烷(模拟食用油)。此外还有蒸馏水及乳酸、乙醇、碳酸氢钠和蔗糖等的水溶液作为浸泡液，按一定面积接触一定溶液(大约为 2 ml/cm^2)，以统一实验条件。被检测塑料制品用无色油脂、冷餐油、65%乙醇涂擦都不得褪色。所有塑料制品浸泡液除少数有针对性的项目(如氯乙烯、甲醛、苯乙烯、乙苯、异丙苯)外，一般不进行单一成分分析。

至于酚醛树脂，我国规定不得用于制作食品用具、容器、生产管道、输送管道等直接接触食品的包装材料。

4. 多氯联苯(PCB)的检测

(1)原理

多氯联苯具有高度的脂溶性，用有机溶剂萃取时，可同时提取多氯联苯和有机氯农药，经色谱分离之后，可用带电子捕获检测器的气相色谱仪分析。

(2)色谱条件

色谱柱：硬质玻璃柱，长 6 m、内径 2 mm，内充填 100～120 目 Varaport 上的 2.5%OV-1 或 2.5%QF-1 和 2.5%DC-200；检测器：电子捕获检测器；温度：柱温 275 ℃，检测器为 230 ℃；氮气流速：60 ml/min。

(3)操作方法

样品处理：

①酸水解：将可食部分均浆用盐酸(1∶1,体积比)回流 30 min。酸水解液用乙醚提取原有的脂肪。将提取液在硫酸钠柱上干燥，于旋转式蒸发器上蒸发至干。

②碱水解：称取经提取所得的类脂 0.5 g，加入 30 ml 2%乙醇-氢氧化钾溶液，在蒸汽浴中回流 3 min，水解物用 30 ml 水转移到分液漏斗中。容器及冷凝器用 10 ml 己烷淋洗三次，将下层的溶液分离到另一分液漏斗中，并用 2 ml 己烷振摇，合并己烷提取液于第一个分液漏斗中，用 20 ml 乙醇水(1∶1,体积比)溶液提取合并的己烷提取液两次，将己烷溶液在无水硫酸钠柱中干燥，于 60 ℃下用氮吹浓缩至 1 ml。

③氧化：在 1 ml 己烷浓缩液中加入 5～10 ml 盐酸过氧化氢(30∶6,体积比)溶液，置于蒸汽浴上回流 1 h，以稀氢氧化钠溶液中和，用己烷提取两次，合并己烷提取液，用水洗涤，并用硫酸钠柱干燥。

④硫酸消解净化：称取 10 g 白色硅藻土载体 545(经 130 ℃加热过夜)，用 6 ml 5%发烟硫酸混合硫酸溶液充分研磨，转移至底部收缩变细的玻璃柱中，此柱需预先用己烷洗涤，将已经氧化的己烷提取液移至柱中，用 50 ml 己烷洗脱，洗脱液用 2%氢氧化钠溶液中和，在硫酸钠柱上干燥，浓缩至 2 ml，放在装有 5 cm 高弗罗里矽吸附剂(经 130 ℃活化过夜)的小型玻璃柱中，用 70 ml 己烷洗脱。在用气相色谱测定前，于 60 ℃下吹氮浓缩。

⑤过氯化：将上述己烷提取液放置于玻璃瓶中，在 50 ℃蒸气浴上用氮气吹至干，加入五氯化锑 0.3 g，将瓶子封闭，在 170 ℃下反应 10 h，冷却启封，用 5 ml 6 mol/L 盐酸淋洗，转移至分液漏斗中，己烷提取液用 20 ml 水、20 ml 2%氢氧化钾水溶液洗涤，然后在无水硫酸钠柱中干燥，通过小型弗罗里矽吸附剂柱，用 70 ml 苯-己烷(1∶1,体积比)洗脱，洗脱液浓缩至适当体积注入色谱柱中进行测定。

样品定量测定：

PCB 的定量测定用混合 Aroclor 1254、Aroclor 1255、Aroclor 1256、Aroclor 1257、Aroclor 1258、Aroclor 1259 和 Aroclor 1260(等体积比)作标准。用一定标准量注入色谱仪中,求得标准 PCB 的标准峰高的平均值,从而计算出样品中 PCB 的含量。

5. 酚的检测

(1)原理

在碱性溶液(pH 值为 9~10.5)的条件下,酚类化合物与 4-氨基安替吡啉经铁氰化钾氧化,生成红色的安替吡啉染料,颜色的深浅与酚类化合物的含量成正比,与标准比较定量分析。

(2)操作方法

①标准曲线的绘制:吸取 0.1 mg/ml 苯酚标准溶液 0、0.2、0.4、0.8、2、2.5 ml,分别置于 250 ml 分液漏斗中,各加入无酚水至 200 ml,再分别加入 1 ml 硼酸缓冲液(由 9 份 1 mol/L 氢氧化钠溶液和 1 份 1 mol/L 硼酸溶液配制而成)、1 ml 4-氨基安替吡啉溶液(20 g/L)、1 ml 铁氰化钾溶液(80 g/L),每加入一种试剂,要充分摇匀,在室温下放置 1 min,各加入 10 ml 三氯甲烷,振摇 2 min,静置分层后将三氯甲烷层经无水硫酸钠过滤于具塞比色管中,用 2 ml 比色杯,以零管调节零点,于波长 460 nm 处测定吸光度,绘制标准曲线。

②样品测定:量取 250 ml 样品水浸出液,置于 500 ml 全磨口蒸馏瓶中,加入 5 ml 硫酸铜溶液(100 g/L),用磷酸(1:9,体积比)调节至 pH 值在 4 以下,加入少量玻璃珠进行蒸馏,在 200 ml 或 250 ml 容量瓶中预先加入 5 ml 氢氧化钠溶液(4 g/L),接收管插入氢氧化钠溶液液面下接收蒸馏液,收集馏出液 200 ml。同时用无酚水按上法进行蒸馏,做试剂空白试验。

将上述全部样品蒸馏液及试剂空白蒸馏液分别置于 250 ml 分液漏斗中,以下同标准曲线绘制中的方法,与标准曲线比较定量分析。

③计算:

$$X = \frac{m}{V}$$

式中:X——样品水浸出液中酚的含量,$\mu g/ml$;

m——从标准曲线中查出相当于酚的含量,μg;

V——测定时样品水浸出液的体积,ml。

6. 甲醛的检测

(1)原理

样品溶液中的甲醛使离子碘析出分子碘后,用标准硫代硫酸钠滴定,然后求出样品液中的甲醛含量。

(2)操作方法

吸取塑料浸泡水溶液 50 ml,置于碘价瓶中,加入 25 ml 0.1 mol/L $\frac{1}{2}I_2$ 溶液、20 ml 6 mol/L 氢氧化钠溶液(如果塑料使用 4% 乙酸溶液进行浸泡,加入 6 mol/L 氢氧化钠溶液 8 ml),塞紧瓶塞后,摇匀,放置 2 min,使分子碘完全析出。用 0.1 mol/L 硫代硫酸钠标准溶液滴至微黄色,加入淀粉指示剂,再用硫代硫酸钠滴至无色,同时做空白试验。

(3)计算

$$X = \frac{(V_1 - V_2) \times c \times 15}{V_3} \times 1000$$

式中:X——甲醛的含量,mg/L;

c ——硫代硫酸钠标准溶液的浓度,mol/L;

V_1 ——试剂空白消耗硫代硫酸钠标准溶液的体积,ml;

V_2 ——样品水浸出液消耗硫代硫酸钠标准溶液的体积,ml;

V_3 ——测定时样品水浸出液的体积,ml;

15——$\frac{1}{2}$ HCHO(甲醛)毫摩尔质量,mg/mmol。

7. 可溶性有机物的测定

(1)原理

食品经浸泡液浸取后,用高锰酸钾氧化浸出液中的有机物,以测定高锰酸钾消耗量来表示样品可溶出有机物的情况。

(2)操作方法

准确吸取 1 ml 水浸泡液,置于锥形瓶中,加入 5 ml 稀硫酸和 10 ml 0.01 mol/L $\frac{1}{5}$ 高锰酸钾标准溶液,再加入玻璃珠 2 粒,准确加热煮沸 5 min 后,趁热加入 10 ml 0.01 mol/L $\frac{1}{2}$ 草酸标准溶液,再以 0.01 mol/L $\frac{1}{5}$ 高锰酸钾标准溶液滴定至微红色,记录两次高锰酸钾溶液的滴定量。

另取 1 ml 水作对照,按同样方法做试剂空白试验。

(3)计算

$$X = \frac{(V_1 - V_2) \times c \times 31.6 \times 1000}{100}$$

式中：　X ——高锰酸钾消耗量,mg/L;

V_1 ——样品浸泡液滴定时消耗高锰酸钾溶液的体积,ml;

V_2 ——试剂空白滴定时消耗高锰酸钾溶液的体积,ml;

c ——$\frac{1}{5}$ 高锰酸钾标准溶液的浓度,mol/L;

31.6——$\frac{1}{5}$ 高锰酸钾标准溶液的毫摩尔质量,mg/mmol。

8. 聚苯乙烯塑料制品中苯乙烯的测定

(1)原理

样品经二硫化碳溶解,用甲苯作为内标物。利用有机化合物在氢火焰中的化学电离进行分离,以样品的峰高和标准品峰高相比,计算样品的含量。

(2)色谱条件

色谱柱:不锈钢柱,长 4 m、内径 4 mm,内装填料 1.5% 有机皂土(B-34)和 1.5% 邻苯二甲酸二壬酯混合液于 97% Chrosorb WAM-DMCS(80~100 目)的柱体中;检测器:氢火焰离子化检测器;温度:柱温为 130 ℃,检测器温度为 180 ℃,进样口温度为 180 ℃;流速:氮气为 30 ml/min,氢气为 40 ml/min,空气为 300 ml/min。

(3)操作方法

①样品处理:称取样品 1 g,用二硫化碳溶解后,移入 25 ml 容量瓶中,加入内标物甲苯 25 mg,再以二硫化碳稀释至刻度,摇匀后进行气相色谱测定。

②测定取不同浓度苯乙烯标准溶液,在上述色谱操作条件下,分别多次进行,量取内标物甲苯与苯、甲苯、正十二烷、乙苯、异丙苯、正丙苯和苯乙烯的峰高,并分别计算其比值,绘制峰高比值与各组分浓度的标准曲线。

同时取样品处理溶液 0.5 μL 注入色谱仪后,待色谱峰流出后,量出被测组分和内标物甲苯的峰高,并计算其比值,按所得峰高比值,由标准曲线查出各组分的含量。

(4)计算

$$X = (h/h_1) \times (\rho/\rho_1) \times (h_2/h_0) \times (m_0/m)$$

式中： X ——苯乙烯单体的含量,mg/kg;

h 和 h_1 ——分别为样品峰高和标准品峰高,mm;

h_2 和 h_0 ——分别为样品中内标峰高和标准品中内标峰高,mm;

ρ 和 ρ_1 ——分别为注入色谱仪的内标溶液中苯乙烯和内标物浓度,μg/ml;

m_0 ——样品质量,g;

m ——样品中内标物质量,μg。

9. 聚氯乙烯塑料制品中氯乙烯的测定

(1)原理

根据气体定律,将样品放入密封平衡瓶中,用溶剂溶解。在一定温度下,氯乙烯单体扩散,达到平衡时,取液上气体注入气相色谱仪测定。

(2)色谱条件

色谱柱:长 2 m、内径 4 mm 的不锈钢柱,固定性 60～80 目 407 有机单体;检测器:氢火焰离子化检测器;温度:柱温 100 ℃,汽化温度 150 ℃;流速:氮气为 20 ml/min,氢气为 30 ml/min,空气为 300 ml/min。

(3)测定

①标准曲线的绘制:准备 6 个平衡瓶,预先各加 3 ml 二甲胺,用微量注射器取 0、0.5、10、15、20、25 μg 的标准溶液,通过瓶塞分别注入各瓶中,配成 0～5 μg/ml 氯乙烯标准系列溶液,同时放入 70±1 ℃水浴中,平衡 30 min。分别取液上气 2～3 ml 注入气相色谱仪中,调整放大器灵敏度,测量峰高,绘制峰高与质量标准曲线。

②样品测定:将样品剪成细小颗粒,称取 0.1～1 g 放入平衡瓶中,加搅拌棒和 3 ml DMA 后,立即搅拌 5 min,以下操作同标准曲线绘制的操作方法。量取峰高,计算样品中氯乙烯单体含量。